国家自然科学基金项目"喀斯特地区城市公共绿地园林植物景观评价体系和数据库的构建——以贵阳市为例"（31760228）资助

城市公园和道路绿地植物与景观
——以贵阳为例

王秀荣　刘事成　赵　杨　等　著

科学出版社

北　京

内 容 简 介

本书包括植物景观基础理论和对贵阳城市公园绿地、道路绿地植物与景观研究成果的总结。本书基于贵阳城市植物物种组成、观赏特征、生长状况和植物群落结构的实地调研、测绘和阶段性定点观测资料，运用群落生态学、植物学、景观美学、森林学、风景园林学等学科知识，从植物群落特征、植物多样性、植物色彩量化和植物景观评价等多方面总结了贵阳市公园绿地和道路绿地植物应用存在的问题及景观特色，旨在为植物景观的营建和改造提供理论参考。

本书对于园林景观设计、城市规划、环境艺术设计等专业的研究人员和高等院校相关专业的师生有较高的参考价值，也可供市政管理和相关行业的从业人员参考。

图书在版编目（CIP）数据

城市公园和道路绿地植物与景观：以贵阳为例/王秀荣等著. —北京：科学出版社，2023.2

　ISBN 978-7-03-073875-2

　Ⅰ. ①城⋯　Ⅱ. ①王⋯　Ⅲ. ①城市绿地–景观设计–研究–贵阳

Ⅳ. ①TU985.2

　中国版本图书馆 CIP 数据核字（2022）第 220775 号

责任编辑：马　俊　郝晨扬 / 责任校对：郑金红
责任印制：赵　博 / 封面设计：刘新新

科学出版社 出版

北京东黄城根北街 16 号
邮政编码：100717
http://www.sciencep.com

北京中科印刷有限公司印刷
科学出版社发行　各地新华书店经销

*

2023 年 2 月第 一 版　　开本：720×1000　1/16
2023 年 9 月第二次印刷　　印张：16 1/2
字数：330 000
定价：218.00 元
（如有印装质量问题，我社负责调换）

本书著者名单

主要著者

贵州大学：王秀荣　刘事成　赵　杨

其他著者

贵州大学：白　川　白新祥　陈洪梅　陈姜连汐

邸高曼　韩　沙　何嵩涛　贾语非　蒋坤鹏

金雅琳　黎昌继　李宇其　刘　果　刘　巧

史秉洋　吴　优　杨　磊　杨　婷　杨　艳

杨念臻　张铃森　杨铄渊　张元康　卓　琳

中国建筑第八工程局第二建设有限公司：杨　杰

贵州省独山县国有林场：何可权

河北润衡环境治理有限公司：刘红玉

中国建筑西南设计研究院有限公司（上海分公司）：孙　苏

中铁水利水电规划设计集团有限公司：王　建

洛阳市园林绿化中心：王松涛

凯里学院：吴艳芳

前　言

园林植物作为园林景观的重要组成部分，在很大程度上决定了城市园林景观质量的高低。园林植物景观建成后由于受到多种不定性因素的干扰，使园林植物景观与环境的切合度、园林植物景观与人的互动性、园林植物景观的美景度等受到损害。另外，由于缺乏对园林植物景观预见性评价环节，人们难以把握景观建成后的实际应用价值。因此，运用生态学和科学系统的评价方法，通过对城市植物资源和景观类型的调查与景观生物多样性、季相景观、景观色彩等城市绿地植物景观的评价和研究，完善城市园林植物景观，可为园林管理部门和设计工作者提供数据参考，并提高城市景观的建设质量。

随着国家西部大开发的深入，贵阳市依托其山、水、林、城的布局特征，构建形成结构布局合理、绿地山水特征鲜明、功能复合完备、宜居宜业宜游的城市绿地系统。在公园绿地方面，明确提出建设"公园城市"，构建类型丰富、体系完整、覆盖均匀的公园绿地体系。到 2020 年贵阳市已建成各类公园 1000 多个，顺利完成"十三五"规划目标中"千园之城"提出的公园数量，实现了 300m 见绿、500m 见园。在道路绿地方面，确立中心城区规划形成"两环八横四纵"快速路网系统，并对中心城区道路网进行优化调整，建设完善"三条环路十六条射线"的骨架性主干路系统，进而针对新老城区不同地段和不同等级的道路绿化情况，提出不同的绿地规划重点。贵州野生植物资源丰富，贵阳气候宜人，在城市建设过程中形成了丰富多彩且具有西南喀斯特城市特征的绿地植物景观，这对于形成适宜的景观游憩环境、保护城市历史文化、展现城市风貌和改善城市环境都有极其重要的意义。

凭借自身优越的自然环境和近年来高速发展的经济条件，贵阳建市 81 年来在园林建设方面已取得了相当出色的成就。本研究于 2018 年获得国家自然科学基金资助，开展"喀斯特地区城市公共绿地园林植物景观评价体系和数据库的构建——以贵阳市为例"（31760228）的相关研究。研究人员以贵阳市常见的园林植物以及城市公园和道路绿地中的植物群落为研究对象，以更好地建设城市园林绿地、创造可持续植物景观为目标，对植物物种组成、观赏特征、生长状况以及植物群落结构等方面进行了实地调研、测绘和阶段性的定点观测，从植物群落特征、植物多样性、植物色彩量化以及植物景观评价等多个方面总结了贵阳市公园绿地和道路绿地植物应用存在的问题及景观特色，筛选出四季观赏效果表现优质的乔木、灌木、地被植物和受公众喜爱的植物色彩组合，并根据景观评价结果提出相应的植物景观营建策略。

全书分为三大部分共七章，主要针对贵阳市公园绿地和道路绿地植物景观特色及其存在的问题，探索总结适合贵阳地理环境、居民生活方式和游憩审美趣味的植物景观营建方式，促进相关理论研究的深化。其中绪论部分主要阐明了本研究的背景、意义、目的、对象与方法；基础理论研究部分为第一章，主要通过查阅文献资料，阐述植物景观的概念、功能，城市公园和道路绿地发展的历史、分类以及研究进展；专项研究部分为第二章至第七章，是本研究工作成果的主体内容，包括贵阳城市公园和道路绿地植物景观评价体系的构建、单体植物及植物群落色彩属性的量化，以及贵阳城市公园和道路绿地植物多样性、结构特征、观赏特性、物种组成等应用现状的归纳总结，是对城市绿地和道路绿地植物景观的系统性研究。本书内容还包含五个附录，分别是"附录 1 贵阳市城市公园绿地和道路绿地植物名录""附录 2 贵阳市公园绿地植物色彩评价照片""附录 3 贵阳市城区道路植物色彩评价照片""附录 4 贵阳市山地公园调查与评价样地照片""附录 5 贵阳市道路调查与评价样地照片"，限于篇幅，附录请见文末二维码和封底二维码（扫码后点击"多媒体"查阅）。

本书在写作过程中参考与借鉴了国内外专家和学者公开发表的研究成果；科学出版社编辑团队为本书的出版做了大量细致和专业的工作；封面部分照片为赵琬懿拍摄；同时，本书的出版得到了国家自然科学基金项目（31760228）资助。在此一并致以诚挚的谢意。

由于著者水平有限，书中难免有不妥之处，敬请读者批评指正，以便今后修改完善。

2022 年 10 月 10 日

目　　录

绪论···1

第一章　城市公园和道路绿地植物景观理论研究·················10

　第一节　植物景观的概念·······································10

　第二节　园林植物景观功能·····································11

　　一、建造功能···11

　　二、美学功能···13

　　三、生态功能···14

　第三节　城市公园和道路绿地的发展历史·······················16

　　一、城市公园绿地的发展历史·································16

　　二、城市道路绿地的发展历史·································19

　第四节　公园和道路绿地的分类·································22

　　一、公园绿地的分类···22

　　二、道路绿地的分类···26

　第五节　公园和道路绿地植物景观研究进展·····················29

　　一、我国公园和道路绿地植物景观的研究现状·················29

　　二、我国公园和道路绿地植物景观的发展趋势·················31

　主要参考文献···32

第二章　城市公园和道路绿地植物物种组成·····················34

　第一节　引言···34

　第二节　国内外研究概况···35

　第三节　贵阳市公园和道路绿地植物区系组成分析···············37

　　一、植物区系组成分析···37

　　二、种子植物分布区类型·······································41

　第四节　贵阳市公园和道路绿地植物种类组成分析···············47

　　一、植物的生活型···48

　　二、植物的物种来源···51

　　三、特色植物资源···60

　第五节　小结···61

主要参考文献 ………………………………………………………………… 62

第三章　城市公园和道路绿地植物观赏特性 ……………………………… 65

　第一节　引言 ………………………………………………………………… 65

　第二节　国内外研究概况 …………………………………………………… 66

　第三节　贵阳市公园和道路绿地植物的配置方式 ………………………… 68

　　一、植物单体体量 ………………………………………………………… 68

　　二、植物群体配置 ………………………………………………………… 70

　第四节　贵阳市公园和道路绿地植物的形态美 …………………………… 72

　　一、植物观赏部位的配比 ………………………………………………… 72

　　二、观赏植物的运用现状 ………………………………………………… 73

　　三、彩叶植物的运用 ……………………………………………………… 75

　第五节　贵阳市公园和道路绿地植物的色彩美 …………………………… 77

　　一、花色 …………………………………………………………………… 77

　　二、叶色 …………………………………………………………………… 78

　　三、果色 …………………………………………………………………… 79

　第六节　贵阳市公园和道路绿地植物的季相美 …………………………… 80

　　一、花期 …………………………………………………………………… 81

　　二、果期 …………………………………………………………………… 82

　第七节　小结 ………………………………………………………………… 82

　主要参考文献 ………………………………………………………………… 83

第四章　城市公园和道路绿地植物群落结构特征 ………………………… 85

　第一节　引言 ………………………………………………………………… 85

　第二节　国内外研究概况 …………………………………………………… 85

　第三节　贵阳市公园和道路绿地植物的生长状况 ………………………… 87

　　一、植物树高与胸径分布 ………………………………………………… 87

　　二、植物健康状况 ………………………………………………………… 89

　第四节　贵阳市公园和道路绿地植物的结构特征 ………………………… 90

　　一、水平结构分析 ………………………………………………………… 90

　　二、垂直结构分析 ………………………………………………………… 93

　第五节　小结 ………………………………………………………………… 94

　主要参考文献 ………………………………………………………………… 95

第五章　城市公园和道路绿地植物多样性特征 …………………………… 97

　第一节　引言 ………………………………………………………………… 97

第二节　国内外研究概况 ………………………………………… 97

第三节　贵阳市公园和道路绿地植物应用 频度及重要值分析 …… 100

　　一、植物频度分析 ………………………………………… 100

　　二、植物重要值分析 ……………………………………… 103

第四节　贵阳市公园和道路绿地植物物种多样性分析 ………… 105

　　一、不同绿地类型植物 α 多样性比较分析 ……………… 105

　　二、不同绿地类型植物 β 多样性比较分析 ……………… 112

第五节　小结 ……………………………………………………… 116

主要参考文献 ……………………………………………………… 117

第六章　城市公园和道路绿地植物色彩量化 …………………… 119

第一节　引言 ……………………………………………………… 119

第二节　国内外研究概况 ………………………………………… 120

第三节　单体植物色彩属性特征及季相变化 …………………… 123

　　一、叶色属性变化特征 …………………………………… 123

　　二、花色季相属性变化特征 ……………………………… 134

　　三、常年异色叶色彩属性特征 …………………………… 141

　　四、四季优质观赏植物 …………………………………… 146

第四节　群落色彩属性特征及季相变化 ………………………… 150

　　一、不同空间类型群落植物色彩构成 …………………… 150

　　二、群落植物色彩饱和度和明度季相变化 ……………… 156

　　三、群落的最佳观赏期 …………………………………… 157

第五节　贵阳市公园绿地植物群落色彩景观美景度评价及色系搭配
　　　　应用 …………………………………………………… 158

　　一、美景度评价过程 ……………………………………… 158

　　二、不同群落组合美景度评价结果 ……………………… 161

　　三、色彩构成与美景度值的关系 ………………………… 163

　　四、四季植物群落色彩分析 ……………………………… 165

　　五、公园植物群落色彩色系搭配应用 …………………… 183

第六节　贵阳市道路绿地植物群落色彩特征 …………………… 188

　　一、色彩提取与量化 ……………………………………… 188

　　二、城区道路色彩属性特征及季相变化 ………………… 188

　　三、交通岛、道路交叉口景观色彩分析 ………………… 191

　　四、道路植物空间色彩序列变化规律 …………………… 195

　　五、道路绿地不同植物群落色彩构成特征 ·· 199

　第七节　小结 ·· 207

　主要参考文献 ·· 209

第七章　城市公园和道路绿地植物景观评价 ·· 211

　第一节　引言 ·· 211

　第二节　国内外研究概况 ·· 211

　第三节　贵阳市城市公园绿地植物景观适宜性评价 ······························ 214

　　一、评价对象及方法 ·· 214

　　二、评价体系的构建 ·· 218

　　三、主成分特征分析 ·· 224

　　四、公园植物景观适宜性评价结果分析 ··· 226

　第四节　贵阳市城市道路绿地植物景观美学评价 ·································· 235

　　一、评价对象及方法 ·· 235

　　二、评价体系的构建 ·· 237

　　三、评价指标权重值分析 ·· 239

　　四、道路植物景观美学评价结果分析 ·· 244

　第五节　小结 ·· 248

　主要参考文献 ·· 250

附录二维码 ·· 252

绪　　论

一、立题背景

贵阳，这颗镶嵌在中国西南云贵高原上的璀璨明珠，具有"空气清新、气候凉爽、纬度合适、海拔适中"的生态优势。贵阳早在 2000 年就开始探索发展循环经济；2002 年，贵阳提出了"环境立市"的战略思想；2004 年，贵阳获中国首个"国家森林城市"称号；2007 年，贵阳提出了建设生态文明城市的奋斗目标，同年被中国气象学会授予"中国避暑之都"称号；2008 年，贵阳被住房和城乡建设部授予"国家园林城市"称号；2012 年 1 月，国务院 2 号文件提出把贵阳建设成为全国生态文明城市，同年 12 月国家发展和改革委员会（简称国家发展改革委）批复了《贵阳建设全国生态文明示范城市规划》；2019 年，贵阳市荣膺"2018 首批生态文明建设典范城市"。

近年来，凭借得天独厚的自然优势，贵阳始终坚定不移推进生态文明建设，使优良的生态环境成为贵阳最响亮的品牌、最突出的优势、最核心的竞争力。城市整体园林绿化建设成果显著，涌现许多代表各个建设阶段特色的园林植物景观。然而目前对于贵阳园林植物景观的调查、评价研究非常少，其景观构成、景观类型、景观布局、景观多样性，以及游人对景观的感受等方面的研究基本没有开展。本研究力求对贵阳主要园林绿地类型中的植物景观配置特征进行较全面的研究和分析，同时充分运用园林及相关学科的专业知识，开展植物物种多样性、植物色彩量化以及植物景观评价等方面的研究工作，探究贵阳公园绿地和道路绿地植物景观存在的问题及景观特色，以期为更好地建设贵阳城市园林绿地以及创造可持续植物景观提供参考依据。

二、研究目的

植物作为城市绿地建设过程中不可或缺的构成要素，通过不同种类之间的组合配置，创造出千变万化的植物景观，对维持城市的基础生态过程和柔化自然景观与人工景观的关系有极其重要的意义。因此，开展贵阳城市绿地的植物景观研究十分必要，具体表现如下。

1）贵阳自 1941 年建市以来，开展了大规模的城市公园绿地和道路绿地的建设实践，在园林植物材料的选择、配置以及管理方面积累了丰富的经验。对其系统地加以总结，进一步上升到理论高度，用于指导实践，可使贵阳的绿地建设水平有新的突破。

2) 对贵阳公园和道路绿地植物景观建设方面成功的实践经验进行总结，可为全国同类型的城市绿地建设提供参考和借鉴。同时，贵阳在园林植物材料的选择、配置、应用和管理方面还存在着一些问题，通过系统的调查研究、剖析问题、分析原因，可进一步完善贵阳绿地建设在园林植物材料应用方面的具体工作，使之更上一个台阶。

本研究的主要目的是采用样方调查法对贵阳城市公园绿地和道路绿地的植物资源现状开展详细的调查，分析植物群落的应用现状及景观特征，提出改进措施；同时通过量化园林植物色彩和构建植物景观评价体系，提出未来贵阳城市公园绿地和道路绿地建设中植物景观的营建策略。

三、研究意义

从刀耕火种的原始社会到当前科技发达的信息社会，植物为人类提供了衣食住行等的物质生存基础。农耕时期，栽培植物就是当时主要的劳作方式，而把植物应用于满足人类休闲观赏和生态保护的需求，逐步形成一种配置艺术，则体现了人类文明的进步。党的十八大以来，以习近平同志为核心的党中央高度重视并大力推进生态文明建设，习近平总书记提出了"绿水青山就是金山银山""像对待生命一样对待生态环境"等一系列论断。因此，尊重自然发展规律，采用科学的方式利用和保护园林植物资源显得尤为重要，对重塑健康、可持续的城市环境也具有重大的现实意义。

植物作为在绿地建设过程中具有释放氧气、改善环境功能的生命材料，不仅有利于提高绿地的生态效益，而且可以创造健康的人居环境，近年来在城市绿地建设中的地位愈发提高。但植物有其自身的生长规律，树种的配置需要科学合理。此外，城市绿地中的植物配置与造景也需兼顾使用人群的行为心理、城市形象以及生态效益。因此，如何合理地运用规划设计方法构建城市园林植物景观，实现植物景观艺术性、生态性和人性化的有机结合，是现代城市园林绿化建设所必须解决的重要问题之一。近年来，我国各地城市都在有意识地营建优美的植物群落景观，使城市能够提供让市民放松身心的天然环境，植物景观设计和建造水平也在不断提升。

贵阳，从春秋时期的牂牁国辖地，到近代 1941 年建市，由西部大开发的欠发达地区，发展到如今拥有全国生态休闲旅游度假城市、开放共享创新型中心城市、首个国家大数据及网络安全示范试点城市等一系列新名片，在社会、经济、文化等方面都取得了巨大进步。2018 年，全市实现地区生产总值 3798.45

亿元，同比增长 9.9%，增速已连续 6 年在全国省会城市中排名第一，如今的"爽爽贵阳""中国数谷"更是享誉四方。贵阳凭借不断提升的经济条件和自身优越的自然环境，在城市园林建设方面也逐渐形成了自己独特的风格和鲜明的地域文化特色。

在公园建设方面，从早期仅有花溪公园和河滨公园，之后陆续建立了黔灵山公园、图云关森林公园、南郊公园等，掀起了园林绿化建设的高潮。从公园建设的速度趋势来看，20 世纪 40～60 年代，贵阳公园的数量、面积呈直线上升趋势；60～90 年代，增长速度明显减缓；2000 年以后，又呈快速上升趋势。截至《贵阳市推进"千园之城"建设行动计划（2015—2020）》下发之前，全市建成各类公园 365 个，建成区园林绿地面积为 12 783hm²，人均公共绿地面积为 11.2m²。按照"千园之城"计划，贵阳将新建森林公园、湿地公园、城市公园、山体公园、社区公园 660 个。这些公园陆续建成后，展现在贵阳市民面前的是一个空气清新、环境优美、推窗见绿、出门见园的"公园城市"。贵阳的城市公园将充分利用贵阳的湿地、山体资源，建设具有贵阳地域特色的湿地公园、山体公园，满足市民对运动和休闲活动空间的需求，并突出贵阳"城在林中，林在城中"的空间布局特色。

贵阳的道路以历史老城区道路为基本格局，依托"北拓、南延、西连、东扩"的空间发展策略，形成了较为完善的"一横、一纵、一环"的路网主骨架和"三条环路十六条射线"的骨干路网系统。截至 2018 年，贵阳市区道路总长度达 1458.80km，道路总面积为 2923.54 万 m²（国家统计局城市社会经济调查司，2018）。在道路绿化植物造景中，不但强调视觉景观的美感和丰富度，还充分考虑相关的生态效益和经济效益。在绿地率达到国家园林城市的指标要求基础上，根据道路等级和两侧用地性质的不同，规划建设多样的道路绿地形式，形成多样化的城市景观。

多年来，贵阳的道路绿化、公园建设取得了辉煌的业绩，对其系统地加以总结，在理论和实践两个层面都具有重要意义。通过植物群落特征分析与植物色彩量化以及植物群落景观综合评价，对贵阳公园和道路绿地植物运用现状和所存在的问题进行总结，从而归纳出园林植物配置与造景的成功经验和区域特色，得出的研究成果可以丰富植物景观规划设计理论，为贵阳城市公园绿地和道路绿地植物景观营建与改造提供理论参考，对优良人居环境、城市生态文明建设，以及人民的美好生活和幸福家园建设也具有重要意义。

四、研究对象

本研究对贵阳全市的园林植物配置情况进行全面调查。根据实地情况和各类文献，贵阳园林绿化建设较典型的园林植物景观主要集中在公园绿地和道路绿地两大方面。因此，本研究主要以贵阳市区建设发展较为成熟的主要公园和道路为切入点，开展相关研究。

本研究依据植物配置特点将园林绿地的景观单元作为基本研究对象，综合考虑城市绿地系统分类、绿地功能性质以及不同建设年代，选择集中成片、具有代表性的植物群落，设立 10m×10m 或 5m×20m 的典型样地。

五、研究方法

本研究注重理论研究和实例考证相结合，综合运用各类科学方法。整个研究工作分为外业和内业两个部分，以充分调查、收集资料为基础，对相关数据进行科学分析，了解贵阳城区公园绿地和道路绿地植物造景的现状与存在的问题，建立完善的公园绿地和道路绿地植物景观评价体系，探讨相关的植物造景特色。

1. 外业调查研究

从 2018 年 3 月开始，研究人员用了两年多的时间，对贵阳市区主要道路和城市公园进行了实地调研。调查流程上首先通过全面踏查，对实地调查的公园绿地和道路绿地植物群落有一个整体上的掌握。根据踏查结果，公园绿地选择集中成片、具有代表性的植物群落，避免刻意选择植物长势良好或者较差的植物景观，根据样地地形条件设立 10m×10m 或 5m×20m 的标准乔木层和灌木层样方，并在每个样地对角线的 4 个角及中心位置各设置 1m×1m 的草本层样方。道路绿地调查不同板块形式的道路绿带，群落学调查中不涉及交通岛绿地、广场绿地和停车场绿地，并根据前期的踏查发现道路绿带多以 50m 长为一个景观单元不断重复，所以选取 50m×2m 作为标准样方进行群落学调查，对于道路宽度不足 2m 的路段，则适当增加样地长度，保证样方面积不低于 100m²，并且根据道路植物配置形式进行多次设样，确保样地涵盖所有景观单元。

在样地内，对乔木胸径（距地面 1.3m 的树干直径）大于 3cm 的树木进行每木检尺，记录乔木种类、株数、胸径、树高、冠幅等信息，灌木层和草本层记录种名、株数、多度、平均高度、盖度等信息，并调查记录气候、海拔、植物配置特点、植物生长健康状况、植物景观可达性状况等指标内容。

根据城市公园绿地和道路绿地分布情况，对贵阳市南明区、云岩区、观山湖区、花溪区 4 个城区中的 28 条道路和具有代表性的 5 个公园进行实地调查，共设置包括 234 个样方。其中公园绿地样方 120 个，道路绿地样方 114 个，所调查的公园和道路概况及样方调查情况如表 0-1 和表 0-2 所示。

表 0-1　贵阳城市公园概况及样方调查数量表

序号	公园名称	面积/hm²	样方数/个	所属城区	备注
1	花溪公园	50.1	24	花溪区	1940 年始建
2	黔灵山公园	426	24	云岩区	1957 年始建
3	登高云山森林公园	135.8	24	乌当区、云岩区	2017 年新建
4	小车河城市湿地公园	600	24	南明区	2012 年改建
5	观山湖公园	366.7	24	观山湖区	——
合计：120 个样方					

表 0-2　贵阳城市道路概况及样方调查数量表

所属城区	板式	道路名称	样方数/个
花溪区	一板两带	贵筑路、花溪大道中段	5
	两板三带	花溪大道南段、甲秀南路、清溪路、明珠大道、黄河路	18
观山湖区	两板三带	长岭北路、金朱东路、金阳北路、金阳南路、观山西路、观山东路、林城西路、林城东路、石林东路、兴筑路	55
	四板五带	长岭南路、石林西路	11
南明区	一板两带	中华北路	1
	两板三带	遵义路、瑞金南路	10
	三板四带	宝山南路	2
云岩区	两板三带	枣山路、延安东路	7
	三板四带	北京西路、宝山北路	5
合计：114 个样方			

在野外进行植物色彩特征数据采集主要是通过拍照获得照片原始数据。主要从植物的花、果、叶、枝干和整体效果这几部分分别拍照，本研究中采集的数据有重复采样的情况，在采样过程中详细记录采样时的位置、拍照高度和方位，在野外数据采集过程中，对单株植物分别从东、西、南、北 4 个方向，以及从植物高度的 0.5 倍距离、1 倍距离、1.5 倍距离、2 倍距离、2.5 倍距离和 5 倍距离进行拍照，每次拍照使用同一相机、同一站点、同一视高（1.5m）、同一拍照模式，统一采用照片的无损格式 RAW。由于植物季相变化特点，在野外进行植物拍照时需要长时间地跟踪调查。在季相变化不明显的时期，数据采集时间间隔是 15 天；在植物色彩季相变化明显的时期（抽新芽、花色变化时期和叶色变化时期），为更详细地记录其变化，则需根据变化速度适当缩短拍照取样周期，增加观察和数据采集次数，保证色彩变化时间的准确性。

2. 内业数据处理

（1）文献查阅与资料分析

查阅与研究相关的各类文献，并把外业的现场资料进行归类整理，汇总分析。

（2）数据处理与分析

数据处理与分析主要包括 3 方面。①植物的物种组成、观赏特性、结构特征以及植物多样性按照相关文献中分类学的方法或选择相关指标进行统计、分析。②色彩量化上选择用照片拍摄法结合爱普生 V30 扫描仪扫描记录，采取 HSB 色彩模式，通过聚类找到最能体现实景色彩的像素值，再将像素值可视化，分析比较其色相、明度、饱和度的情况。③植物景观评价上首先通过内容分析法等方法构建公园和道路绿地植物景观评价体系，再运用主成分分析法等方法筛选所选景观单元中评分较高及较低的样地，最终分析比较其群落学特征。其中色彩量化中所选取的植物群落样地数据记录为照片形式；由于缺少群落学调查数据，故未统计该部分数据的物种组成、结构特征等信息。

扫描仪取色的具体操作过程如下。为保证所测颜色具有代表性，采摘时应选择颜色较为均匀且具有代表性的叶片，所取试材为树体上、中、下各部分向阳面的长枝成熟叶片，采摘数量均为 3 片。采摘后立刻放入保鲜袋，置于冰盒中带回室内，2h 内完成扫描。在取色过程中需要遵守色彩调查方法的原则，尽量做到客观、全面。之后通过 ColorImpact（Windows 系统的颜色方案设计工具）进行整体叶片取色，迅速对照片中的植物叶片色块颜色进行提取，提取占据 70% 以上的颜色，获得其 RGB（红绿蓝）值，若出现两个所占比例相近的颜色，则采用色彩混合的方式提取主色调（图 0-1）。

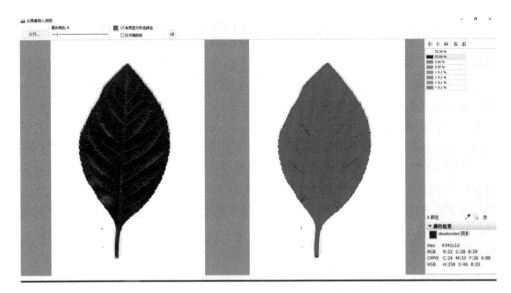

图 0-1　紫叶矮樱（*Prunus × cistena* 'Pissardii'）扫描色块面积比

照片拍摄法的操作过程如下。使用相机拍摄具有代表性的植物色彩，通过相机采集到的照片的格式为无损格式 RAW，利用 ColorChecker（Windows 操作系统中的颜色测试工具）通行证处理可以将环境光对景观实体色彩的影响去除，导出更真实的实体色彩。

利用 ColorChecker 将 RAW 格式的照片转化为 RGB 色彩模式（展现更逼真的植物色彩）照片，实景照片中每一个像素点都有红（red，R）、绿（green，G）、蓝（blue，B）3 个色彩通道值。将 3 个色彩通道作为空间坐标系的 3 个坐标轴，每一轴上的坐标都是 0～255 个等级，这就形成了一个 255×255×255 的立体色彩空间，实物照片中每一个像素色彩都可以在这个色彩空间中找到相应位置，如图0-2 所示。用聚类找到最能体现实景色彩的像素值，再将像素值可视化。

 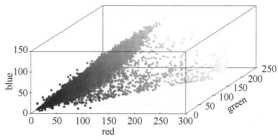

图 0-2　植物色彩空间分布图

植物主要色彩指占总体 70%以上的色彩，主要色彩表示该植物在该时期的植物色彩。

利用聚类迭代处理确定植物色彩的步骤（图 0-3）如下。

第一步：对于一张植物照片，将每一个像素点表示在色彩空间中，一张照片是有限 n 个像素点 x_i 的组合，$i=1$，…，n，其中某一点 x 的变化向量基本形式表示为 $x（R，G，B）–x_i（R_i，G_i，B_i）$。

$$M(x) = \frac{1}{k} \sum_{x_i \in S_m} (x_i - x)$$

式中，S_m 是半径为 h 的三维度区域中满足条件的所有 y 点的集合。k 表示在 n 个样本中，符合上述条件的有 k 个点在 S_m 区域内。

$$S_m = \left\{ y : \begin{vmatrix} (R - x_i)^2 \leq h^2 \\ (G - x_i)^2 \leq h^2 \\ (B - x_i)^2 \leq h^2 \end{vmatrix} \right\}$$

第二步：计算以点 x 为中心，h 为三维度区域内各维度的向量和 $M(x)$。

第三步：确定新的中心点 x_1，$x_1=x+M(x)$，以新生成的中心替代原来的中心。

第四步：重复以上第二步和第三步直到 $M(x)$ 收敛到空间密度最高的地方，以最终的中心点的色彩数据值为该区域的色彩数据值。

第五步：最终得到的色彩数据值是 RGB 色彩模式，将 RGB 色彩模式转换为 HSB 色彩模式。

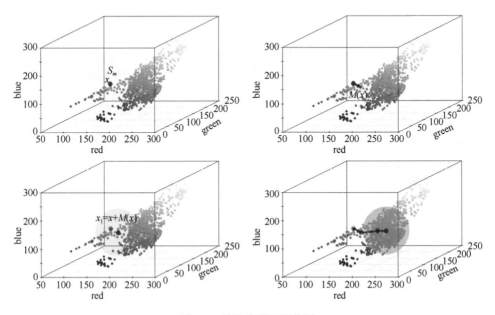

图 0-3　量化步骤可视化图

对于色叶植物，颜色多样，统计分析软件 R 语言不能较好地识别聚类，并且为了测定观赏视觉下的植物整体色彩，故选取最能体现植物色彩信息的部分，运用 Matlab 软件中 k 均值（k-means）聚类迭代处理来确定植物主体色彩，然后将 RGB 模式转化为 HSB 模式，并结合其 HSB 值，分析比较其色相、明度、饱和度的情况。

例如，使用黄金串钱柳、红花檵木的聚类结果如图 0-4 所示。

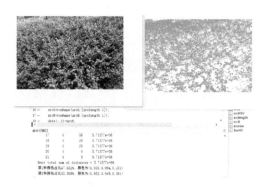

图 0-4 黄金串钱柳、红花檵木色彩聚类结果

（3）分析归纳总结

在本书研究过程中，经历了项目课题申报、方案优选、调查研究、分析归纳等阶段，形成了包括课题年度工作小结和以课题研究为背景撰写的硕士学位论文等专题研究，最后形成课题研究成果报告，又经过科技成果评审鉴定和进一步修订完善后，汇编成本书。

六、研究技术路线

本研究的技术路线如图 0-5 所示。

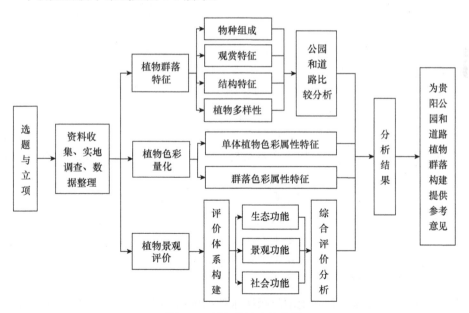

图 0-5 研究的技术路线图

第一章　城市公园和道路绿地植物景观理论研究

第一节　植物景观的概念

在古典园林中，植物就与山、水、建筑构成园林的 4 个基本要素，植物配置便与筑山、理水、建筑营造一起成为造园的四项主要工作。在当今城市绿地建设的过程中，植物也是其中不可或缺的构成要素，通过不同种类之间的组合配置，可创造出千变万化的植物景观。随着生态意识的加强和对人与自然环境关系认识的不断加深，人类在绿地建设过程中越来越关注和重视园林植物景观的营建，植物景观成为景观表达的最主要手段，成为绿地规划设计中的重要层面。关于园林植物景观的营建在学科上的概念，国内有多种相关或近义表述，如植物造景、植物配置、植物配植、植物种植设计等不同的提法，在西方国家中则主要采用"plant design"的概念，内容本质上都与植物景观营建有关，主要表现在侧重点不同。

园林植物景观的营建是一门融科学与艺术于一体的综合型学科，涉及园林植物学、园林规划设计、园林生态学、园林工程学、植物学、美学、文学等多学科知识。不同的文献资料对有关的概念有不同的表述。《中国大百科全书》中表述为：按植物生态习性和园林布局要求，合理配置园林中各种植物，以发挥它们的园林功能和观赏特性。《园林基本术语标准》中表述为：利用植物进行园林设计时，在讲究构图、形式等艺术要求和文化寓意的同时，考虑其生态习性及植物种类的多样性，注重人工植物群落配置的科学性，形成合理的复层混合结构。无论何种表述，其本质上都要以园林植物为基本素材，运用艺术手法创造出具有某种功能的空间。

单纯从字面上理解，植物景观可以视为自然或人工的植被所构成的植物个体空间抑或是植物群落空间，通过人们的视觉器官传到大脑皮层从而产生的一种感官形象。从中外园林的发展历史来看，其概念内涵是在不断丰富、发展、充实、完善的动态过程中的。传统园林中的植物景观所表达的形式和内容以追求赏心悦目、畅情抒怀的游憩、居住环境为主，并主要体现在视觉景观之美上，其绝大多数情况下都是直接为当时的统治阶级所服务的或为其所私有的，没有体现出社会、环境效益。随着社会的进步和科学的发展，人类由原始社会到农业社会到工业时代再到当今的信息时代，植物景观设计所涉及的理论知识、所针对的实践范围尺度、所服务的对象范畴都在不断发展演化。在理论知识方面，19 世纪末期兴起的生态学原理，使植物景观的营建不仅为了获得视觉景观之美和精神的陶冶，同时更着重发挥其改善城市环境质量的生态作用，进一步更可拓展到为人类及其栖息的生态系统服务。在实践范围尺度方面，既有小至庭院也有大到全球范围的大地景观。此外，将植物景观引入室内也已蔚然成风，耐阴观叶植物的开发利用和无土栽培技术的发展极大地促进了室内景观的发展，植物景观实践范围的广泛性得到了进一步加强。这充分体现了人们一直向往自然，追求丰富多彩、变化无穷的植物美。随之在其所服务的对象上也不再是统治阶级私人所有，而是出现了由政府出资、属政府所有、为市民提供公共游憩和交往活动的公共园林。所创造出的植物景观既符合植物的生物学特性，又能充分发挥生态效益，同时又具有美学价值，是理想人居空间和城市形态的重要表达形式与构成要素，也是城市生态系统结构和功能一个不可或缺的重要组成部分，在文化上更体现出一种记载城市历史、彰显城市底蕴、展现地方风格特色的语言和精神空间。

第二节　园林植物景观功能

在植物景观设计中，植物主要具有三大基本功能，即建造功能、美学功能和生态功能。

一、建造功能

植物的建造功能是指植物可以像建筑设计形式一样构成建筑物的墙、顶棚和地面，在景观中充当限制和组织因素。这些因素通过影响和改变人们的视线方向，进而带给人们心理上不同的空间感受，其中不同植物的大小、形态、通透性都是重要的影响因素。

室外环境的总体布局和室外空间的形成过程中至关重要的就是植物的建造功能。在植物景观设计过程中，植物的建造功能也是首先要考虑和研究的因素，之后才能考虑其观赏特性。但"建造功能"一词并非将植物的功能局限于机械的、人工的环境中，植物在自然环境中同样能成功地发挥建造功能。

1. 植物构成空间

植物的建造功能首先体现在构成空间。所谓空间感是指由地平面、垂直面以及顶平面单独或共同组合而成的、具有实在的或暗示性的空间围合。植物可以应用于空间中的任何一个平面，如草坪草、低矮的植被、模纹花坛可用来暗示地面空间的水平边界。而在垂直层面上，植物的树干、枝叶的疏密度以及种植形式的不同都能影响所构建空间的闭合感。例如，常绿树种围合的空间四季不变，一直维持周年稳定的空间封闭效果；落叶树种围合空间的封闭程度却随季节的变化而不同，夏季长满浓密枝叶的树丛形成闭合空间，带给人一种内向的隔离感，冬季在同一空间下则会给人以更大、更空旷的感受。其中主要的因素就在于植物落叶后，人们的视线能够延伸到所限制的空间范围以外的地方。植物同样能限制、改变一个空间的顶平面，如攀缘植物构成的棚架、花廊等，能营造出"绿色客厅"般的空间效果。

总之，植物空间的 3 个构成面（地平面、垂直面、顶平面）在室外环境中能通过各种组合和空间形式给观赏者带来千变万化的空间感受。

2. 植物空间类型

不同的绿化空间可以带给游客不同的游园感受，将植物以不同的种植方式和种植距离构建各种类型的空间，满足不同人群的游赏需求。但在植物景观的实际营建过程中，必须按绿地的实际功能要求，并且根据植物的生物学特性来考虑植物的种植方式与种植距离，从而构建所需要的空间尺度与类型。一般来说，园林植物构建的景观空间形式可以分为以下几种。

（1）开敞空间

开敞空间是指在一定的区域范围内，人的视线高于四周景物的植物空间，观赏者可以纵目远眺。一般多用低矮灌木及地被植物形成开敞空间。此类空间四周开敞、外向，没有限定性和私密性。

（2）半开敞空间

半开敞空间与开敞空间相似，在区域范围内，一面或部分空间受到较高植物的封闭，遮挡了视线的穿透，使其形成四周不完全开敞、有方向性的空间。这种空间通常适用于一面需要隐秘性而另一面又需要衬托景观的住宅区环境中。

（3）封闭空间

封闭空间是指人停留的区域范围内，通过应用植物材料阻挡观赏者水平和垂直方向视线所形成的空间。该类空间具有极强的隐蔽性和隔离感，观赏者的视距和听觉受到限制，适宜于人们独处和安静休憩。

封闭空间按照封闭位置的不同可以分为覆盖空间、垂直空间。覆盖空间多利用植物树干分枝点的高低层次和浓密的树冠形成空间感。除了遮阴效果较好的常绿大乔木以外，花架、拱门、木廊上攀附生长的攀缘类藤本植物也能构成有效的覆盖空间。而用植物封闭的垂直面、开敞的顶平面的空间则称为垂直空间。垂直空间营造了竖向与顶部的围合感，如同哥特式教堂一般令人翘首仰望，将观赏者的视线导向空中。设计该类空间可尽可能选用圆锥形植物，植物的高度越高，树冠则越小，空间则显得越大，多运用于纪念性园林中。

二、美学功能

美学功能除了植物自身的观赏特性以外，还包括植物在外部空间中与周围环境之间的关系，如统一和协调环境中的各种因素、突出景观中的景点和分区，以及限制观赏者视线等。不能将植物的美学作用局限在其作为美化和装饰材料的意义上。

1. 创造观赏景观

构建优美的植物景观供人们观赏是植物景观设计的基本任务，而把握植物自身的观赏特性自然是构建过程的重中之重。自然界植物种类繁多、形态各异，体量上既有高至百米的乔木也有矮至几厘米的草本，形态上既有直立生长的乔灌也有攀缘匍匐的藤本。正是如此丰富多彩的植物材料，才为植物景观营建提供了广阔的天地。由于植物种植方式不同，所以在景观设计中既可孤植展示植物个体之美，又能按照一定的构图方式组合营建植物群体之美。由于植物生态习性以及物候期不同，所以植物随着季节的变化亦可表现出不同的季相特征，春季繁花似锦，夏季绿树成荫，秋季硕果累累，冬季枝干遒劲，植物的这种自然生长变化规律也为创造四时演变的时序景观提供了客观条件。此外，各地气候条件以及生态环境的差异性造就了各种不同类型的地域性植物景观，利用当地的自然资源和历史人文的再现更能构建独具地方特色的植物景观。

2. 软化硬质景观

植物可以用于在户外空间中软化形态粗糙及僵硬的建筑和构筑物。相比呆板、生硬的建筑物、构筑物和无植被的环境，各种形态、质地的植物都能使环境显得更为柔和。被植物所柔化的空间，比没有植物的空间更加自然和谐。

3. 统一作用

植物的统一作用体现在充当一条导线，将环境中所有不同的成分从视觉上连接在一起。在户外环境的任何一个特定部位，植物都可以充当一种恒定因素，实现其他因素变化而自身始终不变。正是植物在此区域内的永恒不变性，将其他杂乱的景色统一起来。

4. 强调作用

植物的强调作用就是在户外环境中可以突出或强调某些特殊的景物。借助植物截然不同的大小、形态、色彩或与邻近环绕物不同的质地等引人注目的特性，从而达到将观赏者的注意力集中到景物上的目的。由于植物的此种美学功能，其常适用于公共场所出入口、交叉点、建筑入口附近等。

5. 框景作用

植物对可见或不可见景物，以及对展现景观的空间序列都有直接的影响。植物通过大量浓密的叶片、有高度感的枝干屏蔽了两旁的景物，为主要景物提供开阔的、无阻拦的视野，从而达到将观赏者的注意力集中到景物上的目的。在这种功能中，植物和众多的遮挡物一样，围绕在景物周围，形成一个景框，如同将照片和风景油画装入画框一样。

三、生态功能

植物是城市生态环境的主体，在改善生态环境、维持碳氧平衡、吸收有毒有害气体、保持水土、防灾减灾等方面起着不可替代的作用。在有限的城市绿地建设中，科学地营建植物群落景观，充分发挥植物的生态效益，对改善城市生态环境有重要的意义。植物对环境的生态功能主要体现在以下几个方面。

1. 净化空气

（1）维持大气碳氧平衡

碳氧平衡是一种相对稳定的动态平衡。然而随着人类工业化进程的加快，二氧化碳排放量日益增多，对宏观环境的危害主要表现为"温室效应"。具体表现为：全球气候反常，海洋风暴增多；冰川融化，海平面上升；土地干旱，土地沙漠化面积增大。而植物通过光合作用可以吸收大量二氧化碳，释放氧气，是维持大气中气体成分相对比例的关键纽带。实验数据显示，只要 $25m^2$ 草地或 $10m^2$ 森林就可以把一个人一天呼出的二氧化碳全部吸收，这也是人们在公园中感觉神清气爽的主要原因。

（2）吸收有害气体

城市环境尤其是在工矿区空气中的污染物很多，最常见的有二氧化硫、氟化氢、酸雾、氯化物等，这些气体对植物的生长是有害的，但许多植物对它们具有吸收能力和净化作用。其中数量最多、分布最广、危害最大的气体是二氧化硫，许多园林植物，如悬铃木、夹竹桃、广玉兰、银杏、臭椿、刺槐、垂柳等的叶片都对其具有吸收能力。另外，女贞、泡桐、刺槐、大叶黄杨等都具有很强的吸收氟的能力；构树、合欢、紫荆等具有较强的抗氟、吸氯能力。

（3）阻滞粉尘

城市中的粉尘除了土壤微粒以外，还包括细菌和其他金属性粉尘、矿物粉尘等，它们既影响人们的身体健康，又会造成环境的污染。植物的枝叶茂密，可以大大降低风速从而使得尘埃下降；此外，小枝、叶面处生长的绒毛，以及一些植物表面所分泌的油脂和黏液都能对空气中的尘埃有很好的黏附作用。

（4）灭杀细菌

空气中有许多细菌和病毒，尤其在人口密集处，而绿色植物如樟树、黄连木、松树等能通过分泌挥发性分泌物杀死或抑制这些细菌和病毒。在某些以空气传播病原的流行性疾病的多发地，特别是在呼吸道疾病蔓延的地区，多栽植一些抑菌作用较强的植物，对疾病的控制有着很强的现实意义。

2. 改善城市小气候

（1）降低气温

枝繁叶茂的树木能有效遮挡来自太阳的辐射热和来自地面、墙面的反射热，并通过自身蒸腾作用和光合作用吸收热量，释放水分，从而有效地降低空气温度，缓解城市"热岛效应"。据测定，有树阴的地方比没有树阴的地方温度一般要低3～5℃。此外，爬山虎、牵牛、葡萄、紫藤、蔷薇等攀缘植物顺墙攀附形成的垂直绿化也能够有效地减少阳光辐射，大大降低室内温度。

（2）增加湿度

植物的蒸腾作用是指水分从活的植物体表面（主要是叶子）以水蒸气状态散失到大气中，通过这一过程，植物能明显提升小环境中的空气湿度。据测定，1hm^{2}阔叶林一般比同面积裸地蒸发的水量高20倍。在城市绿地的建设过程中，有计划地种植一些蒸腾能力较强的植物对提高环境中的空气湿度有明显的作用。

（3）净化水质

绿色植物能够吸收污水中的硫化物、氨、磷酸盐、悬浮物及许多有机化合物，从而减少污水中的细菌含量，起到净化污水的作用。许多水生植物和沼生植物对净化城市污水有明显的作用。水葱可吸收污水池中的有机化合物。凤眼蓝能从污水里吸取汞、银、铅等金属物质，并有降低镉、酚等物质浓度的能力。

（4）保持水土，防灾减灾

树木和草地对保持水土有非常显著的作用。树木通过树冠、树干、枝叶阻截雨水，缓和雨水对于地表的直接冲击，从而减少土壤侵蚀；草皮及树木枯枝落叶通过覆盖地表可以阻挡流水的冲刷；植物根系也可以吸收紧固土壤，这些都能有效减少表土流失，防止山体坍塌、水土流失、泥石流等自然灾害的发生。在干旱季节，园林植物能通过自身的蒸腾作用释放水分从而增加空气湿度来缓解旱情。此外，城市绿地中一些含水率高、含油率低的植物能够形成防火的安全空间，其含有大量水分的枝叶能有效遮蔽辐射热，并降低风速和火焰高度，进而延缓或切断火势的蔓延。

第三节　城市公园和道路绿地的发展历史

一、城市公园绿地的发展历史

1. 国外的城市公园绿地发展

世界造园已有 6000 多年的历史。虽然具有公园性质的园林绿地，如寺庙园林和公共游乐地自古就有，但公园正式成为城市绿地的一种形式是近一二百年的事情。18 世纪 60 年代，英国工业革命开始后，工业文明的兴起带来了科学技术的飞跃进步和大规模的机器生产方式，为人们开发大自然提供了更有效的手段，但无计划、掠夺性的开发方式使自然环境从早先的良性循环急剧向恶性循环转化，城市人口愈发密集、大城市不断扩张、居住环境恶化。在这样的社会条件下，新兴的资产阶级开始对城市环境进行改善，把大大小小的宫苑和私园划作公共使用，或新辟一些公共绿地，并统称为公园（public park）。其探索历程可细分为以下 5 个阶段（王保忠等，2004）。

（1）公园运动

1843 年，英国利物浦市动用税收建造了公众可免费使用的伯肯海德公园（Birkenhead Park），标志着第一个城市公园的正式诞生。受到英国经验的影响，1857 年，美国设计师弗雷德里克·劳·奥姆斯特德（Frederick Law Olmsted，1822—1903）与建筑师卡弗特·沃克斯（Calvert Vaux）合作，将纽约市曼哈顿岛的一块空地改造、规划成为市民公共游览、娱乐的用地，这就是世界上最早为群众设计的城市公园——纽约中央公园。1872 年，美国建立了世界上第一座国家公园——黄石国家公园，开辟了保护自然环境、满足公众游憩需要的新途径。之后，19 世纪下半叶，北美、欧洲掀起了城市公园建设的第一次高潮，称之为"公园运动"

（park movement）。

（2）公园体系

1880 年，奥姆斯特德等设计的波士顿公园体系，以城市中的河谷、台地、山脊为依托，形成城市绿地中的自然框架体系，突破了美国城市方格网格局的限制，将单个公园绿地与带状河滨绿地、城市林荫道直接联系起来，形成连续完整的城市绿色空间，并逐渐成为世界城市绿地规划中的一项主要原则。

（3）重塑城市

英国学者埃比尼泽·霍华德（Ebenezer Howard，1850—1928）撰写了 *Garden Cities of Tomorrow*（《明日的田园城市》），而帕特里克·格迪斯（Patrick Geddes，1854—1932）撰写了 *Cities in Evolution—an Introduction to the Town Planning Movement and to the Study of Civics*（《进化中的城市——城市规划与城市研究导论》）。这两本书所提出的著名的"田园城市"的设想以及"有机疏散"理论，共同开启了从局部的城市调整转向重塑城市的新阶段，使人类开始重新审视城市与自然之间的关系。

（4）战后大发展

第二次世界大战结束以后，世界各国在废墟上开始重建城市家园，这促使人们再一次重新认识城市的发展。对旧城的改造和新城的不断涌现，也为城市绿地规划的理论和方法探讨提供了实践的广阔舞台，公园绿地建设迈入了继"公园运动"之后的第二次历史高潮。

（5）生态平衡理论

1970 年初，研究人类、生物与自然环境相互之间关系的生态学理论作为设计理论被引入绿地规划，通过利用不同种类、不同年龄的植物，采用丛植的方式来进行公园的植物配置，构建一个类似自然群落、能够自我维护的结构，为近现代的公园绿地规划设计注入了新鲜的血液。当时的一些有识之士也逐渐意识到了无限制、掠夺性地开发自然资源所带来的恶果，开始尝试将经济学与生态学结合，从而协调社会经济的发展规律与自然生态规律。在 1992 年 6 月举行的联合国环境与发展大会上，世界上 100 多个国家的政府首脑共同签署国际公约，提出了人类"可持续发展"的新战略和新观念，共同维护宏观区域范围内的生态平衡，开启寻求人类与大自然和谐共生的新纪元。伴随着现代艺术运动、现代建筑运动、科学技术发展以及现代庭院和公共空间景观艺术实践，公园进一步发展到现代公园的成熟阶段。代表性的公园有美国风景园林师彼得·沃克设计的伯纳特公园、劳伦斯·哈普林设计的罗斯福总统纪念公园等（俞孔坚等，2001）。

2. 中国的城市公园绿地发展

我国的园林发展历史源远流长，但古代有"公园"之称的园林或类似性质的城市绿地，在功能、形式上与现代城市公园均有巨大的差异（李韵平和杜红玉，2017）。直到清末，西方的园林文化才开始进入中国。这一时期我国相继建造了一些"公园"，如澳门的加思栏花园（1861年对外开放）、上海的"公花园"（现黄浦公园，1868年）、法国公园（现复兴公园，1908年）等。这些公园内的建筑物很少，多以大片草坪、树林和花坛为主，在功能、布局和风格上都反映了外来特征对我国公园的发展建设产生了一定的影响（裘鸿菲，2009）。1949年前，我国城市公园发展缓慢，规划设计基本停留在模仿阶段。

新中国成立后，我国城市公园的发展状态与城市化的进程基本保持一致，依据历史变迁时间与公园建设情况将其划分为7个阶段（表1-1）。在城市化发展停滞期新建城市公园数目也降至零，而在新中国成立后至1958年期间以及1978年改革开放的城市化发展期间，城市公园的数目与面积也有相应的发展，可以看到城市化发展情况与公园建设情况呈正相关关系。截至2018年底，全国城市公园15 633个，总面积444 622hm^2，比1940年总面积增长了149.2倍。与此同时，公园的类型也逐渐增多，有满足人们多种需要的综合公园，有性质比较单一的专类公园，如儿童公园、动物园等，还有位于特殊地段的公园绿地，如社区公园、街头绿地等（吴仁武，2012）。总体而言，随着社会经济的发展，城市生态环境和人居环境的改善，城市生态文明的创建以及旅游事业的发展，全国各个城市扩建、改建和新建了大量的公园。人们也对城市公园质量提出了更高的要求，城市公园自身的内容和设施方面也在不断充实和提高。一些公园以其独特的城市文化折射的城市形象和公园形象，也逐渐成为城市现代化发展的标志，甚至成为一座城市的名片。如今，我国的城市公园已成为城市园林绿地系统的重要组成部分，其效益早已延伸发展至多维度，不仅要满足人们享受与审美的需求，还肩负起美化、保护城市环境的功能，更成为城市居民游憩社交、锻炼身体、接近自然和开展文化教育活动等的重要场所（陈艳红和何佳梅，2006）。

表 1-1 中国城市公园发展阶段历史变迁

发展阶段	城市化水平与公园建设简要	特征
1840~1948年城市化史前阶段	新中国成立前城市化率为10.6%；1949年底，全国城市公园112个，公园总面积2 961hm^2	1911年前，主要为满足少数特权阶级的游憩需要；辛亥革命后，多为宣传西方"田园城市"思想
1949~1952年新中国成立初期恢复阶段	10.64%~12.46%（1949~1952年中国城市化率数值变化，下同）；这一时期很少新建公园	新中国成立初期，学习苏联的建设经验，全国各城市以恢复、整理旧有公园和改造、开放私园为主，很少新建公园
1953~1958年早期生成阶段	13.31%~16.25%；这一时期新建公园数量大量增加	这一阶段全国各城市结合旧城改造和新城开发，大量新建公园

续表

发展阶段	城市化水平与公园建设简要	特征
1959～1965 年 转折阶段	18.41%～17.98%；到 1959 年，全国城市公园发展到了 386 个，总面积 9 925hm²	全国各城市公园建设速度开始减慢，工作重心转向普遍绿化和园林结合生产，并出现了农场化和林场化的公园经营倾向
1966～1976 年 停滞阶段	17.86%～17.44%；公园建设陷入停滞状态	该时期大部分城市园林绿化成果被毁。1968 年，全国新建公园数降至零
1977～1984 年 重新起步阶段	17.55%～23.01%；到 1979 年，全国城市公园有 630 个，公园总面积 15 576hm²	全国各城市的公园建设在改革开放后重新起步，数量逐渐增加，功能逐渐多样化，但以追求利益为主
1985 年至今 高速发展阶段	23.71%～60.60%（截至 2019 年底）；2018 年底，全国城市公园 15 633 个，总面积 444 622hm²	这一阶段旅游业的发展刺激和促进了城市公园的发展，公园建设的范围也由大中城市扩大到小城镇；公园建设更重视日常休憩和观赏功能，重视公园的生态性和景观性

注：城市化率统计数据来源于国家统计局，内容由作者整理

二、城市道路绿地的发展历史

1. 国外的城市道路绿地发展

《尔雅》中讲道："道者蹈也，路者露也"，即最初的道路概念为由人践踏而形成的小径。回溯世界上第一条道路何时何处修建已无从考证，但直到公元前 26 世纪，埃及的城镇市场出现了世界已知最古老的铺装路面。而史料记载世界上最早的行道树则种植于公元前 10 世纪，古印度和古罗马出于军事目的在其所修建的干道中种植了三行树木，该道路称作大树路（Grand Trunk）。古希腊时期，高大的乔木就被种植在体育城周围以供人遮阳。

欧洲历史上最早见于记载的行道树，是根据当时著名政治家西蒙的建议，在雅典城的大街上种植的悬铃木。此后，社会生产力的发展以及社会关系的改变，促使城市形成，而人类在城市中的各类型活动需要规范化的交通网络作为支撑。1552 年，文艺复兴后的法国颁布法令，规定在城市干道上必须栽植以欧洲榆为主的行道树，同时期的德国亦以梧桐作为行道树，自此拉开了林荫道建设的序幕。1625 年，英国伦敦出现的林荫步道（The Mall），由景观效果整齐且优美的 4～6 排法国梧桐形成，开辟了都市型散步道栽植的新概念，对以后欧美等发达国家和地区的道路景观建设产生了巨大的影响。1647 年，德国在柏林设计了菩提树林荫大道。

18 世纪后期至 19 世纪初，奥匈帝国颁布法令：在国道上种植苹果、樱桃、西洋梨等果树作为行道树。至今，匈牙利、塞尔维亚、德国和捷克等国仍延续这种特色。18 世纪至 19 世纪初，法国政府正式制定了有关道路需栽植行道树的法令，相继颁布了枢密院令（1720 年）、敕令（1781 年）、国道及县道行道树的管辖

法令（1825 年）、行道树栽植法令（1851 年）等，对于城市道路绿化栽植位置、树种选择、树苗检查、树木砍伐等都做了详尽的规范。

随着工业革命的到来以及城市规划理论的发展，19 世纪后期，法国巴黎修建的香榭丽舍大道所代表的新兴道路景观——"园林大道"，一举成为世界城市道路绿地建设史中的亮点。这一时期，街头游园和绿化广场也随之而生。而进一步于 1901 年在美国提出的公园式道路（parkway），即广义上兼具交通运输和景观欣赏双重功能的通道，其中所贯彻的以保护原始风貌为主、人工设计为辅的设计思想，已充分体现了当前人类尊重大自然、与自然和谐相处的新观念。前苏联在街道绿化上也取得了较大的成就，其将城市道路绿化建设放在十分重要的位置，许多城市都修建了林荫大道、小游园；理论方面也有所建树，强调将行道树、林荫道与防护林带有机联系起来组成"绿色走廊"。在莫斯科，1857 年时仅有 40 条林荫道，1973 年已有将近 100 条林荫道。直至今日，莫斯科仍是世界上绿化最好的城市之一，市内建有 400 个街心花园、160 条林荫道。林荫道让莫斯科的市容和环境得到较大的改善。与此同时，有关林荫道应具备的功能与最低规模要求也得以制定和完善（李继业和蔺菊玲等，2016）。

如今，城市建设日新月异，工商业城市不断涌现。为了满足交通运输的需要，特别是随着汽车的日益增多，城市必须建立宽阔的道路和方便的交通网。作为城市建设重要组成部分的行道树种植更加普遍，行道树的布置形式和结构也发生了很大的变化。特别是近几十年来由于工业的高速发展，城市环境日益恶劣，很多城市进行了重新规划。发达国家也开始将道路景观规划的重心转到了对生态环境问题、生活品质问题、城市个性体现、历史文化传承问题的研究上。在城市规划理论中出现了"花园城市""城市林带""绿色走廊"等设想，在绿化上则优先考虑植物的生态性以及生物多样性，以改善和保护城市环境；在设计上更注重从人的行为活动与环境所产生的心理感受出发，创造舒适宜人的城市道路景观环境（薛锋，2003）。

2. 中国的城市道路绿地发展

与世界各国类似，我国的道路绿地建设历史也比较悠久。史料中记载最早在公元前 5 世纪，周朝都城洛邑（今洛阳）所建的街道两侧就栽植行道树，供来往的过客休憩纳凉（梁永基和王莲清，2001）。另据沈宏《列树与囿的补证正》所记载，《国语》之《单子知陈必亡》篇中有这样一句话："列树以表道，立鄙食以守路"。这里的"树"就是行道树的最初模型，行道树的主要功能是显示道路的范围或界线，用来区别田野，指引方向，不致迷路。

秦统一六国后，在周道的基础上修筑以咸阳为中心通向全国各地的大道。《汉书·贾山传》记载："秦为驰道于天下，东穷燕齐，南极吴楚，江湖之上，濒海之观毕至"。驰道就是天子道，即皇帝行车的路。另据《汉书·贾山传》记载当时以"道广五十步，三丈而树，厚筑其外，隐以金椎，树以青松"的形式种植行道树。"三丈而树"是指路中央宽三丈（丈，中国古代的长度计量单位，1 丈≈3.33m）的部分是秦始皇行车的路；"树以青松"即道路两边种植青松，以标明道路的路线。

西汉时期，槐树、柳树、榆树等道路绿化树种已常种植于都城长安的街道两侧，林木茂盛，蔽日成荫。灞桥柳亦常见于这一时期的古人诗词中，因柳与"留"谐音，赠友人以柳，代表依依惜别的深情，故"汉人送客至此桥，折柳赠别"。这一风俗从侧面反映了柳树早在汉代就被用于水域附近的绿化。另据范晔《后汉书·百官志 第二十七》记述，景帝时期的将作大匠，"掌修作宗庙、路寝、宫室、陵园木土之功，并树桐梓之类列于道侧"。由此可见东汉时洛阳的街道两侧有专人负责种植桐、梓等行道树，那个时候对街道绿化就十分重视。

到南北朝时期，都城御道已开始实行车道分流，在道路两侧种植榆槐、沟旁则栽植柳树，形成"垂杨荫御沟"的景观。隋唐时期的道路绿地建设又有新的发展。唐朝开元盛世时期，制定了"路树制度"，并设立了专门的绿化树管理机构，乔灌搭配的植物造景形式开始应用到道路绿地中，传统形式的道路绿化已发展得极为丰富。唐代长安城气势恢宏，其中青葱的树木也为其增色不少。这些行道树中以杨树、槐树、柳树、松树和榆树较为常见。其中槐树是最常见的绿化树，它生长较快，喜光，枝叶繁茂，唐人常称其街道为"青槐街""绿槐道"，直到今日槐树依然是西安市的主要绿化树种。

北宋东京（现河南开封）宫城正门南的御街，用水沟把路分成三道，并用桃、李、梨、杏等列于沟边以固河堤，沟外设置木栅以限行人，沟中植以荷花。南宋临安（浙江杭州）也在御街与两侧"走廊"之间，夹着一条砖石砌筑成的河道，河里广植莲藕，河岸遍栽桃李。春夏繁花似锦，夏末荷花飘香，秋季果实累累，这种季相景致与唐朝长安城的杨树、槐树、柳树、松树、榆树的荫道相比显得更加五彩缤纷。

清中叶以后，随着门户开放及对外交流的增多，刺槐、二球悬铃木等树种被引入我国，并常用于行道树。

新中国成立以后，在"绿化祖国"和"实现大地园林化"的号召下，行道树普及发展迅速，形成了路成网、树成行的局面，市容和环境也得到改善；改革开放以后，我国的城市化进程加速，道路建设更是蓬勃发展，道路断面形式和交叉形式愈发多样化。四通八达的道路网承担着交通运输的功能，满足人们日益增长的人流和物流空间转移的需求。道路在当下不仅是交通功能和城市功能需求的简单直接反映，还是建立在人与自然和谐共生基础之上的绿色生态走廊，同时兼具景观、生态等多种功能。设计内容上也有了国家技术规范和道路绿地的指标以及景观道路、避险道路的内容；绿化树种也更加丰富多彩、用途多样，我国城市向建设绿色通道、景观大道、生态廊道、避难通道，创造安全城市、生态园林城市、宜居城市迈进。

第四节　公园和道路绿地的分类

一、公园绿地的分类

1. 我国公园绿地的分类

随着城市化水平的不断提高，城市环境问题日益突出，绿地建设的重要性已为人们所认识。随着近年来各地建设的蓬勃发展，城市绿地系统规划也面临着空间结构复杂化、用地节约集约化、绿地功能多元化等诸多挑战。一个全国统一的绿地分类标准不仅能为各类绿地的规划建设提供支撑、协调好城市绿地系统规划与城市总体规划之间的关系，且能使不同城市之间的绿地规划建设指标具有可比性。同样，合理明确的公园分类体系能针对不同类型的公园提出不同的规划、设计、建设和管理要求，对于公园的规划与建设、建立科学的公园系统而言至关重要。

建设部综合计划财务司 1991 年 9 月印发的《城市建设统计指标解释》（现已废止）中，对公园的类型作了解释说明；1992 年 1 月开始实行的《公园设计规范》[2016 年 8 月 26 日，住房和城乡建设部公告第 1285 号批准为国家标准，编号为 GB 51192—2016，自 2017 年 1 月 1 日起实施。原行业标准《公园设计规范》（CJJ 48—92）同时废止]中，对公园的类型、设置内容和规模作了规范。然而两者都很不完善，并未形成系统的分类标准。直至 2002 年，住房和城乡建设部颁布的《城市绿地分类标准》[以下简称"原绿标"。2017 年 11 月 28 日，住房和城乡建设部公告第 1749 号批准为行业标准，编号为 CJJ/T 85—2017，自 2018 年 6 月 1 日起实施。原行业标准《城市绿地分类标准》（CJJ/T 85—2002）同时废止]将公园分类体系纳入该标准，我国才正式出台系统的公园分类方法。原绿标将绿地分为公园绿地、防护绿地、生产绿地、附属绿地和其他绿地五大类。其中又将公园绿地分为综合公园、社区公园、带状公园、专类公园和街旁绿地，并明确指出公园绿地是指由各种城市公园组成的一类城市绿地，是城市中向公众开放的、以游憩为主要功能、有一定游憩服务设施，同时兼具生态、美化景观、防灾减灾等综合作用的城市绿化用地，是城市绿地系统和城市市政公用设施的重要组成部分。但随着近年来全国各地城乡绿地规划建设和管理需求的不断升级与变化，原绿标在现实需求与"多规统一"方面捉襟见肘（张金光和赵兵，2019）。为适应我国城乡发展宏观背景的变化和满足绿地规划建设及公园体系规划建设的需求，2017 年 11 月 28 日，住房和城乡建设部在广泛征求意见的基础上修订了北京北林地景园林规划设计院有限责任公司主编的《城市绿地分类标准》（CJJ/T 85—2017），自 2018 年 6 月 1 日起实施。其将城市绿地分为 5 大类型，15 个中类。其中公园绿地的分类下又划分了 4 个中类，6 个小类（表 1-2），其中中类的分类依据综合考虑了公园的功能、规模、服务范围等多种因素，小类基本与国家现行标准《公园设计规范》（GB 5119—2016）的规定相对应，依据主要服务范围和特定内容或形式。

表 1-2 城市公园绿地分类标准

类别代码			类别名称	内容与范围	备注
大类	中类	小类			
	G11		综合公园	内容丰富，适合开展各类户外活动，具有完善的游憩和配套管理服务设施的绿地	规模宜大于 10hm²
	G12		社区公园	用地独立，具有基本的游憩和服务设施，主要为一定社区范围内居民就近开展日常休闲活动服务的绿地	规模宜大于 1hm²
	G13		专类公园	具有特定内容或形式，有相应的游憩和服务设施的绿地	
		G131	动物园	在人工饲养条件下，移地保护野生动物，进行动物饲养、繁殖等科学研究，并供科普、观赏、游憩等活动，具有良好设施和解说标识系统的绿地	
		G132	植物园	进行植物科学研究、引种驯化、植物保护，并供观赏、游憩及科普等活动，具有良好设施和解说标识系统的绿地	
G1		G133	历史名园	体现一定历史时期代表性的造园艺术，需要特别保护的园林	
		G134	遗址公园	以重要遗址及其背景环境为主形成的，在遗址保护和展示等方面具有示范意义，并具有文化、游憩等功能的绿地	
		G135	游乐公园	单独设置，具有大型游乐设施，生态环境较好的绿地	绿化占地比例宜大于或等于 65%
		G136	其他专类公园	除以上的各种公园绿地外，具有特定主题内容的绿地。主要包括儿童公园、体育健身公园、滨水公园、纪念性公园、雕塑公园	绿化占地比例宜大于或等于 65%
	G14		游园	除以上的各种公园绿地外，用地独立，规模较小或形状多样，方便居民就近进入，具有一定游憩功能的绿地	带状游园的宽度宜大于 12m；绿化占地比例应大于 65%

《城市绿地分类标准》（CJJ/T 85—2017）作为绿地系统规划编制、绿地建设、绿地管理、绿地统计等工作的重要技术标准，是风景园林行业与规划、国土等部门进行对话的基本"语汇"，是建立对话平台的基础之一。在工业文明向生态文明

过渡的重要阶段，它的使命是基于自然山水资源、建立实现区域全覆盖的"绿地"的概念，在宏观层面为构建维护区域生态安全格局的绿地系统提供依据，在中微观层面为具有不同功能的各类绿地的规划建设提供支撑（徐波等，2017）。

2. 部分发达国家的公园类型

就世界范围而言，世界各国亦根据本国国情确定了自己的城市公园分类系统（余淑莲和王芳，2014），下文介绍一些发达国家的城市公园分类系统（表1-3）。

表1-3　部分发达国家的城市公园分类系统

国家	内容	备注
美国	分为12类：①儿童游戏场；②近郊运动公园/近邻休憩公园；③特殊运动场；④教育休憩公园；⑤广场；⑥近郊公园；⑦市区小公园；⑧风景眺望园；⑨滨水公园；⑩综合公园；⑪保留地；⑫道路公园及花园路	根据休闲、教育、观景等多种使用方式对公园进行划分
德国	分为8类：①郊外森林公园；②国民公园；③运动场及游戏场；④各种广场；⑤有行道树的装饰道路（花园路）；⑥郊外的绿地；⑦运动设施；⑧分区园	德国仅根据公园基础功能性划分了公园类别，没有明显的城市、郊区划分
日本	分为4类：①居住区基干公园，即儿童公园、近邻公园、地区公园；②城市基干公园，即综合公园、运动公园；③广域公园；④特殊公园，即风景公园、植物园、动物园、历史名园	日本根据公园的面积及服务半径划分城市基干公园，并以特殊公园和广域公园作为市民及游客更高需求的补充

（1）美国公园类型

美国是世界上现代公园发展最早和最成熟的国家之一，其公园类型丰富多样。

1）儿童游戏场。儿童游戏场是指一个居住街区内学龄前儿童户外活动的场所。面积规模不小于$500m^2$，具有一定的游戏设施和绿化环境。

2）近郊运动公园/近邻休憩公园。近郊运动公园/近邻休憩公园是指供社区居民（主要为学龄儿童和老人）运动竞技和健身活动的场所。面积规模不小于$2hm^2$，服务半径500m左右，具有可供竞技比赛用的场地等运动设施、休息空间和良好的绿化环境。

3）特殊运动场。特殊运动场是指那些具有特殊活动内容或特殊用途的公用设施绿地，如高尔夫球场、露营地、海滨游泳场等。

4）教育休憩公园。教育休憩公园是指植物园、动物园、标本园、博物馆等具有科普文化教育功能特色的公园绿地。

5）广场。广场是指各种类型的城市广场，具有一定的休憩设施和绿化景观。

6）近郊公园。近郊公园是指主要供一个社区的居民游戏娱乐、聚会交往和运动健身的公园绿地。

7）市区小公园。市区小公园主要满足服务半径400m范围以内居民的活动要求，面积一般不超过$2hm^2$。

8）风景眺望公园。风景眺望公园是以开阔优美的自然风景为主的公园绿地，如纽约布鲁克林展望公园。

9）滨水公园。滨水公园是沿城市水体设置的自然风景绿地，如密歇根湖畔的芝加哥格兰特公园。

10）综合公园。综合公园是指具有较大规模自然风景绿地和丰富游憩娱乐设施的公园，如纽约中央公园。

11）保留地。保留地是以保护原始自然生态为主，兼具有科学研究、观光游览和生态教育功能的特大型公园绿地。保留地的设立，有效保护了一个或多个广大的生态系统区域，使其自然进化并受到人类社会的最小影响。

12）道路公园及花园路。道路花园及花园路是指种植树木形成的宽阔优美道路。

（2）德国公园类型

1）郊外森林公园。郊外森林公园是指以森林景观为主体，生态环境良好，休憩健身设施完善，供开展公众游览、休憩、健身、科普、文化等活动的户外特定区域。

2）国民公园。国民公园是指各种较大规模的城市公众游憩绿地，如柏林动物园、多特蒙德威斯特法伦公园。

3）运动场及游戏场。运动场是指体育健身运动场所，游戏场是指儿童游戏活动场地，两者不仅具有各种场地设施，还具有较好的绿化环境。

4）各种广场。广场是指各种类型的城市广场，具有一定的休憩设施和绿化景观。

5）有行道树的装饰道路（花园路）。有行道树的装饰道路是指具有游憩功能和良好绿化景观的道路绿地。

6）郊外的绿地。郊外的绿地是指在市区内除建成区和规划区以外的具有游憩功能和良好绿化景观的绿地。

7）运动设施。运动设施是在室外固定安装、供人们进行健身运动锻炼的器材和设施。

8）分区园。分区园是指一种特别的公园区域，覆盖在单一行政边界内（如省、市或者郡、县）或者跨越行政边界。

（3）日本公园类型

1）居住区基干公园。基干公园也称为中心公园，居住区基干公园是指供居住在一个地区的居民使用的城市公园，包括儿童公园、近邻公园、地区公园。儿童公园是指供居住在半径2500m左右街区的人们使用的，以0.25hm^{2}为标准的公园；近邻公园是指以居住在半径 500m 左右附近的人们使用的，以 2hm^2 为标准的公园；地区公园则作为一个标准的公园，供居住在半径 10km 的距离内的人们使用。

2）城市基干公园。城市基干公园包括综合公园、运动公园，目的是为所有城市和城市地区的人们提供全面的服务，是城镇和村庄的人们用来运动的公园。

3）广域公园。广域公园具有休息、观赏、散步、游戏、运动等综合功能，面积 50hm^2 以上，以地方生活圈相同的数个城市（镇）共同设置，服务半径跨越一个市、镇、村区域。

4）特殊公园。特殊公园包括风景公园、植物园、动物园和历史名园。风景公园是指以欣赏风景为主要目的的城市公园；植物园一般配置有温室、标本园、休养设施和风景设施；动物园中的动物馆及饲养场等占地面积在 20% 以下；历史名园是指通过有效利用、保护文化遗产，形成的与历史时代相称的环境。

二、道路绿地的分类

1. 我国道路绿地的分类

城市道路作为城市的骨架、交通动脉以及城市结构布局的决定性因素，为发挥其不同功能，保证城市中的生产、生活正常进行，确保交通运输经济合理，对其进行分类是城市规划和建设所必须面对的实际问题。1933 年，国际现代建筑协会通过的《雅典宪章》就明确提出："交通是城市的四大功能之一，城市道路功能部分是城市交通面临的重要问题，街道需要进行功能分类"（李朝阳等，1999）。城市道路系统从功能上可分为主要道路系统和辅助道路系统。前者是由城市干道和交通性的道路所组成，主要解决城市中各部分之间的交通联系和对外交通枢纽之间的联系。后者则基本是城市生活性的道路系统，主要为城市居民购物、社交、游憩等活动服务。交通性道路系统的主要任务是把城市的大部分车流，包括货运交通及必须进入市区的市际交通，尽最大可能组织和吸引到交通干道上，带来安全、宁静的生活性道路。为完善道路系统，通常采用交通分流的方法，即对不同性质、不同速度的交通实行分流：快、慢分流，客、货分流，过境与市内分流，机动车与非机动车分流，人、车分流。

近年，我国大中小城市交通拥堵现象频繁出现的直接原因之一就在于城市的道路功能及路网级配划分不合理（赵鹏军和万海荣，2016）。为了适应城市道路的机动化挑战，并统一道路设计的主要技术指标，当前我国城市道路的分类主要依据《城市道路工程设计规范》（CJJ 37—2012）和《城市综合交通体系规划标准》（GB/T 51328—2018），将城市道路分为快速路、主干路、次干路和支路 4 个中类（表 1-4）。

表 1-4　中国城市道路等级表

级别	功能说明	基本规定	设计速度/(km/h)
快速路	承担城市中大量、长距离、快速高效的交通服务	应中央分隔、全部控制出入、控制出入口间距及形式，应实现交通连续通行，单向设置不应少于两条车道，并应设有配套的交通安全与管理设施。快速路两侧不应设置吸引大量车流、人流的公共建筑物的出入口	60～100
主干路	是城市道路系统的骨架网络，主要用于城市分区之间的联系，承担中远距离的交通出行任务	应连接城市各主要分区，应以交通功能为主。两侧不宜设置吸引大量车流、人流的公共建筑物的出入口	40～60
次干路	为干线道路与支线道路的转换以及城市内中短距离的地方性活动组织服务	应与主干路结合组成干路网，应以集散交通的功能为主，兼有服务功能	30～50
支路	为短距离地方性活动组织服务的街坊内道路、步行路、非机动车专用路	宜与次干路和居住区、工业区、交通设施等内部道路相连接，应解决局部地区交通需求问题，以服务功能为主	20～30

不同的城市道路所分的级别也各不相同，按照城市的骨架，大城市将城市道路分为 4 级（快速路、主干路、次干路、支路），中等城市分为 3 级（主干路、次干路、支路），小城市分为 2 级，即次干路和支路。城市道路的宽度标准如表 1-5 所示。

表 1-5　城市道路的宽度标准　　　　　　　　　　（单位：m）

城市人口/万人		快速路	主干路	次干路	支路
大城市	>200	40～45	45～55	40～50	15～30
	≤200	35～40	40～50	30～45	15～20
中等城市		—	35～45	30～40	15～20
小城市	>5	—	35～45	25～35	12～15
	1～5	—	—	25～35	12～15
	<1	—	—	25～30	12～15

注：一表示无此项。余同

2. 部分发达国家的道路类型

就世界范围而言，世界各国亦根据本国国情确定了自己的城市道路分类系统，下文介绍一些发达国家的城市道路分类系统（表 1-6）。

表 1-6　部分发达国家的城市道路分类系统

国家	内容	备注
美国	分为 5 类：①高速路；②主干道；③次干道；④集散道路；⑤地方道路	主要依据道路交通流特性、道路两侧用地、道路间距、路网等级结构、交叉口间距、交通流分担比例、车速限制及停车限制等特征和条件划分
德国	分为 5 类：①高速公路；②公路；③两侧自由干线道路；④两侧限制干线道路；⑤出入道路	先依据道路两端所连接目的地的重要性将道路的连接功能进行分级，再根据道路所处的环境以及两侧用地的开发情况对道路进行分类
日本	分为 4 类：①高速道路；②干线道路（主要干线、都市干线、辅助干线）；③区划道路；④特殊道路	注重城市道路交通、防灾、空间、构造四大功能的统一，并依据道路的交通功能划分

（1）美国道路类型

美国作为公共交通十分发达的国家，城市道路分类方法极具代表性，主要依据道路交通流特性、道路两侧用地等进行划分。

1）高速路。高速路被建设为快速移动性的道路，只能通过上下匝道或者有限的平面交叉口驶入、驶出，道路两侧用地不能被其所直接服务，对城市具有物理性的切割作用。

2）主干道。主干道（主要干线道路）系统是服务于城市重要活动中心，具有最高的交通量与最长的出行距离，并用最少的里程承担较高比例交通周转量的道路网络。主要干线道路系统承担了大部分进出城市的交通、大部分绕过中心城的通过性交通，以及重要区域之间的交通。

3）次干道。次干道（次要干线道路）系统是加强主要干线道路系统间联系的网络，服务于中等距离且对机动效率要求不高的出行，其服务范围比主要干线道路系统要小。相比主要干线道路，提供机动性较低但更注重可达性的交通服务，次干路系统不直接进入可识别的邻里单元中，主要用来满足社区间的交通出行。

4）集散道路。不同于干线道路，集散道路可以渗透到邻里单元中，将干线道路所汇集的交通分散到位于集散道路或地方道路的目的地上。集散道路系统可以同时为居住邻里内部和工业区内部的地方性出行提供可达性及移动性服务，也会承担一些公交线路的运行。

5）地方道路。主要为服务内部的小路，主要提供终端到达性路径，提供最低的机动性，不承担公交线路的运行，不鼓励通过性交通。

（2）德国道路类型

在德国城市道路规划法规中，《城市道路设施指南》（RASt 06）是宏观控制城市道路基础设施的总体规划。依据道路两端所连接目的地的重要性，将道路的连接功能进行分级，再根据道路所处的环境以及两侧用地的开发情况对道路进行分类。

1）高速公路。连接中型城市到大型城市、大型城市到大都市区以及大都市区之间、大型城市之间、中型城市之间的交通。

2）公路。除跨州连接大都市区之间的交通以外，公路能连接各类目的地相互之间的交通。

3）两侧自由干线道路。连接小型城市到中型城市、中型城市到大型城市以及中型城市之间、大型城市之间的道路。

4）两侧限制干线道路。连接无中心功能社区到小型城市、小型城市到中型城市以及无中心功能社区之间、小型城市之间的道路。

5）出入道路。连接小片区到无中心功能社区、无中心功能社区到小城市以及小片区之间、无中心功能社区之间的道路。

（3）日本道路类型

日本的都市计划中，将道路分为高速道路、干线道路（包括主要干线、都市干线、辅助干线）、区划道路和特殊道路。

1）高速道路。日本的大城市高速路，如阪神高速公路，以高速化、大容量服务为目标进行规划。为避免进入城市之后与城市道路出现平面交叉，其一般做成高架或隧道的形式。

2）干线道路。干线道路包括主要干线、都市干线、辅助干线。其中主要干线连接城市据点，连接城市出入的交通，连接城市内部主要枢纽地区，提供较高的机动性；都市干线是集中处理城市内部各地区之间以及主要设施之间交通的道路，形成城市的骨架；辅助干线则为主要干线道路和都市干线道路围合的区域内部补充性的干线街道。

3）区划道路。形成城市的街区，所有的建筑物都与该道路连接布置，相当于中国城市的生活性干道或支路。

4）特殊道路。专为汽车以外的特殊交通提供的道路，如步行者专用道路等。

第五节　公园和道路绿地植物景观研究进展

园林植物是构成自然界的基本要素之一，广泛分布于陆地、河流、湖泊和海洋，在自然界中发挥着不可替代的作用。在现代景观设计中人们广泛利用各种不同植物之间的组合搭配，可以充分发挥植物的自然美以及生态功效，不仅在城市中创造出优美的环境供居民游憩观赏，还对维持城市的生态系统平衡发挥着重要的作用。公园绿地和道路绿地作为城市绿地的重要组成部分，是城市植物分布最集中的地方，其景观效果直接反映一座城市的环境质量和绿地建设水平。因此，在公园绿地和道路绿地的建设中越来越多的有识之士呼吁要重视植物景观，植物造景的观念愈发受到人们的重视。

一、我国公园和道路绿地植物景观的研究现状

自古以来，"居城市而享山林之乐"就是人们对理想城市环境的美好追求。在中华民族源远流长、博大精深的古典园林体系中，文人造园家就是充分利用我国丰厚的文化艺术财富来创造和丰富我国的园林，赋予了造园要素以新的生命和活力，从而使我国的古典园林植物景观具有不同于其他国家和民族的独特的意境美，使其在世界园林中独树一帜，成为我国民族文化艺术乃至世界民族

文化艺术的瑰宝。植物作为当中的载体发挥着不可替代的作用。在古典园林中除了展示出在姿态与线条上的自然天成之美以外，还包括人们赋予其的感情色彩，这是植物自然美的升华。我国 5000 年悠久的历史文化中，许多诗词及画作都留下了赋予植物人格化的优美篇章。在我国第一部诗歌总集《诗经》中就记载了许多与先民物质生活相关的植物，展现了其对植物的早期崇拜心理。此外，许多花木也被人格化，赋予了特殊的含义，如牡丹之荣华富贵、兰花之空谷幽香、菊花之素雅高洁。这些在历来的诗文题咏中屡见不鲜，也是挑选园林植物品种时的参考。

而今人口密度、经济建设、环境条件甚至人们的爱好与古代相比已经迥然不同，对于植物景观的运用也不再限于蕴含观赏功能与文化意境，且西方园林界所追随的现代主义、极少主义、历史主义、文脉主义等艺术思潮对于我国园林界的影响微乎其微。面临传统和外来园林文化的相互碰撞，公园绿地和道路绿地植物景观在内容、形式以及意境的创造方面不可避免地也陷入了重新转化的过程。尽管不同于西方受到了各种现代艺术思潮的影响，但我国园林界随着社会经济的发展也呈现了新的生机与活力，在保留古典园林艺术精华部分的基础上，也创造出了许多符合时代潮流的代表性园林作品。在造景风格上有规则式、自然式、混合式等的区分；孤植、对植、丛植、林植、垂直绿化等配置手法亦多种多样，各具特色；空间造型上也更注重多样统一、对称与均衡、调和与对比、比例与尺度、韵律与节奏等艺术造型原理；树种选择上也更遵循适地适树、乡土植物为主、充分展现当地特色等原则。以上种种都表明了我国植物造景水平的提高。

同样，近年来随着我国城市公园绿地和道路绿地植物景观建设的大力推进，不同的专家和学者也纷纷对现有绿地中的植物群落展开了广泛研究。研究内容大体包括植物景观规划设计研究，植物群落功能研究，植物种质资源和育种研究，植物适应性和抗逆性研究，植物栽培、繁殖和养护研究以及植物生物学研究等诸多方面。与国外园林水平相比，我国还存在着较大差距。尽管在植物选择上不再拘泥于少数具有观赏寓意、诗情画意的植物，而是更加注重植物材料的多样性和植物景观的多样性。但国外公园中常用的观赏植物种类近千种，而我国即使植物应用种类较多的城市，如广州、上海也只有几百种，贫乏的植物材料形成单调乏味的植物景观，北方城市应用植物种类更为有限，有些地区仍以杨、柳、榆、槐、椿为主，这与我国作为世界上植物种属最多的国家，西方学者誉之为"园林之母"的地位极不相称。另外就是观赏园艺水平较低，尤其体现在育种及栽培养护水平上。一些以我国为分布中心的花卉，如杜鹃花、报春花等，不但没有很好地加以利用并培育成优良品种，有的甚至退化不宜再用。

二、我国公园和道路绿地植物景观的发展趋势

新中国成立以来,我国城市公园和道路植物群落营建的理论经历了从缺乏艺术性、功能性的"绿化"(赵纪军,2013)到侧重诗情画意的表达和艺术手法的园林种植、配置(孙筱翔,1981;朱钧珍,1981),再到当今注重营造具有地域特征的植物景观设计的过程(徐德嘉和周武忠,2002;刘少宗,2003)。新中国成立初期,我国对园林植物景观还缺乏应有的认识,仍停留在绿化与园林植物景观概念等同的阶段,将园林艺术及园林植物景观通称为"绿化"的概念,强调以生物学为核心,表现出对于园林植物景观在艺术性上的忽略与轻视。到了 20 世纪 60 年代,我国出现了"种植设计"的提法并使用种植设计的概念,开始强调"画意观念"在植物配置和种植设计中的运用。该阶段对园林植物景观的研究侧重于以艺术的手法表现植物景观的画意组合和意境,继承和发展了中国传统园林中"生境、画境和意境"的思想。在这之后,国内开始了植物造景及其科学发展的研究,生态园林的观念与其他植物造景的思潮得到了提倡和发扬(郑岩,2007)。

21 世纪是人类社会快速发展的时代,人们对物质文化生活的需求和对绿化环境的要求早已不是简单设几块绿地、栽几排树、植几片草皮的问题,而必须是"适当"和"可持续"的,达到"人与自然和谐""时间延续性的和谐""有效应急避难"的目的。改善人们居住环境是世界各国共同关注的主题,而创造安全、优美的绿化环境是改善人居环境的关键,是实现城市可持续发展的保证。美国在 19 世纪建设公园系统,形成大批城市公园和保护区的基础上,到 20 世纪掀起了绿道(green way)规划,现在绿道已代替公园路成为美国公园系统的主要构成部分。绿带网络规划在 21 世纪已经成为户外开敞空间规划的主题,美国的绿带和游步道始于全国废弃铁路转化,随后发展到对沿河流、小溪、湿地的转化,将其中自然和文化资源进行统一规划。绿带和游步道作为徒步旅行及其他相关娱乐活动的场地,今后的发展趋势是在全国范围内将绿色通道联结形成综合性的绿道网络。

随着社会主义生态文明新时代的到来,我国将生态文明建设作为"五位一体"总体布局和"四个全面"战略布局的重要内容,要切实贯彻新发展理念,树立"绿水青山就是金山银山"的强烈意识。国家层面这一系列连续的战略举措,注定要引领风景园林行业发展的新思路、新方向和新途径。在植物景观设计层面,融合生态学理论的生态园林建设已势在必行。《国家生态园林城市标准》中指出:生态园林城市是一种以人为本、以自然环境为依托、以资源流动为命脉的经济高效、生态良性循环、社会和谐的人类居住形式。生态园林城市崇尚生态伦理道德,倡导绿色文明,保护和营造地带性植物群落,实施清洁生产,防治环境污染,提高

资源利用效率和再生能力，保持地域文化特色，在人与自然和谐的基础上，实现城市的可持续发展。落实在城市公园和道路上，就要求公园布局合理、分布均匀、设备齐全、维护良好，满足人民休息、观赏及文化活动，城市道路绿化符合《城市道路绿化规划与设计规范》(CJJ 75—97)，道路绿化普及率、达标率分别在95%和80%以上，市区干道绿化带面积不少于道路总用地面积的25%，且全市形成林荫路系统，道路绿化具有本地区特色。

生态园林是以生态学原理为指导所建设的园林绿地系统。在这个系统中，不再是大量植物品种的堆积，也不应再局限于展示植物个体美，而是追求植物形成的空间尺度、反映具有地域景观特征的植物群落和整体景观效果，并遵循自然性、地域性、多样性、指示性、时间性和经济性原则，使得建成的绿地既能充分满足人们提高生活品质的需要，又是动植物的良好栖息地，保护生物多样性，从而实现人与自然和谐发展。

生态优先，以人为本是当下植物造景的新常态。在实际规划设计中，融合生态学原理的园林设计固然重要，但一味追求生态设计而忽略了其中的文化底蕴并不可取。未来的植物景观设计应注重体现历史文化与自然景观，突出历史文脉特征，完善风景园林的多样功能，彰显地域园林景观风貌特色；在传承中国传统造园技艺的同时，兼收并蓄，古为今用；随时代发展而不断创新，创造出符合时代要求而又具有民族特色的植物景观。这就是我国城市公园和道路植物造景的未来发展趋势。

主要参考文献

陈艳红, 何佳梅. 2006. 论城市公园休闲功能的强化途径[J]. 科技经济市场, (11): 255-256.

国家统计局城市社会经济调查司. 2018. 中国城市统计年鉴[M]. 北京: 中国统计出版社.

李朝阳, 王新军, 贾俊刚. 1999. 关于我国城市道路功能分类的思考[J]. 城市规划汇刊, (4): 34-80.

李继业, 蔺菊玲, 张伟. 2016. 城市道路工程绿化[M]. 北京: 化学工业出版社.

李韵平, 杜红玉. 2017. 城市公园的源起、发展及对当代中国的启示[J]. 国际城市规划, 32(5): 39-43.

梁永基, 王莲清. 2001. 道路广场园林绿地设计[M]. 北京: 中国林业出版社.

刘少宗. 2003. 园林植物造景[M]. 天津: 天津大学出版社.

裘鸿菲. 2009. 中国综合公园的改造与更新研究[D]. 北京: 北京林业大学.

孙筱翔. 1981. 园林艺术及园林设计[M]. 北京: 北京林学院.

王保忠, 王彩霞, 何平, 沈守云. 2004. 城市绿地研究综述[J]. 城市规划汇刊, (2): 62-68, 96.

吴仁武. 2012. 公园绿地植物景观改造设计研究[D]. 杭州: 浙江农林大学.

徐波, 郭竹梅, 贾俊. 2017. 《城市绿地分类标准》修订中的基本思考[J]. 中国园林, 33(6): 64-66.

徐德嘉, 周武忠. 2002. 植物景观意匠[M]. 南京: 东南大学出版社.

薛锋. 2003. 城市道路相关设施景观设计要则研究[D]. 西安: 西安建筑科技大学.

余淑莲, 王芳. 2014. 深圳市公园分类研究及实践[J]. 中国园林, 30(6): 117-119.

俞孔坚, 李迪华, 吉庆萍. 2001. 景观与城市的生态设计: 概念与原理[J]. 中国园林, 17(6): 3-10.

张金光, 赵兵. 2019. 陈植都市公园分类观及其对现行公园分类体系的意义[J]. 中国园林, 35(11): 128-132.

赵纪军. 2013. "绿化"概念的产生与演变[J]. 中国园林, 29(2): 57-59.

赵鹏军, 万海荣. 2016. 我国大城市交通拥堵特征与国际治理经验借鉴探讨[J]. 世界地理研究, 25(5): 48-57.

郑岩. 2007. 哈尔滨城市公园植物群落特征及其景观评价[D]. 哈尔滨: 东北林业大学.

中国大百科全书编委会. 2009. 中国大百科全书[M]. 2 版. 北京: 中国大百科全书出版社.

朱钧珍. 1981. 杭州园林植物配置[M]. 北京: 城市建设杂志社.

第二章 城市公园和道路绿地植物物种组成

第一节 引 言

植物群落是指生活在一定区域内的所有植物的集合，它是每个植物个体通过互惠、竞争等相互作用而形成的一个巧妙组合，是其适应共同生存环境的结果（方精云等，2009）。植物群落按形成因素分为自然群落和人工群落两种类型，自然群落是指在长期的发育过程中在不同的气候和生境条件下自然形成的植物群落。而城市植物群落，除部分片断化的自然保留地外，多为典型的人工群落，就形成来看往往是按照人们的意愿进行绿化植物种类选择、配置、营造和养护管理，赋予不同于自然群落的功能（易军，2005）。无论何种植物群落类型，其群落学研究一般都从分析物种组成开始，了解群落的物种构成以及它们在群落中的地位与作用。

随着近年来城市化进程和生态学的交织发展，城市内的植物群落组成早已不再是简单的植物组合，而是用以维持自然生态系统、促进自然生态系统发展和恢复场地自然性的重要成分（Anderson，2016）。科学合理的物种组成在很大程度上决定了城市绿地多种功能的发挥，也影响着城市绿化的质量和水平。因此，对贵阳城市公园和道路绿地植物物种组成进行调查，分析植物区系、分布区类型、生活型、物种来源及特色植物资源等现状，对保护城市生物多样性和创造优良人居环境等具有重要意义。

贵阳属于喀斯特地貌，具有喀斯特地带的特色，早在新中国成立前就有不少外国学者在贵州采集标本、撰写报告，但系统研究贵州植物物种的文章很少。1960年，贵州人民出版社出版了《贵州经济植物图说》。1974 年，在时任贵州省科委主任黄威廉教授的大力推崇和支持下，贵州省科学技术厅开始了全省范围内的标本采集和研究工作。1982 年，贵州植物志编辑委员会编撰了《贵州植物志》（第 1卷）。1984 年，屠玉麟发表了《论贵州植物区系的基本特征》，对贵州植物区系成分做了详细统计分析，为贵州省自然区划提供了理论基础。随后李永康主编了《贵州植物志》第 2 至第 9 卷（1986～1990 年），2004 年陈谦海主编了《贵州植物志》第 10 卷，2011 年陈志萍、张华海等对贵阳野生种子植物区系进行了研究。本章以贵阳 5 个城市公园和 28 条城市道路中的植物群落为研究对象，通过实地调查、测绘和阶段性的定点观测等手段，从物种组成的角度了解园林植物在绿地中的应用现状及景观特征，探讨贵阳城市公园绿地和道路绿地植物应用存在的问题及景观特色，以期为更好地建设城市园林绿地、创造可持续植物景观提供参考依据。

第二节 国内外研究概况

植物在国外园林（庭院）中的应用历史久远，从远古时代的神树记载到 18 世纪的自然风致园，经历了漫长的变化过程。在国外古典园林中，有旧约时代中的知善恶树和生命之树；新约时代所罗门王规模宏大的规整性园林中的葡萄园和香料植物园；古埃及法老庭院成排种植的大树；古巴比伦王国的空中花园及其圣苑和猎苑（天然森林）；古希腊造园中的西蒙行道树；古罗马别墅庄园中的几何形花坛、整形树木、迷阵式绿篱；欧洲中世纪的寺院庭院和城堡庭院中的果园、菜园以及新出现的迷结园（类似游乐园类型）；伊斯兰园林的十字形林荫路；意大利文艺复兴时期台地园中规则式的植物配置以及造型树木、绿丛植坛的大量使用甚至滥用；法国古典主义时期凡尔赛宫苑中树木以丛林、花坛、树篱等形式作为重要的造园材料被更为广泛的运用；英国自然式风景园林开始使用大量丰富的植物材料并开始"回归"大自然（朱建宁，2013）。在园林发展的历史长河中，植物作为其中不可缺少的组成部分，在创造优美的环境中发挥着重要的作用。以往人们对植物配置的需求停留在单纯的游憩和观赏，大都从视觉出发组成植物群落。直到 1857 年，奥姆斯特德针对大城市的环境污染，提出把"乡村带进城市"，把天然植被引进城市（Olmsted and Kimball，1970），开启了现代景观设计的先河。之后，随着 19 世纪后期生态学的兴起，人们有意识地将自然植物配置于城市植物群落中，这为植物群落的种植设计奠定了科学的基础。19 世纪后期，美国的詹士·詹森提出了以自然的生态学方法来代替以往单纯从视觉出发的设计方法。他从 1886 年便开始在自己的设计中运用乡土植物。20 世纪 20 年代，由于迅猛的都市化趋势将很快吞没大量自然景观，于是西方一些生物学家和园艺学家考虑在城市园林中建造模仿自然的植物群落及其生境（廉丽华和申曙光，2010）。以保护生态为主要目的的第一座生态园林由荷兰生物学家蒂济等所建造，随后，生态园林在世界上得到不断发展与普及。目前，许多城市的郊野公园理念也是在这个基础上形成的。20 世纪 60 年代末德国植物社会学家蒂克逊提出用地带性的、潜在的植物种，按"顶极群落"原理建成生态绿地的理论要点。他的学生宫胁昭教授用 20 余年时间在全世界 900 个样地实践该理论并取得成功。用这种方法建成的生态绿地具有"低成本、快速度、高效率"的优点，国际上称它为"宫胁昭方法"（韩丽莹和王云才，2011）。伊恩·麦克哈格于 1969 年编著的《设计结合自然》首次将生态学理念与景观设计结合，从宏观层面开创了生态化设计的景观时代。1990 年，吉尔·克莱芒在《动态花园》一书中对现实中由于受到人为因素干扰而形成的农业景观和园林艺术提出怀疑与批判，强调现代植物景观设计应突出自然植物的演化特征（朱建宁和李学伟，2003）。随着科学技术发展，航空遥测、地理信息系统（GIS）等在城市植物群落组成的运用上更加广泛。Fassnacht 等（2016）回顾近年来使用遥感数据对树种进行分类和绘制地图的研究，并指出城市地区及城市树木的可持续管理也需要物种信息，并指出遥感方法已被确认为实地清查的有效替代方法。

作为世界园林艺术起源最早的国家之一，我国园林艺术至今已有 3000 多年的历史。漫长且不间断的古典园林发展过程也造就了植物运用时的独特之处，虽由人作却宛自天开的造景让人联想到大自然丰富繁茂的生态景象。人们对造景按树木花卉的形、色、香赋予其不同的品格或精神，使其尽显丰富的象征寓意。但由于历史的局限性，我国早期在植物的运用上和西方古典园林一样更多是从视觉角度出发。伴随着现代文明的冲击，人们生活环境的改变，我国在城市景观和绿地建设方面也提出了多种保护自然的对策，创立了城市景观和园林建设方面的学说，并进行了可贵的实践。对城市园林植物群落物种组成的研究也日益增多。1959 年，吴中伦先生通过划分全国不同土壤、气候条件，并针对城市内不同空间类型，对城市"园林树种选择与规划问题"做出解读，为各地园林绿化树种的选种工作提供了参考，也为我国的园林树种调查拉开了序幕。20 世纪 70 年代，我国城市建设管理局提出开展关于树种引种、选种、调查方面的研究课题，对 21 座城市进行树种调查、普查工作，为今后城市园林绿化树种规划奠定了一定的基础（中国农业百科全书总编辑委员会观赏园艺卷编辑委员会，1996）。吴征镒（1980）主编的《中国植被》一书，为城镇树种规划提出了宏观背景。王伯荪（1984）提出建立城市植被学（城市植物群落学）这一新的学科，专门研究城市植被与城市环境间的相互关系，为我国城市植物群落的研究起到很好的推动作用。林源祥和杨学军（2003）提出了城市绿地建设的"模拟地带性植被类型"理念。孙卫邦（2003）阐明乡土植物对我国现代城市园林景观建设的重要性。储亦婷等（2004）探讨城市近自然植物景观设计，提出将我国古典园林植物配置特点与地带性植被生活型结构特征相结合的植物景观生态设计方法。陈波（2016）按照资源节约与循环利用的原则，采取对周围生态环境干扰最少的绿化模式，为城市人民提供最高效的生态保障系统，提出了节约型园林植物群落的构建方法。

随着植物学家全面系统的研究以及人们对植物认识的不断增加，在《中国植物志》和地方植物志编研进展显著的同时，有关植物区系的研究也在不断兴起。1926～1936 年，胡先骕先生最早开始研究中国东南森林植物区系和全国植物区系的性质与成分。其后，钱崇澍等的《中国植被区划草案》（1956）、陈嵘的《中国森林植物地理学》（1962）、吴征镒和王荷生的《中国自然地理·植物地理》（1983）、王荷生的《植物区系地理》（1992）、路安明的《种子植物科属地理》（1999）、应俊生和陈梦玲的《中国植物地理》（2011）、陈灵芝等的《中国植物区系与植被地理》（2015）等一系列区系地理研究的重要专著、专集相继出版或修订（孙航等，

2017）。这些相关论著的发表揭示了中国植物区系的实质，使我国的植物区系学理论研究处于较为领先的地位。此外，基于植物群落物种营建后的现状调查分析，全国各大城市也纷纷开展此类工作。孔杨勇等（2004）通过新旧绿地的不同分类研究，对杭州新建绿地中的地被植物应用种类、面积和配置等进行了较为详尽的分析与阐述。张静等（2007）对上海市公园绿地的植物群落进行调查，分析群落密度、冠幅、树种出现频率等对群落景观的影响，列举了适合上海公园绿地生境的群落结构模式和植物群落优化调整的技术途径。李成茂等（2010）通过对北京的野生植物种、优良树种、引进植物种和园林植物种进行调查并结合遥感影像解译，建立了植物种质资源数据库及其查询平台。陈红锋等（2012）对广州市园林植物进行了全面调查和编目，分析了广州市园林植物组成及区划，并针对目前存在的问题提出了一些建议。郭松等（2012）采用实地踏查与资料收集相结合的方法，对南宁市19个公园绿地植物进行调查，从植物种类、生活型、来源、观赏特征、珍稀濒危性和毒性等方面探讨园林植物在各绿地中的应用特点及改善建议。

第三节　贵阳市公园和道路绿地植物区系组成分析

一、植物区系组成分析

植物区系是一定区域内所有植物种类（科、属、种）的总和，它们是植物界在一定的自然地理条件，特别是自然历史条件综合作用下发展演化的结果（王荷生，1992）。对某一地区植物区系进行研究分析，包括三方面的内容：①进行分类学的统计和分析，如科、属、种的数目和大小等；②根据地区内的所有植物分布类型进行区系成分分析；③地区间的植物区系比较分析。其中城市植物区系研究主要是从植物多样性保护、生态环境、城市园林生态、景观生态学以及结合经济建设进行综合研究进而提出与城市绿化相关的理论依据（宋永昌等，2000）。

本小节通过分类学的方法，结合本次群落学调查的全部植物名录（见附录1*）进行科、属、种的统计分析，由此明晰贵阳城市公园绿地和道路绿地植物区系组成与区系成分。

1. 科、属、种的组成

贵阳市5个公园绿地和28条道路绿地植物群落的调查结果显示，234个植物群落样地中共有维管植物391种，隶属于123科315属，其中蕨类植物有12科15属17种，裸子植物有7科12属14种，被子植物有104科288属360种，与安静等（2014）调查的231种相比，种类明显增加。贵州本土植被种类丰富，2018

---

* 本书包含五个附录，见文末二维码和封底二维码（扫码后点击"多媒体"查阅）。后同。

年贵州省林业科学研究院编著的《贵州维管束植物编目》所记载的维管植物已有 8612 种，仅次于云南、四川、广东等省，在全国位居前列，将调查的维管植物区系组成情况与贵州维管植物区系组成情况进行比较（表2-1），可以看出贵阳市公园和道路绿地所应用的植物与贵州本土植物资源在科、属、种数量上的差异。公园样地调查的群落内维管植物的科、属、种数分别占贵州维管植物科、属、种数的 46.83%、16.68%、4.06%，道路样地调查的群落内维管植物的科、属、种数分别占 23.41%、5.05%、1.27%，由此可以看出公园绿地内所应用的植物种类是在道路绿地上应用的数倍，但两类调查样地内应用的植物种类在贵州省植物资源中所占的比例整体都不高，与同处于亚热带地区的南宁市公园绿地 549 种（郭松等，2012）、深圳市 596 种（张哲等，2011）、广州市 646 种（朱纯和熊咏梅，2013）相比，城市绿地中的植物物种丰富度还略显不足，后续在城市绿地建设过程中的植物物种数还具有开发、利用的提升空间。就公园和道路整体的植物类群组成而言，蕨类植物平均每科含有 1.25 属和 1.42 种，裸子植物平均每科含有 1.71 属和 2 种，而被子植物平均每科含有 2.76 属和 3.46 种，从分类学多样性来看，被子植物的分化程度明显高于裸子植物和蕨类植物，而裸子植物略高于蕨类植物。在公园和道路整体的植物区系组成占比中，被子植物在种水平上约占总数的 92.07%，而裸子植物和蕨类植物仅分别为 3.58% 和 4.35%，这与贵州省整体植物区系组成情况相一致。

表2-1　贵阳市公园和道路绿地植物区系与贵州植物区系比较

植物类群	公园样地群落植物区系组成			道路样地群落植物区系组成			公园和道路植物区系组成			贵州省植物区系组成		
	科数	属数	种数	科数	属数	种数	科数	属数	种数	科数	属数	种数
蕨类植物	12	15	17	1	1	1	12	15	17	37	120	850
裸子植物	5	9	10	6	8	9	7	12	14	12	39	117
被子植物	101	273	323	52	81	99	104	288	360	203	1622	7645
总计	118	297	350	59	90	109	123	315	391	252	1781	8612

对于贵阳城市公园和道路绿地所调查的 123 科维管植物，根据科内所含种的数量将科划分为多种科（≥10 种）、少种科（5~9 种）、寡种科（2~4 种）和单种科 4 个等级（陈雷等，2015），并统计每一科下所含的属数和种数（表2-2）。从表2-2可以看出，123 科中含 10 种以上的多种科有禾本科 Gramineae（24 属 27 种）等 6 科，共计有 95 属 119 种，分别占总科、属、种数的 4.88%、30.16%、30.43%；含 5~9 种的少种科有木犀科 Oleaceae（4 属 9 种）等 13 科，共计 61 属 78 种，分别占总科、属、种数的 10.57%、19.37%、19.95%；含 2~4 种的寡种科有杜鹃花科 Ericaceae（2 属 4 种）等 50 科，共计有 105 属 140 种，分别占总科、属、种数的 40.65%、33.33%、35.81%；含 1 种的单种科有报春花科 Primulaceae 等 54 科，

共计有 54 属 54 种，分别占总科、属、种数的 43.90%、17.14%、13.81%。这说明贵阳城市公园和道路绿地植物景观主要由含 2~4 种的寡种科植物构成。

表 2-2　贵阳城市公园和道路绿地植物科、属、种排序表

所含种数（科数）	科名（所含属数/所含种数）	占比（科、属、种）/%
≥10（6）	禾本科（24/27）、蔷薇科（14/26）、菊科（23/25）、百合科（13/16）、豆科（13/15）、唇形科（8/10）	4.88、30.16、30.43
5~9（13）	木犀科（4/9）、伞形科（7/7）、石蒜科（6/7）、荨麻科（5/7）、忍冬科（6/6）、桑科（5/6）、五加科（6/6）、蓼科（5/5）、木兰科（3/5）、葡萄科（4/5）、茜草科（3/5）、莎草科（3/5）、芸香科（4/5）	10.57、19.37、19.95
2~4（50）	杜鹃花科（2/4）、金缕梅科（3/4）、槭树科（1/4）、千屈菜科（4/4）、松科（2/4）、天南星科（4/4）、卫矛科（1/4）、玄参科（4/4）、旋花科（4/4）、榆科（3/4）、棕榈科（4/4）、柏科（3/3）、大戟科（3/3）、冬青科（1/3）、虎耳草科（3/3）、黄杨科（2/3）、夹竹桃科（3/3）、锦葵科（1/3）、壳斗科（2/3）、马鞭草科（3/3）、美人蕉科（1/3）、漆树科（3/3）、山茱萸科（3/3）、杉科（3/3）、石竹科（3/3）、苋科（2/3）、小檗科（3/3）、鸭跖草科（2/3）、樟科（2/3）、凤尾蕨科（1/2）、桦木科（1/2）、姬蕨科（2/2）、金星蕨科（2/2）、堇菜科（1/2）、景天科（2/2）、爵床科（2/2）、楝科（2/2）、鳞毛蕨科（2/2）、落葵科（2/2）、木贼科（1/2）、茄科（1/2）、山茶科（2/2）、柿科（1/2）、藤黄科（1/2）、杨柳科（2/2）、鸢尾科（1/2）、紫金牛科（2/2）、紫茉莉科（1/2）、紫葳科（1/2）、酢浆草科（1/2）	40.65、33.33、35.81
1（54）	报春花科、车前科、大风子科、灯芯草科、杜英科、杜仲科、凤仙花科、浮萍科、海桐花科、红豆杉科、胡椒科、胡桃科、胡颓子科、葫芦科、卷柏科、苦木科、蜡梅科、兰科、蓝果树科、里白科、柳叶菜科、罗汉松科、马齿苋科、马兜铃科、马钱科、马桑科、虎牛儿苗科、毛茛科、木通科、鞘柄木科、秋海棠科、三白草科、商陆科、肾蕨科、十字花科、石榴科、鼠李科、薯蓣科、睡莲科、苏铁科、桃金娘科、蹄盖蕨科、铁角蕨科、铁线蕨科、乌毛蕨科、无患子科、梧桐科、小二仙草科、悬铃木科、杨梅科、银杏科、雨久花科、竹芋科、紫草科	43.90、17.14、13.81

2. 科的组成

对于贵阳城市公园和道路绿地中分别调查的 118 科和 59 科维管植物，同样根据科内所含种的数量划分为多种科（≥10 种）、少种科（5~9 种）、寡种科（2~4 种）和单种科 4 个等级，其统计信息分别如表 2-3 和表 2-4 所示。

表 2-3　贵阳城市公园绿地维管植物科的统计分析

分类	科数	占总科数比例/%	包含种数	占总种数比例/%	主要科名
多种科（≥10 种）	5	4.24	97	27.71	禾本科、蔷薇科、菊科、豆科、百合科
少种科（5~9 种）	11	9.32	68	19.43	唇形科、木犀科、伞形科、荨麻科、忍冬科、桑科、五加科等
寡种科（2~4 种）	49	41.53	132	37.72	木兰科、茜草科、天南星科、旋花科、榆科、芸香科、大戟科等
单种科（1 种）	53	44.91	53	15.14	报春花科、车前科、大风子科、灯芯草科、杜英科、杜仲科等
合计	118	100.00	350	100.00	—

表 2-4　贵阳城市道路绿地维管植物科的统计分析

分类	科数	占总科数比例/%	包含种数	占总种数比例/%	主要科名
多种科（≥10 种）	1	1.70	12	11.01	蔷薇科
少种科（5～9 种）	2	3.39	13	11.93	木犀科、禾本科
寡种科（2～4 种）	17	28.81	45	41.28	豆科、菊科、棕榈科、木兰科、松科、柏科、冬青科等
单种科（1 种）	39	66.10	39	35.78	唇形科、杜英科、凤仙花科、海桐花科、虎耳草科等
合计	59	100.00	109	100.00	—

统计的 118 科城市公园绿地维管植物中，有 5 个多种科，分别是禾本科 Gramineae（24 属 26 种）、蔷薇科 Rosaceae（14 属 22 种）、菊科 Compositae（19 属 21 种）、豆科 Leguminosae（13 属 14 种）、百合科 Liliaceae（10 属 14 种），占总科数的 4.24%，占总种数的 27.71%。少种科有唇形科 Labiatae（8 属 9 种）、木犀科 Oleaceae（3 属 7 种）、伞形科 Umbelliferae（7 属 7 种）、荨麻科 Urticaceae（5 属 7 种）等 11 科，占总科数的 9.32%，占总种数的 19.43%。大部分科属于单科单种，共有 53 科，占总科数的 44.91%，但所含物种数占比最低，仅为 15.14%。所含物种种数最高的科是寡种科，占总科数的 41.53%，占总种数的 37.72%。从种数占比来看，贵阳城市公园绿地植物景观主要由寡种科构成。

统计的 59 科城市道路绿地维管植物中，仅有 1 个多种科，为蔷薇科（7 属 12 种），占总科数的 1.70%，占总种数的 11.01%。少种科有 2 科，分别是木犀科（4 属 8 种）、禾本科（4 属 5 种），占总科数的 3.39%，占总种数的 11.93%。寡种科有豆科、菊科、棕榈科 Palmae 等 17 科，占总科数的 28.81%，占总种数的 41.28%。单科单种占比最高，达 66.10%，但所含物种数量占比相较寡种科还略有差距，仅占 35.78%。综合分析表明贵阳城市道路绿地植物景观中科的构成形式与公园绿地保持一致，寡种科在两类绿地植物景观中占据着绝对优势，这与两者的整体结论保持一致。

3. 属的组成

对于贵阳城市公园绿地和道路绿地中分别调查的 297 属和 90 属维管植物，根据属内所含种的数量将属划分为多种属（≥10 种）、少种属（5～9 种）、寡种属（2～4 种）和单种属 4 个等级，其统计信息分别如表 2-5 和表 2-6 所示。

统计的 297 属城市公园绿地维管植物中，不存在多种属。仅有 1 个少属种，即悬钩子属 Rubus（5 种），占总属数的 0.34%，占总种数的 1.43%。寡种属有槭

表 2-5 贵阳城市公园绿地维管植物属的统计分析

分类	属数	占总属数比例/%	包含种数	占总种数比例/%	主要属名
多种属（≥10 种）	0	0	0	0	—
少种属（5～9 种）	1	0.34	5	1.43	悬钩子属
寡种属（2～4 种）	41	13.80	90	25.71	槭属、冬青属、美人蕉属、木槿属、女贞属、桃属等
单种属（1 种）	255	85.86	255	72.86	八宝属、八角金盘属、白茅属、百子莲属、薄荷属、变豆菜属等
合计	297	100.00	350	100.00	—

表 2-6 贵阳城市道路绿地维管植物属的统计分析

分类	属数	占总属数比例/%	包含种数	占总种数比例/%	主要属名
多种属（≥10 种）	0	0	0	0	—
少种属（5～9 种）	1	1.11	5	4.59	女贞属
寡种属（2～4 种）	14	15.56	29	26.60	桃属、冬青属、杜鹃属、含笑属、檵木属、簕竹属、李属等
单种属（1 种）	75	83.33	75	68.81	八角金盘属、白千层属、柏木属、侧柏属、檫木属、菖蒲属等
合计	90	100.00	109	100.00	—

属 *Acer*（4 种）、冬青属 *Ilex*（3 种）、美人蕉属 *Canna*（3 种）等 41 属，占总属数的 13.80%，占总种数的 25.71%。单种属有八宝属 *Hylotelephium*、八角金盘属 *Fatsia*、白茅属 *Imperata* 等 255 属，占总属数的 85.86%，占总种数的 72.86%。这说明贵阳城市公园绿地植物景观主要由单种属构成。

城市道路绿地维管植物统计的 90 属中，同样没有多种属。少种属也仅有女贞属 *Ligustrum*（5 种），占总属数的 1.11%，占总种数的 4.59%。寡种属有桃属 *Amygdalus*（3 种）、冬青属 *Ilex*（2 种）、杜鹃属 *Rhododendron*（2 种）等 14 种，占总属数的 15.56%，占总种数的 26.60%。单种属有八角金盘属、白千层属 *Melaleuca*、柏木属 *Cupressus* 等 75 种，占总属数的 83.33%，占总种数的 68.81%。综合分析表明贵阳城市公园绿地和道路绿地维管植物中均没有多种属，且两种不同绿地类型在属的组成的分布趋势上保持高度一致，占比数均由多种属向单种属逐步递增，单属单种在两类绿地类型中占据绝对优势。

二、种子植物分布区类型

分布区是一个种系或任何分类单位（种、属、科等）在地表分布的区域（武吉华，2004）。一个特定区域的植物区系不仅反映了该区域植物与环境的关系，而且反映了植物区系在古地理的变迁或区域地理的自然历史中的演化脉络。通过植物区系分区在理论上能为该地区植物的起源和演化研究奠定基础，在实践中能对植物的引种、驯化以及生物多样性的保护提供科学依据。

1. 科的区系特征

在贵阳城市公园绿地和道路绿地内调查的 123 科维管植物中，种子植物有 111 科，蕨类植物 12 科。根据吴征镒院士对我国种子植物分布区类型的划分（吴征镒等，2003），对其中种子植物科的分布型进行统计（表 2-7），世界分布有 35 科，占总科数的 31.53%。气候类型分布中，热带分布的共 48 科，占种子植物总科数的 43.24%，其中，泛热带分布有 37 科，热带亚洲和热带美洲间断分布有 6 科，旧世界热带分布有 2 科，热带亚洲至热带大洋洲分布有 2 科，热带亚洲至热带非洲分布有 1 科；北温带分布有 20 科，东亚和北美间断分布有 4 科，地中海、西亚至中亚分布有 1 科，东亚分布有 1 科，属于温带分布的共 26 科，占总科数的 23.42%，中国特有分布有 2 科，占总科数的 1.80%。热带科中以泛热带科最多，比例最大，占总科数的 33.33%，包括荨麻科 Urticaceae、芸香科 Rutaceae、葡萄科 Vitaceae、樟科 Lauraceae、薯蓣科 Dioscoreaceae 等。而温带科中以北温带科最多，比例也最大，占总科数的 18.02%，包括百合科 Liliaceae、忍冬科 Caprifoliaceae、松科 Pinaceae 等。从科的分布类型来看，贵阳市公园和道路绿地种子植物科数的分布与全国的分布情况相近，世界分布和泛热带分布在本区占有重要地位。此外，科的区系地理成分组成上热带成分比例较大，反映了贵阳市植被区系有着较强的古热带渊源。

表 2-7　贵阳市公园和道路绿地种子植物科的分布区类型

分布区类型	本区科数	占比/%
1. 世界分布	35	31.53
2. 泛热带分布	37	33.33
3. 热带亚洲和热带美洲间断分布	6	5.41
4. 旧世界热带分布	2	1.80
5. 热带亚洲至热带大洋洲分布	2	1.80
6. 热带亚洲至热带非洲分布	1	0.90
7. 热带亚洲分布	—	—
8. 北温带分布	20	18.02
9. 东亚和北美间断分布	4	3.60
10. 旧世界温带分布	—	—
11. 温带亚洲分布	—	—
12. 地中海、西亚至中亚分布	1	0.90
13. 中亚分布	—	—
14. 东亚分布	1	0.90
15. 中国特有分布	2	1.80
合计	111	99.99

注：数据因修约，加和不足 100%

2. 属的区系特征

贵阳植物区系位于滇、黔、桂地区，其区系组成的核心起源于华南古陆，是古热带植物区系的衍生部分。因古老的地质历史和喀斯特地貌的发育、稳定而复杂化的生态环境、历史因素和生态因素相结合，贵阳成为中国植物种属多样化中心之一（吴征镒等，2011）。贵阳城市公园和道路绿地内调查的 315 属维管植物中，种子植物有 300 属，蕨类植物有 15 属。按照吴征镒先生对中国种子植物分布区类型的划分方案（吴征镒，1991），本区的种子植物可归入 14 个分布区类型和 11 个变型（表 2-8）。

表 2-8　贵阳市公园和道路绿地种子植物属的分布区类型

分布区类型及其变型	本区属数	全国属数	占本区总属数比例/%	占全国同类总属数比例/%
一、世界分布				
1. 世界分布	31	104	—	29.81
二、泛热带分布及其变型				
2. 泛热带	54	316	20.07	17.09
2-1. 热带亚洲、大洋洲和南美洲（墨西哥）间断	1	17	0.37	5.88
2-2. 热带亚洲、非洲、南美洲间断	1	29	0.37	3.45
三、热带亚洲和热带美洲间断分布				
3. 热带亚洲和热带美洲间断分布	14	62	5.20	22.58
四、旧世界热带分布及其变型				
4. 旧世界热带	12	147	4.46	8.16
4-1. 热带亚洲、非洲和大洋洲间断	1	30	0.37	3.33
五、热带亚洲至热带大洋洲分布及其变型				
5. 热带亚洲至热带大洋洲	9	147	3.35	6.12
5-1. 中国（西南）亚热带和大洋洲间断	—	1		
六、热带亚洲至热带非洲分布及其变型				
6. 热带亚洲至热带非洲	11	149	4.09	7.38
6-1. 中国华南、西南到印度和热带非洲间断	—	6		
6-2. 热带亚洲和东非间断	—	9		
七、热带亚洲分布及其变型				
7. 热带亚洲（印度-马来西亚）	15	442	5.58	3.39
7-1. 爪哇、喜马拉雅和中国华南、西南星散	—	30		
7-2. 热带印度至中国华南	—	43		
7-3. 缅甸、泰国至中国华南、西南	—	29		
7-4. 越南（或中南半岛）至中国华南（或西南）	—	67		

续表

分布区类型及其变型	本区属数	全国属数	占本区总属数比例/%	占全国同类总属数比例/%
八、北温带分布及其变型				
8. 北温带	60	213	22.30	27.23
8-1. 环北极	—	10	—	—
8-2. 北极-高山	—	14	—	—
8-3. 北极-阿尔泰和北美洲间断	—	2	—	—
8-4. 北温带和南温带（全温带）间断	—	57	—	—
8-5. 欧亚和南美洲温带间断	1	5	0.37	20.00
8-6. 地中海区、东亚、新西兰和墨西哥到智利间断	1	1	0.37	100
九、东亚和北美间断分布及其变型				
9. 东亚和北美间断	24	123	8.92	19.51
9-1. 东亚和墨西哥间断	1	1	0.37	100
十、旧世界温带分布及其变型				
10. 旧世界温带	16	114	5.95	14.04
10-1. 地中海区、西亚和东亚间断	3	25	1.12	12.00
10-2. 地中海区和喜马拉雅间断	1	8	0.37	17.50
10-3. 欧亚和南部非洲（有时也在大洋洲）间断	—	17	—	—
十一、温带亚洲分布				
11. 温带亚洲分布	3	55	1.12	5.45
十二、地中海、西亚至中亚分布及其变型				
12. 地中海、西亚至中亚	3	152	1.12	1.97
12-1. 地中海至中亚和南部非洲、大洋洲间断	—	4	—	—
12-2. 地中海至中亚和墨西哥间断	—	2	—	—
12-3. 地中海至温带、热带亚洲，大洋洲和南美洲间断	1	5	0.37	20.00
12-4. 地中海至热带非洲和喜马拉雅间断	—	4	—	—
12-5. 地中海-北非洲，中亚，北美西南部，智利和大洋洲（泛地中海）间断分布	—	4	—	—
十三、中亚分布及其变型	—	116		
十四、东亚分布及其变型				
14. 东亚（东喜马拉雅-日本）	15	73	5.58	20.55
14-1. 中国-喜马拉雅（SH）	3	141	1.12	2.12
14-2. 中国-日本（SJ）	11	85	4.09	12.94
十五、中国特有分布				
15. 中国特有	8	257	2.97	3.11
合计	300	3116	100	9.63

注：—表示该项数值为 0

（1）世界分布

这一分布型在贵阳城市公园绿地和道路绿地中有 31 属，归属于 27 科。其中 2 属以上的有 3 科。一是菊科 Compositae，包括牛膝菊属 Galinsoga、千里光属 Senecio、飞蓬属 Erigeron；二是禾本科 Gramineae，包括羊茅属 Festuca、早熟禾属 Poa、马唐属 Digitaria；三是莎草科 Cyperaceae，包括莎草属 Cyperus、藨草属 Scirpus；其余为 1 科 1 属。综合分析表明，分布于贵阳城市公园绿地和道路绿地中的世界分布属绝大多数为草本植物，少数为木本植物，如卫矛属 Euonymus、悬钩子属 Rubus、槐属 Sophora 等。

（2）热带分布

热带分布的属包括二至七类型及其变型的属，共计 118 属，归属于 62 科，占本区总属数的 43.87%（不包括世界分布属，下同）。

其中泛热带分布及其变型有 56 属，归属于 38 科，占该区种子植物总属数的 20.82%（数据因修约，与表格中数据加和不一致），其中含属数最多的是禾本科，共有 8 属，占该分布类型的 14.29%，全为草本种类，如白茅属 Imperata、狗尾草属 Setaria、求米草属 Oplismenus 等；位居第二的是豆科，有 5 属，占该分布类型的 8.93%；菊科和马鞭草科 Verbenaceae 并列第三，均有 3 属，分别占该分布类型的 5.36%。另外，百合科、旋花科 Convolvulaceae、荨麻科 Urticaceae 都为 2 属，其余 1 科 1 属的共有 31 科，占该分布类型的 55.36%。其中该类型还有两类变型，一类为热带亚洲、大洋洲和南美洲(墨西哥)间断，有 1 属，即罗汉松属 Podocarpus，另一类为热带亚洲、非洲、南美洲间断，有 1 属，即金鸡菊属 Coreopsis。虽然该分布类型的科数较多，但该地区的这些科属的种类都明显减少，调查发现很多世界大属的种类都很少，如桑科榕属 Ficus 全世界约有 1000 种，我国有 120 种，贵阳城市公园绿地和道路绿地中仅有 1 种，同样胡椒科胡椒属 Piper 全世界约有 2000 种，我国有 60 多种，贵阳城市公园绿地和道路绿地中仅有 1 种。这种现象印证了本区由热带植物区系向温带植物区系过渡的特征，有力地证明了本区属于热带植物区系与温带植物区系的交叉边缘地段。

贵阳城市公园绿地和道路绿地中有热带亚洲和热带美洲间断分布 14 属，归属于 10 科，占该区种子植物总属数的 5.20%。其中木本植物有 1 属，即叶子花属 Bougainvillea；草本植物 13 属，有萼距花属 Cuphea、葱莲属 Zephyranthes、龙舌兰属 Agave、美人蕉属 Canna 等。

旧世界热带分布及其变型有 13 属，归属于 13 科，占该区种子植物总属数的 4.83%。该分布型的热带性质较强，说明贵阳市植物区系的地理成分与热带成分有着较深的渊源关系。但在这 13 属中，有些也延伸到温带地区，如楝科楝属 Melia。其中该类型还有一个变型，即热带亚洲、非洲和大洋洲间断，有 1 属，即飞蛾藤

属 *Porana*，为贵阳市常见林间攀缘植物。

热带亚洲至热带大洋洲分布有 9 属，归属于 9 科，占该区种子植物总属数的3.35%。乔木层有 8 属，如樟属 *Cinnamomum*、臭椿属 *Ailanthus*、香椿属 *Toona*等是该地区亚热带常绿阔叶和常绿落叶阔叶混交林的重要组成。该类型木本类型较多，草本层较少，仅 1 属，为结缕草属 *Zoysia*。

热带亚洲至热带非洲分布有 11 属，归属于 8 科，占该区种子植物总属数的4.09%。木本植物有杨桐属 *Adinandra*、铁仔属 *Myrsine*，草本植物有荩草属*Arthraxon*、蝎子草属 *Girardinia*、芒属 *Miscanthus*、野茼蒿属 *Crassocephalum* 等，攀缘植物有常春藤属 *Hedera* 等。该类型草本种类较多，缺乏乔木种类，主要生长在贵阳喀斯特地貌土壤较为贫瘠的山坡地段的次生灌丛中。

热带亚洲分布及其变型有 15 属，归属于 14 科，占该区种子植物总属数的5.58%。有些种类是城市绿地中的重要组成成分，有些种类甚至是优势种，如山茶属 *Camellia*、棕竹属 *Rhapis* 等，有些种类还是本地的重要用材树种，有些种类是重要的观赏树种或者中药资源，如木莲属 *Manglietia*、含笑属 *Michelia*、绞股蓝属*Gynostemma*。

（3）温带分布

温带性质的属包括八至十四类型及其变型的属，共 143 属，归属于 59 科，占总属数的 53.16%。其中北温带分布及其变型 62 属，归属于 34 科，占该区种子植物总属数的 23.05%（数据因修约，与表格中数据加和不一致）。该类型中，木本种类比较丰富，既包含了被子植物又包含了裸子植物。被子植物有悬铃木属*Platanus*、桦木属 *Betula*、栗属 *Castanea*、黄栌属 *Cotinus*、杜鹃属 *Rhododendron*等；裸子植物有红豆杉科红豆杉属 *Taxus*、松科松属 *Pinus*、柏科柏木属 *Cupressus*、刺柏属 *Juniperus* 等。这些种类不仅是贵阳市种子植物区系的重要组成，也是该地区常绿落叶阔叶混交林的主要成分。此外，该类型中，不仅木本种类较多，草本类型的属也非常丰富，如双子叶植物风轮菜属 *Clinopodium*、婆婆纳属 *Veronica*、夏枯草属 *Prunella*、景天属 *Sedum*；单子叶植物拂子茅属 *Calamagrostis*、鸢尾属*Iris*、马蹄莲属 *Zantedeschia*。该类型中，属最多的科是蔷薇科，有 7 属，其次是菊科，有 4 属。

东亚和北美洲间断分布及其变型有 25 属，归属于 21 科，占该区种子植物总属数的 9.29%。该类型的木本较多，许多属更是古老或原始科的代表，如木犀科木犀属 *Osmanthus*、木兰科木兰属 *Magnolia*；在这些间断分布的属中，有不少是构成该地区森林植被的重要乔木树种，如刺槐属 *Robinia*、楤木属 *Aralia*、枫香树属 *Liquidambar*、灯台树属 *Bothrocaryum*、檫木属 *Sassafras*。

旧世界温带分布及其变型有 20 属，归属于 14 科，占该区种子植物总属数的

7.43%（数据因修约，与表格中数据加和不一致）。这些属中，只有5个科的7个属为木本，其中有的属，如火棘属 *Pyracantha* 为灌木型，在灌丛植被中占比较大，在当地植被恢复的演替过程中起到了比较重要的作用。在草本属中，有唇形科筋骨草属 *Ajuga*、牛至属 *Origanum*，菊科天名精属 *Carpesium*，伞形科窃衣属 *Torilis* 等，草本植物在该分布区占优势。

温带亚洲分布仅有3属，归属于3科，占该区种子植物总属数的1.12%。它们分别是蔷薇科杏属 *Armeniaca*、菊科马兰属 *Kalimeris*、紫草科附地菜属 *Trigonotis*。

地中海、西亚至中亚分布及其变型仅有4属，归属于4科，占该区种子植物总属数的1.49%，包括漆树科黄连木属 *Pistacia*、石榴科石榴属 *Punica* 等。其中黄连木属是地中海至温带、热带亚洲，大洋洲和南美洲间断分布变型。

东亚分布及其变型有29属，归属于20科，占总属数的10.78%（数据因修约，与表格中数据加和不一致）。其中，东亚分布15属，占该区种子植物属数的5.58%，中国-喜马拉雅（SH）变型3属，占该区种子植物数的1.12%，中国-日本（SJ）变型11属，占该区种子植物属数的4.09%。本型很多为木本属，如乔木有木通属 *Akebia*、栾树属 *Koelreuteria*、梧桐属 *Firmiana*、侧柏属 *Platycladus* 等，灌木有桃叶珊瑚属 *Aucuba*、八角金盘属 *Fatsia*、南天竹属 *Nandina* 等，它们是当地喀斯特地貌植物景观的重要组成部分。此外，单型、少型属丰富，含1种的有显子草属 *Phaenosperma*、吉祥草属 *Reineckia*、蕺菜属 *Houttuynia* 等，单型属、少型属所占比例大的这一特征也说明了其区系的性质是古老、原始的。该类型虽然为温带性质，但本区的这些属基本都是位于我国长江以南亚热带地区的属，这进一步说明了本区系与亚热带性质联系紧密。

（4）中国特有属

贵阳城市公园绿地和道路绿地种子植物有中国特有属8属，归属于7科，占总属数的2.97%。其中木本6属，很多为国家重点保护野生植物，如银杏科银杏属 *Ginkgo*、蓝果树科喜树属 *Camptotheca*、杜仲科杜仲属 *Eucommia*、杉科水杉属 *Metasequoia* 等的物种，草本有百合科知母属 *Anemarrhena* 等。

第四节　贵阳市公园和道路绿地植物种类组成分析

植物群落的本质就是不同植物种类在一定生境中的聚合体。换言之，种类组成是植物群落形成的基础，是决定群落性质的重要因素，也是鉴别不同群落类型的基本特征。即使是在同一植物群落内，不同植物种类也并不具有同等的群落学重要性，其中有的是主要组成者，对群落产生巨大的影响作用，而有的则影响较小，甚至仅仅只是偶然的组成成员。

群落内各物种在数量上是不等同的。在群落中数量最多、面积最大的植物种称为优势种，优势种对群落的发育和外貌特点影响最大。例如，水杉群落的外轮廓线条为尖峭耸立的；高山的偃柏群落则表现出贴伏地面、宛如波涛起伏的外貌。通过植物生活型的划分，可以了解贵阳城市公园和道路绿地植物的种类组成现状，并根据植物群落学原理提出相应的植物景观营建策略。

一、植物的生活型

1. 生活型的组成

植物种类的差异和植物种类的数量会影响植物群落的外貌。而植物生长长期受一定环境综合影响所呈现的适应形态，从外貌上表现出来的形态类型称为植物的生活型（林鹏，1986）。参考植物生活型的划分标准，将研究区植物划分为乔木、灌木、多年生草本、一二年生草本、木质藤本和草质藤本6种类型（图2-1）。通过分类统计，两类绿地类型中以多年生草本（136种）为主，占总种数的34.78%，其次为乔木（99种）、灌木（79种）、一二年生草本（53种），分别占总种数的25.32%、20.20%、13.55%，木质和草质藤本（24种）较少，仅占总种数的6.14%。

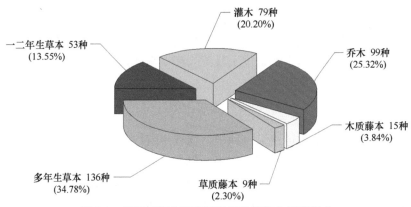

图 2-1　贵阳城市公园和道路绿地植物生活型组成
数据因修约，加和不足100%

由表2-9可知，城市公园绿地的植物生活型组成情况与整体组成情况保持一致，以多年生草本（129种）、乔木（81种）和灌木（69种）为主，分别占总种数的36.86%、23.14%、19.71%，木质和草质藤本（22种）较少，仅占6.29%。就各公园的具体情况来说，贵阳城市公园绿地以小车河城市湿地公园（175种）最为丰富，占植物总数的50.00%，其次为黔灵山公园（146种）、观山湖公园（133种）、登高云山森林公园（117种），分别占植物总数的41.71%、38.00%、33.43%，植物种类最少的为花溪公园（99 种），仅占植物总数的 28.29%。尽管花溪公园始建年代最久，但与其他公园相比较，其占地面积最小可能是此次调查植物种类偏低的原因。

表 2-9　贵阳城市公园绿地植物种类组成

序号	公园类型	总计	植物生活型组成						木本形态特征组成	
			乔木类	灌木类	一二年生草本	多年生草本	木质藤本	草质藤本	常绿	落叶
1	花溪公园	99	33	21	14	27	3	1	26	31
2	黔灵山公园	146	39	30	14	53	6	4	40	35
3	小车河城市湿地公园	175	29	35	28	72	6	5	29	41
4	登高云山森林公园	117	34	26	8	46	2	1	34	28
5	观山湖公园	133	25	22	30	52	2	2	19	30
	总体	350	81	69	49	129	13	9	72	91

注：表中数据单位为种

由表 2-10 可知，城市道路绿地的植物生活型组成情况则有所变化，以乔木（48种）、灌木（34 种）和多年生草本（18 种）为主，分别占总数的 44.04%、31.19%、16.51%，但同样以木质和草质藤本（3 种）较少，仅占 2.75%。就道路类型中的具体情况来说，28 条城市道路绿地根据道路级别和板带形式分为 6 类，以主干道两板三带（93 种）最为丰富，占植物总数的 85.32%，其次为次干道两板三带（46种）、次干道一板两带（28 种）、主干道四板五带（28 种），分别占植物总数的 42.20%、25.69%、25.69%，植物种类最少的为主干道一板两带（8 种）和主干道三板四带（8 种），都仅占植物总数的 7.34%。主干道一板两带植物种类偏低的原因可能是当时在调查过程中花溪大道正进行整体改造工程，而主干道三板四带则位于老城区一环内，早在 20 世纪 90 年代就在道路两侧种植了成排的法国梧桐，在一定程度上限制了植物的多样性。

表 2-10　贵阳城市道路绿地植物种类组成

序号	道路类型		总计	植物生活型组成						木本形态特征组成	
				乔木类	灌木类	一二年生草本	多年生草本	木质藤本	草质藤本	常绿	落叶
1	主干道	一板两带	8	4	3	0	1	0	0	4	3
		两板三带	93	41	29	5	15	2	1	43	29
		三板四带	8	2	5	0	1	0	0	5	2
		四板五带	28	10	14	1	3	0	0	14	10
2	次干道	一板两带	28	11	11	2	4	0	0	15	7
		两板三带	46	18	17	2	7	2	0	27	10
	总体		109	48	34	6	18	2	1	52	32

注：表中数据单位为种

从生活型各部分组成的重要性而言，乔木及灌木作为城市绿地中的主体，其数量及品种的丰富度相较草本与藤本而言更为重要（陈波，2006）。相比公园绿地中的多年生草本丰富度位居第一，道路绿地的乔、灌木丰富度分居一二位的生活型组成显得更为合理。但在两类绿地类型中，都轻视藤本等层间植物的运用，易造成城市植物群落结构的单一。在贵阳城市园林绿化中应注重以乔木为主体、辅以观赏性的花灌木和草、藤本，进而营建出多层次的、景观价值高的、可持续的城市植物景观。

2. 木本植物的配比

乔木树种的种植类型能反映一个城市或地区植物景观的整体形象和风貌，灌木也是构成城市园林系统的"骨架"之一。因此决定一个城市绿化的关键在于乔、灌木的数量和质量，这要求城市中的木本植物不仅要有相当的数量、丰富的品种，而且要合理搭配。乔、灌木的合理搭配能更好地体现植物的立体空间层次感，而常绿树种与落叶树种的应用比例不仅体现一个地区的植物景观特色，也影响当地树木夏季遮阴和冬季透光的程度。通过乔木与灌木、常绿树种与落叶树种的合理搭配，能在创造优美景观的同时使城市绿化发挥更好的生态功能。

（1）乔灌木树种配比

通过对整体及各样地内乔、灌木树种的配比进行统计（表 2-9，表 2-10；图 2-1，图 2-2）。在乔、灌木种类配比上，两类绿地类型中应用的整体比例为 1.25：1，单一绿地类型上，公园绿地为 1.17：1，而道路绿地则相对较高，为 1.41：1，总体可见绿地中所应用的乔木品种明显比灌木品种丰富。就各个公园的具体情况

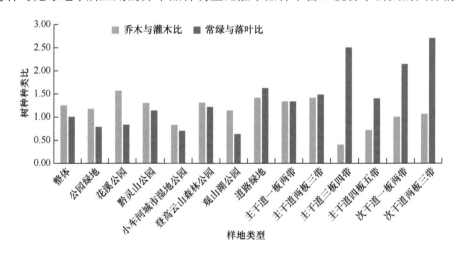

图 2-2　贵阳城市公园和道路绿地木本植物树种种类比

而言，花溪公园、黔灵山公园、登高云山森林公园和观山湖公园 4 个公园与总体情况一致，而小车河城市湿地公园则相反，灌木树种比乔木树种丰富。就道路绿地的各种类型而言，主干道一板两带、主干道两板三带的道路绿地类型与总体情况一致，次干道一板两带的乔、灌木树种比例则刚好相等，而主干道三板四带、主干道四板五带则相反，灌木树种比乔木树种丰富。

综合可见，整体上绿地中应用的乔木种类丰富，而具体到各个绿地中时没有呈现统一的树种规划，情况显得更为多样，如主干道三板四带的乔、灌木树种比例为所有绿地中最小的，仅为 0.4∶1，公园绿地中的小车河城市湿地公园的乔、灌木树种比例仅为 0.83∶1，所有样地类型中乔、灌木树种比最高的花溪公园也仅为 1.57∶1。根据《贵阳市绿地系统规划》（2011—2020 年）的树种搭配技术经济指标，乔木与灌木按种类比例应为 2∶1，而本次所有样地的调查结果都尚未达到该指标，可见，贵阳城市园林绿化中应加强乔木树种的引进和应用。

（2）常绿落叶树种配比

通过对整体及各样地内常绿、落叶树种进行统计，如表 2-9、表 2-10、图 2-1、图 2-2 所示。两类绿地类型中共有木本植物 193 种，从木本植物形态特征来看，常绿植物 97 种，落叶植物 96 种，常绿与落叶植物之比为 1.01∶1，这与贵阳中亚热带城市的主要植被类型相符合，即以常绿阔叶林为地带性植被，在季相特征体现上不太明显。在单一类型上，公园绿地的比例为 0.79∶1，属于落叶树种多于常绿树种，而道路绿地的比例为 1.63∶1，属于常绿树种多于落叶树种。就各个公园的具体情况而言，花溪公园、小车河城市湿地公园和观山湖公园与单一类型中公园绿地的常绿、落叶树种配比情况保持一致，而黔灵山公园和登高云山森林公园则相反，属于常绿树种高于落叶树种。就道路绿地的各种类型而言，所调查的类型中树种配比皆属于常绿树种多于落叶树种。

综合可见，贵阳植物景观在道路绿地上具有明显更多地应用常绿树种的趋势，但从公园绿地和整体绿地上来看，这种趋势并没有出现。而根据《贵阳市绿地系统规划》（2011—2020 年）的树种搭配技术经济指标，常绿树种与落叶树种按种类比应为 3∶2，与之相比较，尤其需要在贵阳城市公园绿地的绿化建设中加大常绿树种的种植比例。

二、植物的物种来源

在漫长的岁月中，植物经历由低级到高级、由简单到复杂、由水生到陆生的进化过程，从而发展到形成当前多彩多姿的植物界。在生物的进化过程中，一直伴随着植物物种的入侵与分布扩张，21 世纪的全球化进程更是加快了这种扩张的速度。当前，生物入侵已对入侵区的生态环境、社会经济和人类健康造成了严重的威胁，这一问题得到了各国政府、国际组织、社会公众和科学界的广泛重视（鞠瑞亭等，2012）。

通过查阅生态环境部（原国家环保总局、环境保护部）及中国科学院发布的4批外来入侵物种名单以及《中国植物志》和《贵阳植物志》，对所调查植物的物种来源进行分析，将所调研样地内的植物分为乡土植物、国内外来植物和国外外来植物（表2-11）。在了解贵阳乡土植物的文化体现与入侵植物危害的基础上，分析贵阳城市公园绿地和道路绿地内乡土植物资源的应用现状与外来植物的入侵情况，以期为营造以乡土植物为主的城市园林绿地景观，并对城市中外来植物进行有序管理和安全利用提供参考与借鉴。

表 2-11　贵阳城市公园和道路绿地植物物种来源分析

植物来源	乔木类		灌木类		草本类		藤本类		总计	
	种数	占比/%	种数	占比/%	种数	占比/%	种数	占比/%	种数	占比/%
乡土植物	69	69.70	50	63.29	125	66.14	15	62.50	259	66.24
国内外来植物	20	20.20	17	21.52	21	11.11	5	20.83	63	16.11
国外外来植物	10	10.10	12	15.19	43	22.75	4	16.67	69	17.65
总计	99	100	79	100	189	100	24	100	391	100

1. 乡土植物

乡土植物又称本土植物，是指在当地自然植被中，观赏性状突出或具有景观绿化功能的高等植物，它们是最能适应当地生态环境的植物群体（孙卫邦，2003）。乡土植物具有适应性强、成本低、养护管理容易的特点，应用在城市植物景观中也不会对本地群落的生态系统构成危害，在丰富城市植物种类多样性方面大有潜力。另外，乡土植物形成稳定的植物群落后能展示具有地方特色的景观，避免绿地景观大同小异、千篇一律的状况。通过具有特色的本土植物配置，可体现浓郁的地方文化氛围，有助于塑造地域文化特色，使植物景观具有艺术灵魂和价值，使景观形象充满生机和活力（梁彦兰和张云华，2013）。

（1）乡土植物文化体现

乡土树种文化属于植物文化的范畴。植物文化是指漫长的植物利用历史过程中，植物与人类生活的关系日趋紧密，加之与其他文化相互影响、相互融合，衍生出的与植物相关的文化体系（张鸣灿等，2010）。贵阳作为西南地区重要的中心城市之一，具有典型的喀斯特生态环境和良好的自然条件，有着深厚的文化积淀，从南明河畔的甲秀楼到黔灵山的弘福寺，从修文龙场的阳明洞到董家堰的孔学堂，从中华西路的大十字广场和小十字广场到城南的青岩古镇，多方位地展示了它的丰富历史文化。其中包含着很多植物因素，而乡土植物文化在当中的作用尤为重要。

1）市树市花。市树市花是一个城市具有普遍性和代表性的树种，在本地区的园林绿化中具有重要的地位（孟小华，2007）。在城市中心地段和重点地段绿化树种选择上，通过市树市花与乡土树种的多样性结合，可以彰显一座城市绿化的地方特色。1987年，经贵阳市人民政府批准，贵阳市的市花确定为兰花、紫薇，市树为樟树、竹子。

兰花，植物四君子之一，色淡香清，生于幽僻，是高洁典雅的象征。贵州是中国兰花的主产区之一，凭着丰富的野生兰花资源，已成为全国最大的兰花原生种集散地之一，作为市花很有代表性。但兰花对环境敏感度高，就算盆栽也不易养好，更何况在室外耐受暴晒和汽车尾气等恶劣的生长环境。而紫薇在我国有着几千年的栽培史，其花色艳丽，花期在夏季的6~9月，有"百日红"之称，既可成为贵阳中心城区增绿添彩的栽培树种，又能突显出贵阳"避暑天堂"的特色，增强夏季的景观效果，强化"爽爽贵阳"的特色。

竹子，同样作为植物四君子之一，有"崇高坚劲之节"，有"虚怀若谷之心"，是高风亮节的象征。贵阳与竹有着不同寻常的渊源，古代即以盛产竹子而闻名，如今城市简称也为"竹"的同音"筑"，别名"筑城"。此外，竹在绿化中不仅可以营造竹影婆娑的景观场景，还充分体现了积极向上活力贵阳的城市形象，使得筑城中许多景观"筑韵"十足。樟树则是南方城市优良的绿化树、行道树及庭荫树，对于城市环境的适应力更强，而且四季常青、冠大荫浓、枝叶茂密、姿态雄伟，在贵阳地区种植，不仅成活率高，而且自身气味清新，更能发挥净化空气、抗击风沙、保持水土等的作用。

兰花、紫薇与竹子、樟树作为贵阳的市花、市树，可谓相得益彰，园林绿化相关部门可重视其在园林建设中的应用，结合植物所特有的文化意趣和内涵，使得贵阳的地域文化和城市特质能得到进一步的展现。

2）古树名木。古树指树龄在百年以上的老树，名木指在历史上或社会上有重大影响的中外历代名人、领袖人物所植或者具有极其重要的历史价值、文化价值、纪念意义的树木。古树根据年龄又分为一级古树，树龄在500年以上；二级古树，树龄为300~499年；三级古树，树龄为100~299年。

古树名木是珍贵的林木资源，是大自然和前人留下的珍贵遗产，是绿色文物、活的化石，具有重要的科学、文化、经济价值。根据贵阳市林业局2019年发布的"贵阳市古树大树名木保护工作综述"中的记录，贵阳市于2012年开展了第一次古树名木大树资源调查，共调查古树大树及名木2144株，并对古树大树及名木进行了挂牌保护。2006年12月发布、2007年2月1日起施行的《贵阳市古树名木保护管理办法》,进一步规范贵阳市的古树名木保护管理。结合森林资源二类调查,2015 年启动第二次全市古树名木资源调查,2017 年启动第三次全市古树名木资源调查,2018 年全市展开复查,并建立古树大树名木资源空间数据库,完成古树大树名木资源落地于林地一张图工作。

根据古树名木资源调查结果,贵阳市共有古树大树及名木 3707 株,其中大树 324 株、名木 2 株。按行政区划来分,南明区 343 株、云岩区 150 株、经开区 74 株、观山湖区 97 株、白云区 128 株、乌当区 1098 株、清镇市 197 株、开阳县 734 株、修文县 157 株、花溪区 554 株、息烽县 175 株。从等级来看,有一级古树 314 株、二级古树 744 株、三级古树 2648 株(该处统计缺失 1 株)。从分布区域来分,城区有 330 株,农村有 3377 株(数据来源:贵阳林业局)。

3)生活习俗。贵阳有着林城的美誉,城在林中,林在城中,2004 年,国家林业局(现称国家林业和草原局)就授予贵阳市中国首个"国家森林城市"称号。民众在生活中也积极参与到生态建设中,在每年春季万物复苏之际,贵阳市内都会举行省、市、县、乡、村的五级联动义务植树活动,引导更多市民参与植树活动。植树添绿,植的不仅是树,更播撒出生态文明的种子,培育出生态发展的优势。在生态建设方面,自 2017 年以来,贵州将每年的 6 月 18 日设立为"贵州生态日"。通过持续践行生态文明理念,守护绿水青山,巩固省内生态优势,贵阳整体生态环境持续向好。2019 年,贵阳市森林覆盖率达 53%,城区集中式饮用水水源地水质达标率为 100%,$PM_{2.5}$ 等 6 项大气污染物浓度均低于国家二级标准,空气质量优良天数为 358 天,优良率为 98.1%,一个"山青、天蓝、水清"的贵阳迎面而来。

贵阳人民与兰花也有着很深的渊源,养兰、爱兰蔚然成风,每年的二月中旬到三月初,贵阳都会举办兰花博览会。兰花是贵阳的市花,尤其是春兰,以其花品好、色彩艳、香花幽、变异多而享誉国内外。同时贵阳有着丰富多彩的食文化,吃新节是贵阳仡佬族的重大节日,在每年农历七月初七,稻谷黄熟之际,选择吉日"吃新""尝新",摘取新熟的稻谷、瓜果等祭祀祖先,以庆祝五谷丰登。此外,自 2017 年起,每年的 9 月,贵阳清镇也以生态美食文化节为载体,通过使用贵州所产食材,探究黔菜及贵州食材做法的创新,因此荣膺"世界互联网大会在乌镇,中国餐饮大会在清镇"的美誉,借此把贵州人民独具特色的食品加工原料推广到全国各地。

4)名胜景点。植物不仅可以呈现姹紫嫣红、争奇斗艳的景观,其以树木为主调的翳然林木,更让人联想到大自然丰富繁茂的生态。此外,观赏树木和花卉按其形、色、香而"拟人化",赋予其不同的性格和品德,在造景中还能显示象征寓意。通过观赏树木和花卉,贵阳营建出不少在当地颇具影响力并有着深厚文化内涵的名胜景点。

南明河畔的筑城广场，作为贵阳的标志性建筑，以竹文化为内涵，将竹文化的元素渗透到广场的规划建设中，诠释贵阳历史内涵，展示贵阳城市精神，成为践行生态文明理念的重要场所。大南门环岛也是贵阳市民很熟悉的地标，在兰花雕塑旁配置花期较长、花色艳丽的宿根花卉、时令花卉和灌木，突出主题性雕塑景观，并在地块中央植入"爽爽贵阳"4 块景观石，更突出贵阳宜人的气候。此外，贵阳花溪郊外也有一道具有代表性的风景——"黄金大道"，始建于 1956 年，全长 560m，沿花溪河畔栽有 115 株法国梧桐，每到深秋，梧桐树叶逐渐变黄，从远处的山林上远望，犹如一条金色大道，观赏性极佳，是当地居民闲暇之余踏青出游的好去处。

（2）乡土植物运用现状

贵阳城市公园和道路绿地的乡土植物种类共计有 259 种，国内外来植物 63 种，国外外来植物 69 种，分别占总种数的 66.24%、16.11%、17.65%（表 2-11）。国内外的外来植物应用比例相差不大，总体植物应用上以乡土植物为主，其比例占据一半以上，与广州城市公园绿地乡土植物应用比例 63.71%（卢紫君和涂慧萍，2012）、海口城市绿地 45%（成夏岚等，2012）、长沙城市绿地 32%（徐琴等，2012）相比，贵阳城市公园和道路绿地的乡土植物应用比例相对较高。

贵阳城市公园绿地的乡土植物应用现状如表 2-12 所示。可以看出：在抽样的 120 个公园绿地植物群落中，有不同生活型植物 350 种，总应用频数为 1690 次，其中乡土植物 242 种，应用频数为 1222 次，乡土植物占植物总种类数的 69.14%，占总应用频数的 72.31%。就不同生活型来看，乡土植物种类比以乔木（76.54%）最高，灌木（63.77%）最低，乡土植物频数比同样以乔木（83.19%）最高，但以草本（68.21%）最低。就各公园的具体情况来看，花溪公园的乡土植物种类比（79.80%）最高，登高云山森林公园（63.25%）最低，乡土植物频数比同样以花溪公园（81.68%）最高，但以观山湖公园（63.13%）最低，这可能与花溪公园的修建历史最久，观山湖公园、登高云山森林公园修建时间短有一定关系。

表 2-12　贵阳城市公园绿地乡土植物种数及频数统计

公园名称	指标	乡土乔木/ 所有乔木	乡土灌木/ 所有灌木	乡土草本/ 所有草本	乡土藤本/ 所有藤本	合计
花溪公园	种类比	29/33	16/21	30/41	4/4	79/99
	频数比	60/65	36/43	58/83	11/11	165/202
黔灵山公园	种类比	29/39	22/30	50/67	8/10	109/146
	频数比	68/83	41/62	131/177	10/12	250/334
小车河城市 湿地公园	种类比	22/29	22/35	72/100	8/11	124/175
	频数比	65/77	49/67	236/324	16/19	366/487

续表

公园名称	指标	乡土乔木/所有乔木	乡土灌木/所有灌木	乡土草本/所有草本	乡土藤本/所有藤本	合计
登高云山森林公园	种类比	27/34	15/26	30/54	2/3	74/117
	频数比	60/70	35/50	67/107	5/6	167/233
观山湖公园	种类比	16/25	15/22	59/82	3/4	93/133
	频数比	39/56	31/50	199/322	5/6	274/434
总体	种类比	62/81	44/69	121/178	15/22	242/350
	频数比	292/351	192/272	691/1013	47/54	1222/1690

贵阳城市道路绿地的乡土植物应用现状如表 2-13 所示。可以看出：在抽样的 114 个道路绿地植物群落中，有不同生活型植物 109 种，总应用频数为 635 次，其中乡土植物 66 种，应用频数为 393 次，乡土植物占植物总种类数的 60.55%，占总应用频数的 61.89%。就不同生活型来看，乡土植物种类比以灌木（64.71%）最高，藤本（0）最低，乡土植物频数比同样以藤本（0）最低，同样以灌木（63.93%）最高。就各道路类型的具体情况来看，主干道四板五带的乡土植物种类比（66.67%）最高，主干道一板两带（37.50%）和主干道三板四带（37.50%）最低，乡土植物频数以主干道两板三带（64.39%）最高，同样以主干道三板四带（35.71%）最低，这可能与主干道三板四带早在 20 世纪 90 年代就在道路两侧引入成排种植的法国梧桐有关。

表 2-13　贵阳城市道路绿地乡土植物种数及频数统计

道路类型	指标	乡土乔木/所有乔木	乡土灌木/所有灌木	乡土草本/所有草本	乡土藤本/所有藤本	合计
主干道一板两带	种类比	0/4	2/3	1/1	0/0	3/8
	频数比	0/4	2/3	1/1	0/0	3/8
主干道两板三带	种类比	26/41	18/29	13/20	0/3	57/93
	频数比	110/165	140/205	23/49	0/5	273/424
主干道三板四带	种类比	1/2	1/5	1/1	0/0	3/8
	频数比	3/7	1/6	1/1	0/0	5/14
主干道四板五带	种类比	5/10	8/14	3/4	0/0	16/24
	频数比	8/16	17/32	4/6	0/0	29/54
次干道一板两带	种类比	7/11	6/11	4/6	0/0	17/28
	频数比	10/14	8/18	9/12	0/0	27/44
次干道两板三带	种类比	10/18	10/17	4/9	0/2	24/46
	频数比	21/33	27/41	8/15	0/2	56/91
总体	种类比	30/48	22/34	14/24	0/3	66/109
	频数比	152/239	195/305	46/84	0/7	393/635

2. 外来植物

外来植物（alien plant），即非本地的乡土植物，是由于环境变迁和人为活动，自外地或国外传入或迁入的植物（申敬民等，2010）。外来植物作为园林植物的组成部分，在贵阳市的城市绿化、美化中发挥着作用，但也给贵阳市的城市环境带来潜在威胁。在了解外来植物对贵阳所造成危害的基础上，结合本次实地调查，对原产地为国外的贵州外来植物进行了全面的统计与分析，了解外来植物种类的来源、优势种、入侵种等种类构成的特征。

（1）外来植物入侵危害

外来植物的引进途径分为自然传入、人为引入和无意引入（随人类活动）。自然界里风力和水流等自然力及鸟类等动物都可以传播外来物种，但人类传播才是最广泛的外来物种传播途径，而且在速度和范围上远非自然力传播和动物传播可比拟（闫小玲等，2012）。其中人为引入物种的目的多是观赏、药用、食用，或者发展经济，或者保护生态环境。此外，有些植物偶然借助人类活动也可能通过多种途径侵入新的地区，如入境旅游、贸易活动、交通工具、国际农产品和货物的输入、动植物引种（特别是园林植物引种）等。而伴随着全球经济一体化进程的加速、国际贸易自由化进程的增长、交通便利与人类活动的加剧，外来植物所产生的危害正逐年增加。

1）对生态系统的危害。外来植物对生态系统的危害在于，处于新滋生地的外来植物一旦摆脱了天敌的制约和人类的干预，将出现爆发性的疯长，排挤本土物种并形成单一优势种群，最终导致滋生地物种多样性、遗传多样性的丧失。近年有关外来植物入侵贵阳生态系统造成危害的报道屡见不鲜，2013 年，中国新闻网就报道了喜旱莲子草（*Alternanthera philoxeroides*）使贵阳母亲河南明河下游成"草原"的新闻。该种在杂草的生存竞争中占有绝对的优势，具有很强的入侵性，侵入后通过对资源的竞争，导致周边其他植物局部绝灭，对生态系统造成不可逆转的破坏，形成大面积单优群落，降低物种多样性，破坏景观的自然性和完整性。2016 年，有报道称贵阳市观山湖公园遭加拿大一枝黄花（*Solidago canadensis*）入侵并造成乡土植物死亡。加拿大一枝黄花原产于北美，它可以通过根和种子两种方式繁殖，有超强的繁殖能力，一株植株就可形成 2 万多粒种子，1 年后会萌发成近万株小苗，3 年就迅速成片，和其他作物争光、争肥，从而形成很强的生长优势，排挤其他作物的生长，在其分布区凡是人为搁置的荒地几乎全是这一单一物种（闫小玲等，2012）。

2）对社会经济的影响。外来入侵动植物除了破坏生态系统的结构和功能，造成巨大的生态环境缺失外，对农业、林业、畜牧业、水产业、园艺业等均可带来直接的经济损失，同时外来植物成功入侵后的大面积爆发，危害很大，要彻底根除极为困难，防治费用极其昂贵。世界上许多国家都遭受过或正在遭受外来入侵生物的严重危害，澳大利亚、美国、加拿大、中国等受害最重，尤其是一些岛屿国家。《2019 中国生态环境状况公报》显示，全国已发现 660 多种外来入侵物种。其中，71 种对自然生态系统已造成或具有潜在威胁并被列入《中国外来入侵物种名单》。据统计，美国因入侵物种造成的直接和间接经济损失每年高达 1370 亿美元。国家环境保护总局 2004 年发布的一份报告显示，我国外来入侵物种每年造成的损失为 1200 亿元人民币，相当于中国国内生产总值的 1.36%，其中对国民经济有关行业造成直接经济损失共计 198.59 亿元人民币，而对中国生态系统、物种及遗传资源造成的间接经济损失则高达 1000.17 亿元人民币。

（2）外来植物入侵现状

贵阳的外来植物种类共计有 132 种，占总种数的 33.76%。其中国内原产的外来植物 63 种，占植物总数的 16.11%，占外来植物总数的 47.73%；国外原产的外来植物 69 种，占植物总数的 17.65%，占外来植物总数的 52.27%；国外外来植物主要集中在草本，共计有 43 种，占国外外来植物总种数的 62.32%（表 2-11）。

1）外来植物种类结构。本调查共记录贵阳公园和道路绿地外来植物 60 科 114 属 132 种，其中，国外外来种共有 36 科 61 属 69 种，主要来自美洲，共涉及 35 种，占国外外来种的 50.72%。另外，来自欧洲和亚洲的外来植物也较多，各占国外外来种数的 14.49% 和 21.74%。外来种种数较多的科主要有禾本科（12 种）、菊科（11 种）、蔷薇科（8 种）、豆科（7 种）、石蒜科（6 种）、唇形科（5 种）。外来种种数较多的属主要有美人蕉属和女贞属，都有植物 3 种，其中女贞属国外外来种 2 种，国内外来种 1 种。国内外来植物中，蔷薇科共涉及植物 8 种，是种数最多的科；冬青属共涉及植物 2 种，是种数最多的属。国外外来植物中，菊科共涉及植物 8 种，是种数最多的科；美人蕉属共涉及植物 3 种，是种数最多的属。

2）两种绿地类型中的外来植物。调查数据的分析结果显示，贵阳市的外来种比例不是很高，公园绿地和道路绿地的外来种比例分别仅有 30.86%、39.45%。其中，国内外来种比例最高的是公园绿地的草本和灌木，分别达到外来植物总数的 15.91% 和 12.88%。国外外来种比例最高的是公园绿地的草本，占外来植物总数的 26.52%；其次是道路绿地的草本，占外来植物总数的 10.61%。

由图 2-3 可知，公园绿地和道路绿地的国外外来植物，均以美洲来源植物的比例最高，分别占各绿地类型国外外来植物种数的 55.10%、33.33%。其次是来自欧洲或亚洲的植物，其中，来自亚洲的外来植物分别占国外外来植物种数的

20.41%、30.30%，来自欧洲的外来植物分别占国外外来植物种数的 14.29%、
21.21%。而大洋洲来源的植物最少，仅有 2 种出现在道路绿地中，占比为 6.06%。
综合外来植物的原产地条件来看，贵阳地区与北美洲的东南部分地区纬度大致相
同，同属于亚热带季风性气候，历史气候环境有相似之处。因此来自美洲的外来
植物在进入贵阳地区后能很快适应环境，逐渐成为外来植物中占比最高的植物类
型。今后在引入相似气候条件环境下的植物外来种时需要格外注意，避免其繁衍
成为入侵植物。

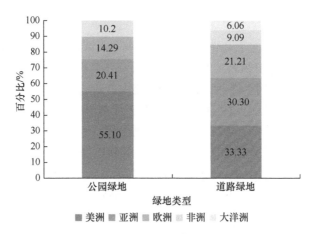

图 2-3　贵阳城市公园和道路绿地国外外来植物种的来源地

道路绿地数据因修约，加和不足 100%

　　3）贵阳城市植物调查中记录到的入侵植物种。根据环境保护部（曾称国家环
境保护局，现称生态环境部）和中国科学院发布的 4 批外来入侵植物名单，本调
查共记录入侵植物种 3 科 4 属 4 种（表 2-14）。调查到的入侵植物均来自美洲地区，
除落葵薯（*Anredera cordifolia*）为藤本植物之外，其余 3 种均为草本植物。其中，
小蓬草是出现频数最高的入侵种类，也是草本植物中的优势种类。调查发现小蓬
草在贵阳公园绿地中已广泛分布，其对城市未来的长期环境影响应引起特别关注。

表 2-14　贵阳城市植物调查中记录到的入侵植物种

种名	拉丁名	科名	原产地	频数
落葵薯	*Anredera cordifolia*	落葵科	南美洲	1
喜旱莲子草	*Alternanthera philoxeroides*	苋科	南美洲	4
小蓬草	*Erigeron canadensis*	菊科	北美洲	24
一年蓬	*Erigeron annuus*	菊科	北美洲	8

三、特色植物资源

城市绿地不仅具有净化空气、降低噪声、调节小气候等改善城市生态环境的功效，植物本身也具有很多对人体健康有益的元素。而芳香植物和药用植物作为更具特色的植物资源，通过人体视觉、嗅觉、味觉等多种感官加以应用，可达到促进人们身心健康的疗效（李树华和张文秀，2009）。

1. 芳香植物

两类特色植物资源主要集中在公园绿地中，不涉及所调查的道路绿地中（下同）。通过查阅《芳香植物名录汇编（二十五）》（黄士诚和张绍扬，2010），贵阳市公园绿地共有芳香植物 43 种，约占公园植物总数的 12.29%（表 2-15）。从各公园植物来看，以花溪公园（19.19%）和登高云山森林公园（17.09%）较高，较低的为小车河城市湿地公园（9.71%）和观山湖公园（9.02%）。就生活型组成而言，以木本植物为主，占芳香植物的 58.14%，主要集中在芸香科、蔷薇科、木兰科，以及豆科中，如黄皮 *Clausena lansium*、柑橘 *Citrus reticulata*、梅 *Armeniaca mume*、野蔷薇 *Rosa multiflora*、枇杷 *Eriobotrya japonica*、含笑花 *Michelia figo*、白兰 *Michelia×alba*、金合欢 *Vachellia farnesiana*、刺槐 *Robinia pseudoacacia* 等。

表 2-15　贵阳城市公园绿地芳香植物与药用植物统计

序号	公园名称	芳香植物		药用植物	
		种数	占公园植物总数百分比/%	种数	占公园植物总数百分比/%
1	花溪公园	19	19.19	55	55.56
2	黔灵山公园	21	14.38	71	48.63
3	小车河城市湿地公园	17	9.71	78	44.57
4	登高云山森林公园	20	17.09	48	41.02
5	观山湖公园	12	9.02	59	44.36
	总体	43	12.29	160	45.71

2. 药用植物

通过查阅《中国植物志》并分析得出，贵阳市公园绿地共有药用植物 160 种，约占公园植物总数的 45.71%（表 2-15）。从各公园植物来看，以花溪公园（55.56%）和黔灵山公园（48.63%）较高，最低的为登高云山森林公园（41.02%）。就生活型组成而言，以草本植物为主，占药用植物的 47.50%，主要集中在菊科、蔷薇科、唇形科，以及豆科中，如艾 *Artemisia argyi*、野茼蒿 *Crassocephalum crepidioides*、

白酒草 *Eschenbachia japonica*、龙牙草 *Agrimonia pilosa*、山莓 *Rubus corchorifolius*、薄荷 *Mentha canadensis*、夏枯草 *Prunella vulgaris*、紫背金盘 *Ajuga nipponensis*、小巢菜 *Vicia hirsuta*、密花豆 *Spatholobus suberectus* 等。

第五节　小　结

贵阳市地处云贵高原的东斜坡上，地带性植被类型以壳斗科、樟科等中亚热带常绿阔叶林为主。《贵阳市绿地系统规划》（2011—2020 年）中的基础资料显示，贵阳市野生维管植物近 1400 种，在城市绿化中常见的乔、灌木树种逾 400 种。本研究仅调查贵阳市 5 个公园绿地和 28 条城市道路，就统计有维管植物 391 种，隶属于 123 科 315 属。说明公园绿地和道路绿地在整个城市绿地系统中占据着重要的位置，对维持城市自然系统、保护城市生物多样性和创造优良人居环境起着十分关键的作用。通过此次对贵阳城市公园和道路绿地植物群落的调查，主要结论如下。

从科、属、种的组成来看，公园绿地和道路绿地共有维管植物 123 科 315 属 391 种，其中蕨类 12 科 15 属 17 种，裸子植物有 7 科 12 属 14 种，被子植物有 104 科 288 属 360 种，被子植物科、属、种的数量远远高于蕨类植物和裸子植物，这与贵州省整体植物区系组成情况相一致。在种子植物的分布区上，热带成分在科的区系地理成分组成中所占比例较大，植物呈现很大的热带亲缘特性。而在属级组成中，300 属种子植物被划分为 14 个分布区类型和 11 个变型，说明本植被区系组成复杂、联系广泛，其中以北温带分布、泛热带分布、东亚分布及其变型和东亚和北美洲间断分布为主要构成成分。

在植物的生活型方面，以多年生草本（136 种）、乔木（99 种）、灌木（79 种）3 种生活型为主，占据绝对优势（80.3%），其中以木质和草质藤本（24 种）较少，仅占总种数的 6.14%。在两类绿地类型中，都轻视藤本等层间植物的运用，易造成城市植物群落结构的单一，今后应注重加强营建以乔木为主体、辅以观赏性的灌木和草本、藤本的多层次植物景观群落。乔木、灌木及木质藤本组成的木本植物共有 193 种，其中常绿植物有 97 种，落叶植物有 96 种，常绿与落叶植物之比为 1.01：1，在今后贵阳城市绿地的绿化建设中需加强乔木树种的引进和应用并适当加大常绿树种的种植比例。

在植物物种来源方面，乡土植物种类共计有 259 种，国内外来植物有 63 种，国外外来植物有 69 种，分别占总种数的 66.24%、16.11%、17.65%，与同属省会城市的长沙、海口等地相比，贵阳城市公园和道路绿地的乡土植物运用比例相对较高。但一些外来植物的入侵，对城市未来的长期环境影响也应该引起特别的关注，如小蓬草是出现频数最高的入侵种类，也是草本植物中的优势种类，在贵阳市的公园绿地中已广泛分布。

在特色植物资源方面，贵阳市公园绿地共有芳香植物 43 种，约占公园植物总数的 12.29%，以木本植物为主；有药用植物 160 种，约占公园植物总数的 45.71%，以草本植物为主。

主要参考文献

安静, 张宗田, 刘荣辉, 张凌云. 2014. 贵阳市园林植物种类初步调查[J]. 山地农业生物学报, 33(4): 59-62.

陈波. 2006. 杭州西湖园林植物配置研究[D]. 杭州: 浙江大学.

陈波. 2016. 节约型园林植物群落构建方法[M]. 北京: 中国电力出版社.

陈红锋, 周劲松, 邢福武. 2012. 广州园林植物资源调查及其评价[J]. 中国园林, 28(2): 11-14.

陈雷, 孙冰, 谭广文, 李子华, 陈勇, 黄应锋, 廖绍波. 2015. 广州公园植物群落物种组成及多样性研究[J]. 生态科学, 34(5): 38-44.

陈志萍, 张华海, 钱长江, 张玉武. 2011. 贵阳市野生种子植物区系研究[J]. 贵州科学, 29(3): 50-55.

成夏岚, 陈红锋, 欧阳婵娟. 2012. 海口市城市绿地常见植物多样性调查及特征研究[J]. 中国园林, 28(3): 105-108.

储亦婷, 杨学军, 唐东芹. 2004. 从群落生活型结构探讨近自然植物景观设计[J]. 上海交通大学学报(农业科学版), 22(2): 176-180.

方精云, 王襄平, 沈泽昊, 唐志尧, 贺金生, 于丹, 江源, 王志恒, 郑成洋, 朱江玲, 郭兆迪. 2009. 植物群落清查的主要内容、方法和技术规范[J]. 生物多样性, 17(6): 533-548.

贵阳市林业局. 2020. 贵阳市古树大树名木保护工作综述[EB/OL]. http://lyj.guiyang.gov.cn/zwgk_502951/zfxxgk_500915/fdzdgknr/tjxx/202002/t20200212_48565643.html [2020-11-28].

郭松, 方翠莲, 李在留. 2012. 南宁市公园绿地园林植物调查及应用研究[J]. 中国园林, 28(2): 90-94.

国家环境保护总局. 2003. 关于发布中国第一批外来入侵物种名单的通知[EB/OL]. http://www.gov.cn/gongbao/content/2003/content_62285.htm [2010-1-7].

韩丽莹, 王云才. 2011. 群落生态设计研究进展与展望[J]. 产业与科技论坛, 10(6): 86-87.

黄士诚, 张绍扬. 2010. 芳香植物名录汇编(二十五)[J]. 香料香精化妆品, (1): 50-51.

鞠瑞亭, 李慧, 石正人, 李博. 2012. 近十年中国生物入侵研究进展[J]. 生物多样性, 20(5): 581-611.

孔杨勇, 夏宜平, 张玲慧. 2004. 杭州城市绿地中的地被植物应用现状调查[J]. 中国园林, 20(5): 60-63.

李成茂, 张勇, 田子珩. 2010. 北京植物种质资源调查内容与方法探究[J]. 北京林业大学学报, 32(S1): 210-214.

李树华, 张文秀. 2009. 园艺疗法科学研究进展[J]. 中国园林, 25(8): 19-23.

李永康. 1982. 贵州植物志[M]. 贵阳: 贵州人民出版社.

廉丽华, 申曙光. 2010. 城市植物群落研究综述[J]. 安徽农业科学, 38(8): 4313-4314, 4332.

梁彦兰, 张云华. 2013. 乡土植物在生态园林城市建设中的应用[J]. 湖北农业科学, 52(13): 3065-3067.

林鹏. 1986. 植物群落学[M]. 上海: 上海科学技术出版社.

林源祥, 杨学军. 2003. 模拟地带性植被类型建设高质量城市植被[J]. 中国城市林业, 1(2): 21-24.

卢紫君, 涂慧萍. 2012. 广州城市公园乡土植物应用现状与对策[J]. 福建林业科技, 39(1): 156-159, 164.

麦克哈格. 2006. 设计结合自然[M]. 天津: 天津大学出版社.

孟小华. 2007. 南京市城市公园绿地中乡土树种的应用研究[D]. 南京: 南京农业大学.

申敬民, 李茂, 侯娜, 邓伦秀. 2010. 贵州外来植物研究[J]. 种子, 29(6): 52-56.

宋永昌, 由文辉, 王祥荣. 2000. 城市生态学[M]. 上海: 华东师范大学出版社.

孙航, 邓涛, 陈永生, 周卓. 2017. 植物区系地理研究现状及发展趋势[J]. 生物多样性, 25(2): 111-122.

孙卫邦. 2003. 乡土植物与现代城市园林景观建设[J]. 中国园林, 19(7): 63-65.

屠玉麟. 1984. 论贵州植物区系的基本特征[J]. 贵州师范大学学报(自然科学版), (1): 42-60.

王伯荪. 1984. 植物群落学[M]. 北京: 高等教育出版社.

王荷生. 1992. 植物区系地理[M]. 北京: 科学出版社.

吴征镒. 1980. 中国植被[M]. 北京: 科学出版社.

吴征镒. 1991. 中国种子植物属的分布区类型[J]. 云南植物研究, (增刊IV): 1-139.

吴征镒, 孙航, 周浙昆, 李德铢, 彭华科. 2011. 中国种子植物区系地理[M]. 北京: 科学出版社.

吴征镒, 周浙昆, 李德铢, 彭华, 孙航. 2003. 世界种子植物科的分布区类型系统[J]. 云南植物研究, 25(3): 245-257.

吴中伦. 1959. 园林化树种的选择与规划[J]. 林业科学, 5(2): 1-27.

武吉华. 2004. 植物地理学[M]. 4版. 北京: 高等教育出版社.

徐琴, 金晓玲, 胡希军, 刘枫. 2012. 长沙乡土植物资源调查及其城市园林应用[J]. 北方园艺, (20): 94-98.

闫小玲, 寿海洋, 马金双. 2012. 中国外来入侵植物研究现状及存在的问题[J]. 植物分类与资源学报, 34(3): 287-313.

易军. 2005. 城市园林植物群落生态结构研究与景观优化构建[D]. 南京: 南京林业大学.

张静, 张庆费, 陶务安, 李明胜. 2007. 上海公园绿地植物群落调查与群落景观优化调整研究[J]. 中国农学通报, 23(6): 454-457.

张鸣灿, 林萍, 潘耕耘, 谢凌雁, 雷俊玲, 曾泽. 2010. 植物文化与现代园林植物配置[J]. 安徽农业科学, 38(5): 2701-2703.

张哲, 蒋冬月, 徐艳, 肖洁舒, 王佳, 何昉, 潘会堂. 2011. 深圳市公园绿地植物配置[J]. 东北林业大学学报, 39(3): 102-105.

中国农业百科全书总编辑委员会观赏园艺卷编辑委员会. 1996. 中国农业百科全书 观赏园艺卷[M]. 北京: 中国农业出版社.

朱纯, 熊咏梅. 2013. 广州市公园绿地植物多样性及相似性研究[A]. 中国风景园林学会. 第九届中国国际园林博览会论文汇编[C]. 北京: 中国林业出版社.

朱建宁. 2013. 西方园林史: 19世纪之前[M]. 北京: 中国林业出版社.

朱建宁, 李学伟. 2003. 法国当今风景园林设计旗手吉尔·克莱芒及其作品[J]. 中国园林, 19(8): 5-11.

Anderson A S. 2016. Review: the new American garden: the landscape architecture of Oehme, van

Sweden[J]. Journal of the Society of Architectural Historians, 75(4): 508-509.

Fassnacht F E, Latifi F, Stereńczak K, Modzelewska A, Lefsky M, Waser L T, Straub C, Ghosh A. 2016. Review of studies on tree species classification from remotely sensed data[J]. Remote Sensing of Environment, 186: 64-87.

Olmsted F Jr, Kimball T. 1922. Frederick Law Olmsted: landscape architect, 1822-1903[M]. New York: Benjamin Blom.

第三章　城市公园和道路绿地植物观赏特性

第一节　引　言

　　植物是地球上主要的生命形态之一，据估计现存大约有 350 000 个物种。每种植物都以各自的花、果、叶等显示其独特的姿态、色彩、神韵而体现美感。随着季节以及植物年龄的变化，这些美感又有所丰富和发展。春夏秋冬的季相变化构成四时演变的植物景观，不同年龄阶段的植物也会呈现不同的状态。此外，植物以花、果、叶、干的色彩、姿态、质感、体量给人视觉上的享受；以花、果的芳香给人以嗅觉上的享受；"夜雨芭蕉"的愁美、"松涛"的澎湃，是听觉上的享受；果实的甜美是味觉上的享受；枝干、叶片的细腻、粗糙则是触觉上的享受。

　　正是如此丰富多彩的植物材料，才为植物景观营建提供了广阔的天地。作为有生命的园林设计要素，植物在景观设计中具有多重功能。在一个设计方案中，植物材料不仅从建筑学的角度上被运用于限制空间、建立空间序列、屏障视线以及提供空间的私密性，而且具有许多美学功能（李端杰等，2004）。植物的建造功能主要涉及设计方案的结构外貌，而美学功能则主要涉及其观赏特性。把握植物设计过程中的观赏特征是非常重要的，因为任何一个赏景者的第一印象便是对其外貌的反应。植物自身具备的观赏特性，如色彩、姿态等，如同音乐中的音符、绘画中的线条一样，都是情感表现的语言。植物通过这些特殊的语言向人们表现自己，体现美感。作为设计者，应努力去理解、体会这些语言，研究能使人们主观产生美感的植物景观的内在规律，设计符合人们心理和生理需求的植物景观（臧德奎，2008）。

　　人们欣赏园林植物景观的过程是利用视觉、嗅觉、听觉、味觉、触觉五大感官媒介审美感知并产生心理反应与情绪的过程。通过视觉美、嗅觉美、听觉美、味觉美和触觉美等形式在欣赏过程中感知到言有尽而意无穷的意味，并领悟到其富含的文化之美。植物在其中成为一种独特的精神载体，如《诗经》中记载"昔我往矣，杨柳依依。今我来思，雨雪霏霏"，以春天随风吹拂的依依杨柳表达当初将士出征时对故乡及亲人无限的眷恋与不舍。除了拥有深厚的植物文化底蕴以外，我国还被西方国家称为世界园林之母，其观赏性植物资源丰富且栽培历史悠久，利用植物形成园林景观的造园手法源远流长，我国在战国时期就已经开始栽植花木，形成园林景观（弋朋瑞等，2017）。时至今日，人们对植物的观赏性要求也逐渐提高。在植物的配置和造景中，需要充分利用和发挥不同植物的不同观赏特性，扬长避短，创造美丽和谐的植物景观（邵丽艳和王丽，2004）。丰富的观赏植物配置不仅可以为城市居民创造舒适宜人的空间环境，还是展示不同城市文化与内涵的重要手段，能够体现整个城市公园和道路绿地建设的质量水平。

第二节　国内外研究概况

在西方古典园林时期，植物被引入人居生活环境时，人们不仅兼顾经济性，而且重视植物给环境改变所带来的舒适性。古埃及造园立意及功能主要是为了满足对改善小气候条件的要求，采用埃及榕与棕榈呈行列式间植，力求创造一种凉爽、湿润、舒适的环境。而古希腊和古罗马时期，随着栽培水平的提高，人们对花木的观赏要求逐步提高，园林美学功能开始凸显。中世纪园林时期，植物景观仍以实用为主，但园中的装饰性和娱乐性日益增强，出现用低矮绿篱组成图案的花坛，即为结园，是后世欧洲花坛的雏形。文艺复兴园林时期，植物景观有了大的发展，植物景观开始用于组织空间、方向引导和作为室外建筑材料。意大利的佛罗伦萨等地建造了许多别墅园林，以别墅为主体，利用丘陵地形开辟成整齐的台地，逐层配置灌木，并修剪成图案型的植坛，但其在树木造型方面越来越不自然，绿篱造型复杂，以至于有些矫揉造作，在艺术上并无多大价值。法国勒诺特尔式园林时期，植物的生产功能不再成为重点，植物组织空间和作为建筑材料的功能得到了更广泛的应用，整形灌木、造型树木、几何式花坛等规则式的植物景观设计被广泛运用在园林中。18世纪的风景式园林时期，植物景观不再追求修剪造型，而是通过水体、地形、种植等相结合来实现追求自然的景观效果。通过利用孤植树、树丛等植物景观营造模仿自然外貌的园林空间，排除直线条、几何形、中轴对称以及等距离的植物种植形式。由此可以看出，法国、意大利和英国古典园林从本质上分析都是用植物营造空间，追求美学功能和空间使用功能（王春沐，2008）。

1759年，英国邱园的兴建在当时的欧洲产生了强烈的轰动效应，从建园到1789年的30年间，搜集植物达5000多种，至1810年又增加了一倍。大量植物种类和品种开始被搜集、引种驯化，植物应用种类的增加无疑也丰富了园林的外貌，造园者开始更加重视园林中植物的作用。"自然园艺"开始在西方国家逐渐流行，野花园和观赏草这类更贴近自然的植物种植类型逐渐应用于园林。园林当中尽可能广泛地选用树种和地被植物，强调一年四季丰富的色彩变化。不同品种的乔、灌木都经过刻意的安排，使它们的形式、色彩和姿态都得到最好的展示。正如英国造园家克劳斯顿（Clauston）提出"园林设计归根到底是植物材料的设计"的观点：其目的就是改善人类的生态环境。从19世纪的英国园林设计开始，对自然的热爱一直是西方园林设计的重要方面。尤其是美国，19世纪中叶美国资本主义经济高度发展，喧闹的都市环境以及日益严重的空气污染使得人们的身心受到压抑，更激起人们对大自然的向往。1962年，美国海洋生物学家蕾切尔·卡逊（Rachel Carson）发表了《寂静的春天》，通过对DDT（双对氯苯基三氯乙烷）等合成杀虫剂滥用的分析，根据生态学原理解释了此类高效杀虫剂中的毒素在生物链中的聚集过程，把生态学的观念植入了人们的脑中。随着人们对环境的要求越来越高，当时西方古典园林时期强调的整形修剪等手法因为与现代生态自然观相悖，需要审度取舍。当下的趋势是将植物丰富的形态与色彩融入园林的艺术构图中，使园林充满大自然的活力，在植物花、叶的色彩，树木的体型、轮廓等方面，各种类之间既有对比也要协调。满足观赏价值时，更需要按照自然生态习性配置植物。总而言之，现代园林中植物的景观设计已经超越了传统古典园林设计过于关注形式、功能及审美的价值取向，而转为关注环境保护和生态平衡的价值取向（祝遵凌，2019）。

中国古典园林则非常重视对植物的全方位欣赏，不仅重视其自身的色、香、行、姿、韵等，还重视与环境互作的光影、声响等感官体验效果，如狮子林的"暗香疏影楼"，以梅花为题，以宋代林逋"疏影横斜水清浅，暗香浮动月黄昏"的诗意得名。以声取胜的植物莫过于油松，承德避暑山庄的"万壑松风"意指在湖边山峦之上种植成片的油松，随风吹而具有声响，非常有气势。苏州拙政园还有"听雨轩"，可以感受"留得残荷听雨声"等情境。此外，古典园林中的植物别有一番诗情画意，以中国画论为基础，以粉墙作纸，植物作画，表现自然意趣，追求天成之美。选择树木花卉很受文人画标榜的"古、奇、雅"的格调影响，讲究体态潇洒、色香清隽、堪细品玩味、有象征寓意（周维权，2008）。正如陈从周先生指出的古代园林在植物造景方面是下过功夫的，虽亭台楼阁，山石水池，而能做到风花雪月，光景常新。古代元明清时期就陆续刊行了许多经过文人整理的专著，如明代王象晋的《二如亭群芳谱》、清代陈淏子的《花镜》和汪灏的《广群芳谱》等，其中《花镜》是中国历史上最早刊行的一部花卉园艺学专著。随后国内也先后出版了不少介绍园林植物、园林美学文化等方面的相关书籍，如金学智的《中国园林美学》、王凤珍的《园林植物美学研究》。

近年，观赏植物的研究则主要集中在开展园林树木、花卉、草坪草、观赏草和地被等观赏植物种质资源评价、利用以及新品种选育、推广等工作。其中绿地中的植物群落调查研究主要从花、果、叶等方面的观赏性进行研究，陈有民（2011）在《园林树木学》中从园艺学、树木学的角度出发，对园林植物的观赏性按照器官进行了分类，总结了诸如观花、观叶、观枝干等的类别。在这之后，观赏特性由以往的定性研究开始逐渐转变为定性与定量相结合的综合评价。弋朋瑞等（2017）基于郑州市区城市绿地中观花与观果植物的种类、习性及观赏特性对郑州市区未来的城市绿化提出了建议。岳桦和宋婷婷（2017）以哈尔滨市 4 条典型道路绿地植物为研究对象，研究了植物的主要观赏性状色彩对道路绿地植物景观季相色彩设计的影响，探讨了哈尔滨市道路绿地季相色彩设计评价方法与推理依据。徐宁伟等（2017）通过调查秦皇岛滨海地区观花植物、观果植物、观叶植物和观形植物的占比对园林植物生长类型及观赏特性应用进行了分析。此外，在植物观赏特性的评价研究方面，廖建华等（2013）以照片形式记录湖南烈士公园内的 4 个人工栽培群落一年四季的季相变化及观赏效果，比较分析了 4 个植物群落的整体景观效果。张继强等（2018）通过对甘肃省兰州市周边的野生季节性变色植物资源进行详细调查与分析，利用层次分析法进行观赏等级划分，进而筛选出适宜在甘肃省半干旱区园林绿化中应用的野生季节性变色园林观赏植物。祁海艳等（2019）利用层次分析法对佳木斯市 8 种野生花卉的观赏性及适应性进行了综合评价。

第三节　贵阳市公园和道路绿地植物的配置方式

人们对于植物景观的欣赏与认识是由对园林植物的个体审美开始的，植物的大小即体量，是最重要的观赏特性之一。因为体量直接影响景观构成中的空间范围、结构关系、设计构思与布局。植物的单体体量构成了植物独特的个体景象美。而将植物进行科学合理的搭配组合，使各植物种和谐共存，群落稳定发展，即可构成体量的群体美，通常植物层次更加丰富、植物空间更加变化多样，能以美的形式使园林植物的形象美和基本特性得到最充分的发挥，创造出美的环境。

一、植物单体体量

正如上文所提，植物的大小即体量，是最重要的观赏特性之一。在设计选择植物素材时，应首先对其大小进行推敲。在设计中单体植物材料不再按照传统植物分类学的排序方式，而是根据其在使用中表现出的特征如株高等进行分类（魏薇，2007）。以贵阳城市道路绿地中实际运用的单体植物材料为例，将其分为伟乔、高乔、中乔、低乔、高灌木、中灌木、低灌木和草本地被 8 种类型（表 3-1）。

表 3-1　贵阳城市道路绿地植物单体体量分类

类型	高度/m	植物名称	占比/%
伟乔	≥20.0	二球悬铃木、大叶杨	1.83
高乔	12.0~20.0	马尾松、水杉、香樟、梓树	3.67
中乔	6.0~12.0	复羽叶栾树、银杏、雪松、柏木、柚树、梧桐、构树、檫木、荷花玉兰、杜英、刺槐、银荆	11.01
低乔	4.5~6.0	柿树、檵木、乌桕、杨梅、石榴、紫叶李、樱花、垂丝海棠、桂花、榔榆、蜡梅、加拿利海枣、蒲葵、棕榈、白兰、深山含笑、大叶女贞、黄金间碧竹	16.51
高灌木	1.5~4.5	石楠、山桃、碧桃、五针松、红枫、鸡爪槭、紫薇、龙爪槐、罗汉松、黄金串钱柳、木槿、夹竹桃、蒲苇、朱蕉、侧柏	13.76
中灌木	0.9~1.5	火棘、枸骨、海桐、南天竹、红花檵木、金森女贞、红叶石楠、月季、山茶、银姬小蜡、金叶女贞、小叶女贞、金钟花、迎春、十大功劳、凤尾竹、凤尾丝兰、栀子、苏铁、棕竹、水麻、光叶子花、绣球、金森女贞	22.02
低灌木	0.3~0.9	紫竹梅、大叶黄杨、黄金菊、龟甲冬青、大花六道木、洒金桃叶珊瑚、紫叶小檗、水栀子、西洋杜鹃、春鹃、金丝桃、八角金盘、藤本月季、秋海棠、美人蕉、黄菖蒲、鸢尾、狼尾草、玉簪、木贼、凤仙花	19.27
草本地被	<0.3	白花紫露草、麦冬、早熟禾、紫娇花、一串红、水仙、红花酢浆草、万寿菊、金鸡菊、金盏菊、千叶吊兰、凤仙花、白车轴草	11.93

　　乔木是园林绿化的主要骨干，体量最大，生长周期较长，也是外观视觉效果最明显的植物类型，是空间营造、组景的关键，将其分为伟乔、高乔、中乔、低乔 4 类。伟乔木（20.0m 及以上）、高乔木（12.0~20.0m）遮阴效果好，可以软化城市大面积生硬的建筑线条；中乔木（6.0~12.0m）、低乔木（4.5~6.0m）宜作背景和屏障，也具有划分空间、框景等功能；尺度适中的树木适合做主景或点缀之用。灌木体量较矮小，对上下层空间起连接作用，并可适当作围合和隔离之用，将其分为高灌木、中灌木、低灌木 3 类。高灌木一般高 1.5m 以上，在景观构成中犹如垂直墙面，可构成闭合空间，其顶部可开敞从而将人的视线与行动引向远处；中灌木的空间尺度最具亲人性，能围合空间或作为高大灌木与小乔木、矮小灌木之间的视线过渡，且易于与其他高大物体形成强烈对比，从而进一步增强前者的体量感；低灌木的最高高度不及 0.9m，但是低灌木最低高度必须大于 0.3m，因为凡低于这一高度的植物，一般视为地被植物对待，低灌木可以在不遮挡视线的情况下分割或限制空间，从而形成开敞空间。草本地被植物因体量小，生长无方向性，高度一般不超过 0.3m，常用作植物景观的点缀及空间限定，在林下、路边、草坪上皆可种植，能够形成别具一格的景观；与低灌木一样，在设计中能够引导视线、暗示空间边缘。调查数据表明：贵阳城市道路绿地中的植物单体体量在乔木层以低乔为主，占乔木层的 50.00%，占植物总种类的 16.51%；灌木层则以中灌木为主，占灌木层的 40.00%，占植物总种类的 22.02%；草本地被作为植物景观的点缀并对空间起一定的限定作用，占植物总种类的 11.93%。植物的单体体量

构成了植物独特的个体美，但将各组不尽相同的多种乔、灌木等体量类型整合在同一个空间内构成群体美，需要把握其中布局的先后次序以及相关注意事项。

在实际植物景观营造运用过程中，通过株高划分单体植物体量后，首先应当确定中乔、高乔和伟乔的位置，它们的配置方式将对设计的整体结构和外观产生最大的影响。因为在空阔地或广场时，首先映入眼帘的肯定是中乔、高乔和伟乔，它们居于较小植物之中，占有突出的地位，可以充当视线的焦点。低乔和灌木只有在近距离观赏时才会受到关注。因此当较大乔木被定植以后，通过低乔及高、中、低灌木完善和增强中乔、高乔和伟乔形成的结构和空间特性，才能展现更具特色的细腻装饰。而草本地被植物则可以有效连接和组合不同植物空间，将地面上所有植物组合在一个共同的区域内，暗示空间边缘。这种根据植物单体体量依次布局的设计手法对形成局部植物景观的构图和形式具有重要的指导意义。

总而言之，植物的单体体量是所有植物材料特性中最重要、最引人注意的特征之一，若从远距离观赏，这一特性就更为突出。植物的大小成为种植设计布局的骨架，而植物的其他特征则从细节上为景观设计增添意趣。进一步来说植物布局中呈现统一性与多样性的关键就在于植物的大小和高度。假使所运用的植物都是同样大小，那么该布局虽然呈现统一性，但同时也产生单调感。另外，如果植物的高度有变化，则能使整个布局丰富多彩，从远处看去，植物高低错落有致，要比植物在其他视觉上的变化特征更明显。因此，植物的单体体量应该成为种植设计创作中首先考虑的观赏特性，植物的其他特性则是依照已定的植物大小加以选用。

二、植物群体配置

园林植物的群体配置主要是按照植物生态习性和园林布局要求，合理配置园林中各种植物，以发挥它们的园林功能和观赏特性。同样以贵阳城市道路绿地中实际运用的植物群体为例，按照种植的平面关系及构图艺术分类，将贵阳市的道路植物布局形式分为自然式、规则式和混合式3种配置方式（表3-2）。

表3-2 贵阳城市道路绿地植物群体配置形式

道路绿带形式	自然式/种	比例/%	规则式/种	比例/%	混合式/种	比例/%
（中央）分车绿带	9	69.23	8	16.33	40	76.92
行道树绿带	1	7.69	39	79.59	6	11.54
路侧绿带	3	23.08	2	4.08	6	11.54

1. 自然式配置

自然式是指效仿植物自然群落，体现自然的植物美感，没有突出的轴线，没有一定的株距、行距和固定的排列方式，其特点是自然灵活，参差有致，满足人们亲近自然的渴望。自然式配置的植物材料要避免搭配过于杂乱，要有重点、有特色，在统一中求变化，在丰富中求统一。

在抽样的 114 个道路植物群落样地中，自然式样地有 13 个，占总样地数的 11.40%。从不同的道路绿带形式来看，多运用于（中央）分车绿带，其占自然式配置样地数的 69.23%，占总样地数的 7.89%；路侧绿带和行道树绿带则运用较少，分别占自然式配置样地数的 23.08%、7.69%，分别占总样地数的 2.63%、0.88%。如图 3-1 所示，郁郁葱葱的草坪上自然种植的木槿与紫叶李相映成趣，让在甲秀南路绿带旁行走的市民感到心情愉悦。

2. 规则式配置

规则式配置是指在配置植物时按几何形式和一定的株行距有规律地栽植，特点是布局整齐端庄、秩序井然。在规则式配置中，刻意追求对称统一的形体，用错综复杂的图案来渲染、加强设计的规整性，形成空间整齐、雄伟的氛围。

在抽样的 114 个道路植物群落样地中，规则式样地有 49 个，占总样地数的 42.98%。从不同的道路绿带形式来看，多运用于行道树绿带，其占规则式配置样地数的 79.59%，占总样地数的 34.21%；（中央）分车绿带和路侧绿带则运用较少，分别占规则式配置样地数的 16.33%、4.08%，分别占总样地数的 7.02%、1.75%。如图 3-2 和图 3-3 所示，树列式和图案式是道路规则式植物景观的常见形式。树列式植物层次单一，常运用于人行道绿带，起遮阳、产生景观连续美等效果；而图案式景观则通过人为修剪等手段给植物辅以花纹图案，节奏与韵律感强，市民的视觉感受更为强烈，但此类景观需时常养护，保持景观效果。

图 3-1 自然式　　　　　图 3-2 树列式　　　　　图 3-3 图案式

3. 混合式配置

规则式配置与自然式配置并用在同一园林绿地中称为混合式配置，结合两种布局方式的优点，所表现的植物景观既有整齐、规则的效果，又有丰富变幻的自然风趣，是自然与人工美的结合。

在抽样的 114 个道路植物群落样地中，混合式样地有 52 个，占总样地数的 45.61%。从不同的道路绿带形式来看，多运用于（中央）分车绿带，其占混合式配置样地数的 76.92%，占总样地数的 35.09%；行道树绿带和路侧绿带则相对运用较少，均只占混合式配置样地的 11.54%，占总样地数的 5.26%。如图 3-4 所示，兼具前两种配置方式优点的混合式配置样地在贵阳城市道路绿地中使用频数最高。

图 3-4　（中央）分车绿带混合式植物景观

第四节　贵阳市公园和道路绿地植物的形态美

大自然的植物千姿百态，虽然它们的观赏特性不如其大小特征明显，但是在植物的构图和布局上，同样影响着统一性和多样性。在作为背景物以及与其他园林景观要素的结合上，植物的观赏特性也是一个重要因素。园林植物的叶、花、果、枝、干等器官由于种类和品种的不同而表现出不同形态的观赏特点，通过从生物学的角度出发，对植物器官进行拆解，按照观赏部位可分为以下 5 类（宋希强，2012）。

1）观花类，主要观赏花的形状、颜色、气味等特性。

2）观叶类，主要观赏叶的形状、颜色、变异或着生方式等特性。

3）观果类，主要观赏果实的形状、颜色等特性。

4）观根茎类，主要观赏植物根茎的色泽或形状等特性。

5）观形类，主要观赏植物的形状、株型等特性。

一、植物观赏部位的配比

此次调查具有明显观赏性状的植物 294 种，就观赏部位来看，以观花植物（217 种）为主，占比为 73.8%；其次为观果植物（89 种）、观叶植物（65 种），分别占 30.27%、22.10%；观形植物（17 种）和观根茎植物（10 种）则相对较少，分别仅占 5.78%、3.40%。数据表明观花植物所占比例远大于其他观赏特征植物，构成人们在植物运用过程中的喜爱类型。就植物观赏性状的多样性来看，以单种观赏性状的植物为主，占观赏植物总数的 70.75%；两种及两种以上观赏性状的植物仅占观赏植物总数的 29.25%（表 3-3）。

表 3-3　贵阳城市公园和道路绿地观赏植物分析

观赏部位	种数	占比/%	主要观赏植物名称
观花	133	45.24	木芙蓉、木莲、梓树、白兰、深山含笑、合欢、垂丝海棠、迎春花、黄槿、木槿、绣球、金钟花、月季、黄金菊、金鸡菊、金盏菊、秋海棠、一串红等
观叶	29	9.86	红枫、枫香树、黄连木、黄栌、鸡爪槭、榉树、椰榆、罗浮槭、垂柳、银杏、黄金串钱柳、八角金盘、洒金桃叶珊瑚、银姬小蜡、花叶芦竹、银边草、常春藤等
观果	23	7.82	构树、柘、粗糠柴、龟甲冬青、构棘、铁仔、花椒、鼠李、白叶莓、蛇莓、花蘑芋、地果、绞股蓝、木通、马兜铃、葡萄等
观形	13	4.42	侧柏、华山松、日本柳杉、罗汉松、马尾松、杉木、雪松、圆柏、柏木、加拿利海枣、龙爪槐、蒲葵、五针松
观根茎	10	3.40	拂子茅、剑麻、节节草、木贼、水葱、水竹、慈竹、刚竹、凤尾竹、黄金间碧竹
观花、观叶	18	6.12	臭椿、杜英、喜树、樱花、元宝槭、朱蕉、红花檵木、大花六道木、美人蕉、花叶蔓长春花、白花紫露草、再力花等
观花、观果	48	16.33	刺槐、灯台树、柑橘、枇杷、杨梅、石榴、乌柿、柚树、桃、柊树、梅、火棘、野蔷薇、野扇花、紫荆、紫玉兰、栀子、英蒾、吉祥草、接骨草、万年青、忍冬、白英等
观叶、观形	2	0.68	水杉、苏铁
观花、观叶、观果	16	5.44	栗、柿树、梧桐、复羽叶栾树、檫木、石楠、银荆、红叶石楠、胡颓子、南天竹、卫矛、盐麸木、金叶女贞、扶芳藤等
观花、观果、观形	2	0.68	棕榈、枸骨

二、观赏植物的运用现状

从观赏植物在城市公园绿地的分布情况来看（图 3-5），相同观赏类型的植物在不同公园内的运用百分比波动不大。各公园以观花植物占比最高，所运用比例均超过 50%；观果、观叶植物的百分比不相上下，在各公园 15%～30% 的占比区间波动；观形、观根茎植物的百分比最低，两者在各公园的占比均在 10% 以下。其中以花溪公园的观花植物（59.59%）和观果植物（28.28%）比例最高，黔灵山公园的观花植物（50.00%）和观山湖公园（17.29%）的观果植物较低。观叶植物以登高云山森林公园（22.22%）最高，小车河城市湿地公园（15.43%）最低。观形、观根茎类植物均以登高云山森林公园（4.27%、2.56%）最高，小车河城市湿地公园（0.57%）最低。

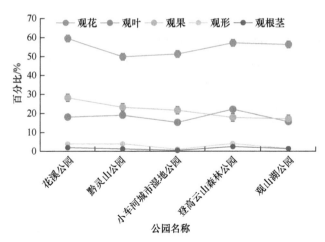

图 3-5　不同观赏特征植物在公园绿地中的分布图

从观赏植物在城市道路绿地的分布情况来看（图 3-6），相同观赏类型的植物在不同道路的运用百分比波动较大。与公园绿地相比较，道路绿地同样以观花植物为主，但其占比更高，所运用比例均超过 60%，最低为金阳北路，占比为 62.50%，最高的清溪路占比达 88.89%。观叶植物的运用上也有明显高于观果植物的趋势，但两者的波动都较大。例如，观叶植物在金朱东路的占比达 53.33%，最低在瑞金南路，仅为 22.73%；观果类植物在林城西路的占比达 35.71%，最低在甲秀南路，仅为 10.53%。对于观形、观根茎植物，除金阳北路上大量使用雪松、侧柏等观形类植物外，其余道路与公园绿地的运用情况基本一致，整体运用占比在 10% 以下。

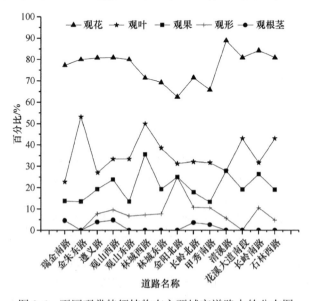

图 3-6　不同观赏特征植物在主要城市道路中的分布图

综合分析表明,贵阳城市公园与道路绿地的观赏植物运用情况虽然各有特点,但均以观花植物在景观营建中占据主导地位,再辅以观叶、观果、观形及观根茎植物。其中观形以及观根茎植物的运用占比皆处在较低的水平,可适当在各绿地中增加运用比例以丰富景观的多样性。此外,在实际调查过程中,很多植物具有较高的观赏性,但出现的频率过少,如双色叶植物胡颓子 *Elaeagnus pungens*、秋色叶植物元宝槭 *Acer truncatum*,可利用适宜的生长环境增加该类植物的运用。

三、彩叶植物的运用

彩叶植物以色彩丰富、观赏期长、营造的景观稳定或富有变化为特点,具备观花、观果等植物无可比拟的优越性。通过查阅《彩叶树种选择与造景》(臧德奎,2003),抽样调查的 233 个植物群落样地中所应用的彩叶植物共有 39 种,其中以紫薇、紫叶李、金叶女贞等植物应用频度最高。将 39 种彩叶植物根据色彩在叶面上的分布和观赏期分为春色叶、秋色叶、常色叶、双色叶以及斑色叶 5 种类型,并简要描述其观赏特征与应用地点(表 3-4)。

表 3-4　贵阳城市公园和道路绿地应用的彩叶植物

分类	植物名	拉丁名	观赏特征及应用地点
春色叶	臭椿	*Ailanthus altissima*	春季嫩叶紫红;庭荫树或行道树
	黄连木	*Pistacia chinensis*	早春嫩叶红色,秋叶红色;庭荫树或庭院观赏
	黄金串钱柳	*Melaleuca bracteata*	嫩枝红色,叶秋、冬、春三季表现为金黄色
	石楠	*Photinia serrulata*	嫩叶红色
	卫矛	*Euonymus alatus*	春叶红色;庭院观赏
	红叶石楠	*Photinia × fraseri*	新梢和嫩叶鲜红
秋色叶	二球悬铃木	*Platanus acerifolia*	秋叶黄褐色;行道树
	枫香树	*Liquidambar formosana*	斑驳红色
	复羽叶栾树	*Koelreuteria bipinnata*	秋叶黄色;行道树
	黄栌	*Cotinus coggygria*	秋叶红艳;山地绿化或风景林
	鸡爪槭	*Acer palmatum*	秋叶红色
	榉树	*Zelkova serrata*	秋叶红褐色
	柿树	*Diospyros kaki*	秋叶红艳;园景树、行道树
	水杉	*Metasequoia glyptostroboides*	秋叶黄色,园景树
	栗	*Castanea mollissima*	秋叶黄色;庭院观赏
	喜树	*Camptotheca acuminata*	秋叶黄色,园景树
	银杏	*Ginkgo biloba*	秋叶黄色;行道树及园景树
	樱花	*Cerasus serrulata*	秋叶黄色;庭院观赏
	元宝槭	*Acer truncatum*	秋叶橙黄色或红色;早春嫩叶红色
	紫薇	*Lagerstroemia indica*	秋叶红色;庭院观赏

续表

分类	植物名	拉丁名	观赏特征及应用地点
秋色叶	银荆	*Acacia dealbata*	春夏季叶色嫩绿，秋季变成黄色
	梧桐	*Firmiana simplex*	秋叶褐黄色；庭荫树或行道树
	南天竹	*Nandina domestica*	秋叶红色；常绿植物
	盐麸木	*Rhus chinensis*	秋叶红色；园景树
	地锦	*Parthenocissus tricuspidata*	秋叶红色；垂直绿化
	扶芳藤	*Euonymus fortunei*	秋叶红色；垂直绿化或掩覆山石
常色叶	红枫	*Acer palmatum* 'Atropurpureum'	叶常年红色或紫红色；庭院观赏
	金叶女贞	*Ligustrum × vicaryi*	叶金黄色；常作绿篱
	金森女贞	*Ligustrum japonicum* 'Howardii'	叶金黄色；常作绿篱
	紫叶李	*Prunus cerasifera* f. *atropurpurea*	叶常年紫红色；园景树
	樱桃李	*Prunus cerasifera*	叶常年紫红色；园景树
	红花檵木	*Loropetalum chinense* var. *rubrum*	叶常年紫红色；绿篱
	紫叶小檗	*Berberis thunbergii* 'Atropurpurea'	叶紫色；绿篱
双色叶	胡颓子	*Elaeagnus pungens*	叶背银白色绒毛并有褐锈色斑点；园景树
斑色叶	金边黄杨	*Euonymus japonicus* 'Aureo-marginatus'	叶边缘金黄色；绿篱或盆栽
	花叶蔓长春花	*Vinca major* 'Variegata'	叶边缘金黄色
	洒金桃叶珊瑚	*Aucuba japonica* var. *variegata*	叶带有黄色或淡黄色斑点
	银姬小蜡	*Ligustrum sinense* var. *variegatum*	叶边缘乳白色
	花叶芦竹	*Arundo donax* 'Versicolor'	叶上有黄白色纵条纹；植于庭院水边观赏
	花叶玉簪	*Hosta plantaginea* 'Fairy Variegata'	叶上具黄色斑纹；林下作观花地被
	银边草	*Arrhenatherum elatius* var. *bulbosum* f. *variegatum*	叶边缘黄白色
	蓝羊茅	*Festuca glauca*	细针状，蓝灰色；多用于布置花境

（1）春色叶

春色叶树种共6种，其中常见的有臭椿、黄连木、石楠、卫矛、红叶石楠，多在早春嫩枝、嫩叶呈现红色或紫红色，十分清新可爱。

（2）秋色叶

秋色叶树种共20种，其中秋叶红色的有11种，秋叶黄色的有9种。常见的秋叶呈现红色或紫红色的有枫香树、黄栌、鸡爪槭、柿树、盐麸木、地锦等，常见的秋叶呈黄色或黄褐色变化的树种有二球悬铃木、复羽叶栾树、银杏、银荆、梧桐等。

（3）常色叶类

贵阳城市公园绿地及道路绿地中使用较多的有红花檵木、金叶女贞、紫叶小檗、红枫、紫叶李等。在各个类型的园林绿地中均应用红花檵木、金叶女贞等布置成彩篱美化道路或广场绿地；而红枫、紫叶李等小乔木种植在绿色植物旁作为色彩点缀，也显得景观效果极佳。

（4）双色叶类

双色叶类仅有胡颓子1种，其叶表为绿色，叶背具银白色绒毛并有褐锈色斑点，在微风吹拂下色彩变换，景观效果极佳。

（5）斑色叶类

常见的斑色叶类有金边黄杨、洒金桃叶珊瑚、花叶芦竹、花叶玉簪、银边草等，多用于布置花境，也可用于花坛、花带的镶边植物，亦可丛植于公园路边或一隅用于观赏。

通过充分利用彩叶植物的观赏特性，合理地与其他常绿、落叶、花灌木、草本地被以及山石、水体、建筑等园林要素相配置，可以在丰富城市绿地景观色彩的基础上，形成更优美的景观效果。

第五节　贵阳市公园和道路绿地植物的色彩美

对于植物，人们虽然首先感受的是它们的大小、形态，但最引人瞩目的观赏特征还是它们的色彩。园林中的色彩主要来自植物，以绿色叶片为基调，配以色彩艳丽的花、果、枝干等构成五彩缤纷的园林植物景观。植物的色彩还可以被看作情感象征，直接影响着室外空间的气氛。鲜艳的色彩给人轻快欢乐的气氛，深暗的色彩则给人异常郁闷的气氛（徐玉红，2006）。由于色彩易被人看见，因此它也是构图的重要因素，在景观中，植物色彩的变化有时在相当远的地方都能被人们注意到。研究选择贵阳市城市公园绿地和道路绿地中观赏部位占比最高的花、叶、果，通过对花色、叶色和果色的色彩特征分别进行分类统计，了解贵阳城市公园绿地和道路绿地所运用植物色彩的构成现状。

一、花色

花色是观赏植物的一个重要品质特性，一般来说花色是指花瓣的颜色，而广义的花色还包括花萼、雄蕊甚至苞片发育成花瓣的颜色。植物的花色在园林中应用广泛，花色也多种多样，除了红色、白色、蓝色等单色外，还有很多花具有两种甚至多种颜色，色彩艳丽的花色更便于渲染环境气氛。红色是令人振奋鼓舞、热情奔放之色，但红色也能引发人联想到血腥与战斗，令人视觉疲劳；黄色给人庄严富贵和光辉华丽之感，明度高，诱目性强，是温暖之色；蓝色有冷静、沉着和清凉阴郁之感，紫色则给人以高贵庄重、优雅神秘之感，这两类色系均适于营造安静舒适的空间；白色给人以素雅、纯洁、神圣、平安无邪的感觉，但过度使用会有冷清和孤独萧然之感。

贵阳城市公园绿地和道路绿地中的 217 种观花植物花色丰富，具有红色系、黄色系、绿色系、白色系、紫色系和蓝色系 6 种色系（表 3-5）。从各色系的占比来看，以白色系（106 种）、红色系（59 种）和黄色系（58 种）为主，分别占观花植物总种数的 48.85%、27.19%、26.73%；紫色系（43 种）次之，占观花植物总种数的 19.82%；蓝色系（11 种）和绿色系（11 种）最少，均只占观花植物总种数的 5.07%。

表 3-5　贵阳城市公园和道路绿地植物花色统计

项目	红色系	黄色系	绿色系	白色系	紫色系	蓝色系
种数	59	58	11	106	43	11
占总数的比例/%	27.19	26.73	5.07	48.85	19.82	5.07

白色系观花植物代表种类有白兰 *Michelia* × *alba*、灯台树 *Cornus controversa*、杜英 *Elaeocarpus decipiens*、刺槐 *Robinia pseudoacacia*、毛梾 *Cornus walteri*、木莲 *Manglietia fordiana*、深山含笑 *Michelia maudiae*、鼠刺 *Itea chinensis*、火棘 *Pyracantha fortuneana*、毛核木 *Symphoricarpos sinensis*、凤尾丝兰 *Yucca gloriosa*、蒲苇 *Cortaderia selloana* 等；红色系观花植物代表种类有垂丝海棠 *Malus halliana*、复羽叶栾树 *Koelreuteria bipinnata*、合欢 *Albizia julibrissin*、楸 *Catalpa bungei*、桃 *Prunus persica*、秋海棠 *Begonia grandis*、一串红 *Salvia splendens*、打碗花 *Calystegia hederacea* 等；黄色系观花植物代表种类有金合欢 *Vachellia farnesiana*、野桐 *Mallotus tenuifolius*、棕榈 *Trachycarpus fortunei*、黄槿 *Hibiscus tiliaceus*、迎春花 *Jasminum nudiflorum*、金钟花 *Forsythia viridissima* 等。

紫色系观花植物代表种类有楝 *Melia azedarach*、萼距花 *Cuphea hookeriana*、木槿 *Hibiscus syriacus*、醉鱼草 *Buddleja lindleyana*、荆条 *Vitex negundo* var. *heterophylla*、紫娇花 *Tulbaghia violacea*、薄荷 *Mentha canadensis* 等；蓝色系观花植物代表种类有花叶蔓长春花 *Vinca major* 'Variegata'、百子莲 *Agapanthus africanus*、梭鱼草 *Pontederia cordata*、鸭跖草 *Commelina communis* 等；绿色系观花植物代表种类有臭椿 *Ailanthus altissima*、喜树 *Camptotheca acuminata*、白簕 *Eleutherococcus trifoliatus*、卫矛 *Euonymus alatus* 等。

二、叶色

在植物的生长周期中，叶的出现时间最长，也是植株色彩中最基本的元素。

一些观叶类植物，一年四季观赏不绝，能弥补冬季景观不足的缺憾。大多数植物的叶为绿色，而绿色作为自然界中最普遍的色彩，是生命之色，象征着青春、和平和希望，给人以安静、安详之感。此外，除了常见的绿色以外，一些植物的叶片在春季、秋季或在整个生长季内常年呈现异样的色彩，像花一样绚丽多彩，被称为彩叶植物或色叶植物。而利用色叶植物的不同叶色则可以表现各种艺术效果，尤其是运用一些色叶植物树种可以充分表现园林的季相美。

贵阳城市公园绿地和道路绿地观叶植物中具有观赏价值的色系同样也有 6 种（表 3-6）。其中以红色系（28 种）和黄色系（20 种）为主，绿色系（16 种）次之，分别占观叶植物总种数的 43.08%、30.77%、24.62%；紫色系（5 种）、白色系（4 种）、蓝色系（2 种）3 类色系占比较低，分别仅占观叶植物总种数的 7.69%、6.15%、3.08%。

表 3-6　贵阳城市公园和道路绿地植物叶色统计

项目	红色系	黄色系	绿色系	白色系	紫色系	蓝色系
种数	28	20	16	4	5	2
占总数的比例/%	43.08	30.77	24.62	6.15	7.69	3.08

红色系观叶植物代表种类有鸡爪槭 *Acer palmatum*、红枫 *Acer palmatum* 'Atropurpureum'、黄栌 *Cotinus coggygria*、南天竹 *Nandina domestica*、红花檵木 *Loropetalum chinense* var. *rubrum*、红叶石楠 *Photinia × fraseri* 等；黄色系观叶植物代表种类有银杏 *Ginkgo biloba*、水杉 *Metasequoia glyptostroboides*、黄金串钱柳 *Melaleuca bracteata*、金叶女贞 *Ligustrum × vicaryi*、金森女贞 *Ligustrum japonicum* 'Howardii' 等；绿色系观叶植物代表种类有苏铁 *Cycas revoluta*、垂柳 *Salix babylonica*、棕竹 *Rhapis excelsa*、八角金盘 *Fatsia japonica*、风车草 *Cyperus involucratus* 等。

紫色系观叶植物代表种类有紫叶李 *Prunus cerasifera* 'Atropurpurea'、紫叶小檗 *Berberis thunbergii* 'Atropurpurea'、紫竹梅 *Tradescantia pallida* 等；白色系观叶植物代表种类有银姬小蜡 *Ligustrum sinense* var. *variegatum*、花叶芦竹 *Arundo donax* 'Versicolor'、银边草 *Arrhenatherum elatius* var. *bulbosum* f. *variegatum* 等；蓝色系观叶植物种类有翠云草 *Selaginella uncinata*、蓝羊茅 *Festuca glauca*。

三、果色

"一年好景君须记，正是橙黄橘绿时"，累累硕果带来丰收的喜悦。观果植物多具有果实色彩丰富、果形多姿多样、香气浓郁、兼具多种观赏性能及生产功能等特点。园林造景追求春华秋实、夏绿冬枝，营造四季不同的景色，观果植物在园林中的应用极大地丰富了季相变化。累累硕果不仅能点缀秋景，还能招引鸟类及小兽类，能给城市绿地带来鸟语花香，同时保护绿地生物多样性。但在选用观果植物时，特别在道路旁，最好选择果实不易脱落且浆汁较少的种类，以防污染路面。

贵阳城市公园绿地和道路绿地观果植物中具有观赏价值的色系如表3-7所示。其中以红色系（42 种）和黑色系（26 种）为主，黄色系（20 种）次之，分别占观果植物总种数的47.19%、29.21%、22.47%；紫色系（18 种）、绿色系（14 种）、褐色系（6 种）3 类色系占比较低，分别仅占观果植物总种数的20.22%、15.73%、6.74%。

表 3-7 贵阳城市公园和道路绿地植物果色统计

项目	红色系	黄色系	绿色系	紫色系	黑色系	褐色系
种数	42	20	14	18	26	6
占总数的比例/%	47.19	22.47	15.73	20.22	29.21	6.74

红色系观果植物代表种类有粗糠柴 *Mallotus philippensis*、构树 *Broussonetia papyrifera*、红豆杉 *Taxus wallichiana* var. *chinensis*、构棘 *Maclura cochinchinensis*、龟甲冬青 *Ilex crenata* var. *convexa*、枸骨 *Ilex cornuta*、野扇花 *Sarcococca ruscifolia*、接骨草 *Sambucus javanica*、白英 *Solanum lyratum* 等；黑色系观果植物代表种类有辽东楤木 *Aralia elata*、杨桐 *Adinandra millettii*、云南樟 *Cinnamomum glanduliferum*、白簕 *Eleutherococcus trifoliatus*、鼠李 *Rhamnus davurica*、齿叶冬青 *Ilex crenata* 等；黄色系观果植物代表种类有黄皮 *Clausena lansium*、柚树 *Citrus maxima*、枇杷 *Eriobotrya japonica*、柿树 *Diospyros kaki*、水麻 *Debregeasia orientalis*、飞龙掌血 *Toddalia asiatica* 等。

紫色系观果植物代表种类有柊树 *Osmanthus heterophyllus*、紫玉兰 *Yulania liliiflora*、十大功劳 *Mahonia fortunei*、木通 *Akebia quinata* 等；绿色系观果植物代表种类有紫荆 *Cercis chinensis*、白花泡桐 *Paulownia fortunei*、栗 *Castanea mollissima*、荷花玉兰 *Magnolia grandiflora* 等；褐色系观果植物代表种类有刺槐 *Robinia pseudoacacia*、香椿 *Toona sinensis*、野蔷薇 *Rosa multiflora* 等。

第六节　贵阳市公园和道路绿地植物的季相美

在城市景观中，植物是唯一有生命的物体，也是景观季相变化的主题。大多数植物会在春季开花、发新叶，秋季结实以及叶色发生变化等，这是植物自身适应环境的一种表现。春来桃红柳绿、夏季绿树成荫、秋季桂香四溢、冬日踏雪赏梅，植物借助自然气象的变化和自身的生物学特性为创造四时演变的时序景观提供了客观条件，并成为园林景观中最为直观和动人的景色。在城市绿地景观设计中，往往要求植物配置达到"三季有花，四季常绿"的效果（符蕊，2018）。由于树木自身形态特征的千差万别，决定了它们在城市中除了生态功能不同外，其季节感、景观效果也有着相当大的差异。研究根据植物开花结果物候对所有观花、观果植物进行观赏月份统计（图3-7），分析贵阳城市公园绿地和道路绿地的季相景观变化，以期为贵阳市植物景观品质提升及特色植物景观营造提供指导依据。

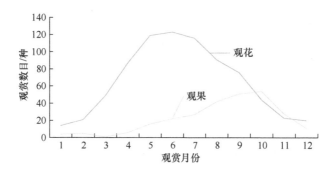

图 3-7 观花、观果植物观赏期分布图

一、花期

花朵的绽放是植物生长过程中最辉煌的时刻，为了更好地进行景观设计，必须了解不同植物的花期。因为在园林植物设计中，还涉及景观的延续性问题。春天开花的植物最多，许多植物在春季展叶期时呈现黄绿或嫩红等色彩，给人以生机盎然的视觉感受，但冬季开花植物种类较少，且部分植物开花持续时间过短。考虑到植物花期的季节分布以及开花持续时间长短对城市园林景观的影响，为了使植物景观始终保持协调的色彩，尽可能达到"四季有景，景色各异"的园林植物季相之美，需要让不同花期的植物依次开放来延长观赏期，并按植物美学原理合理设计，达到科学性和艺术性的完美结合。下文通过对贵阳城市公园和道路绿地常见观赏树种的花期物候资料进行分析，为优化园林植物配置以及增强园林开花植物观赏性提供理论依据。

研究分析贵阳城市公园绿地和道路绿地 217 种观花植物花期可以看出，贵阳市观花植物全年不断，除 1 月观花植物较少以外，其余月份开花植物的种数都达到了 20 种以上。就开花植物的数量变化趋势而言，1~7 月呈上升趋势，5~7 月为最佳观赏期，随后从 8 月开始逐月降低。综合而言，贵阳城市公园绿地和道路绿地植物的花期主要分布在春末夏初，其次为秋季，冬季最少，这与大多数植物春季开花的现象相符合。结合所统计的开花植物现状，可适当增加初春、秋末的观花植物，如碧桃 *Amygdalus persica* var. *persica* f. *duplex*、木芙蓉 *Hibiscus mutabilis*

等，以丰富春、秋两季的植物景观。其中花期常年可以观赏的植物有萼距花 *Cuphea hookeriana* 和西洋杜鹃 *Rhododendron hybrida* 两种，可结合适宜的生长环境增加此类植物的使用。

二、果期

植物的果实具有很高的经济价值，观赏价值也备受关注。在城市园林中，对于果类植物应用最多的是观赏果树。观赏果树一般具有树体高大、观赏效果好、适应范围广、抗逆性强、养护成本低等一个或多个方面的优良性状。在不同时期的古人诗词中，观赏果树也有不同的意境与观赏效果，如王维的"红豆生南国，春来发几枝。愿君多采撷，此物最相思"诗中的红豆树，又如拙政园中的"园中之园"枇杷园，园中遍植枇杷，夏初累累硕果就缀满枝头，构成了"摘尽枇杷一树金"的意境。

研究分析贵阳城市公园绿地和道路绿地 89 种观果植物的果期可以看出，贵阳市观果植物的数量在 1～3 月处于极低的水平，3～10 月呈上升趋势，9～10 月为最佳观赏期，随后从 11 月开始逐月下降。综合而言，贵阳城市公园绿地和道路绿地植物的果期主要分布在秋季，其次为夏季，冬季最少，这与大多数植物秋季硕果累累的景象相符合。结合所统计的植物的观赏现状，未见果期可以常年观赏的品种，在今后的植物景观营建过程中可多运用果期较长的观果植物，如栀子 *Gardenia jasminoides*、火棘 *Pyracantha fortuneana* 等。

第七节　小　结

本章在通过样方法对贵阳城市公园和道路绿地的植物应用现状进行详细调查的基础上，分析了贵阳城市公园和道路绿地植物的配置方式以及在实际运用过程中观赏植物所展现的形态美、色彩美、季相美。在植物单体体量方面讨论了将各组不尽相同的乔、灌木等体量类型整合在同一个空间内构成群体美需要把握的布局先后次序以及相关注意事项，并以贵阳城市道路绿地中实际运用的植物群体为例，按照种植的平面关系及构图艺术分类，探讨了贵阳市道路绿地植物的群体配置形式。

在植物的形态美方面，贵阳城市公园和道路绿地的观赏植物以观花植物（217种）为主，其次为观果植物（89 种）、观叶植物（65 种），观形植物（17 种）和观根茎植物（10 种）则相对较少。各样地的运用现状也皆以观花植物在景观营建中占据主导地位，再辅以观叶、观果、观形及观根茎植物。其中观形以及观根茎植物的运用占比处在较低的水平，可适当在各绿地中增加运用比例以丰富景观的多样性。此外，彩叶植物的运用可在丰富城市绿地景观色彩的基础上，形成更优美的景观效果。根据色彩在叶面上的分布和观赏期分为春色叶、秋色叶、常色叶、双色叶以及斑色叶 5 种类型，并简要描述了在贵阳市城市公园和道路绿地中所统计的 39 种彩叶植物的观赏特征与应用地点。

在植物的色彩美方面，研究分别统计 217 种观花植物、65 种观叶植物、89 种观果植物的色彩特征，结果表明观花植物以白色系为主，观叶及观果植物以红色系为主。此外，对所有观花、观果植物进行观赏月份统计从而分析植物的季相特点，结果表明贵阳城市公园绿地和道路绿地植物的花期主要分布在春末夏初，其次为秋季，冬季最少。果期则主要分布在秋季，其次为夏季，冬季最少，其中未见果期可以常年观赏的品种。针对这些问题提出了几条建议：可适当增加初春、秋末的观花植物以丰富春、秋两季的植物景观，并在今后的植物景观营建过程中多运用果期较长的观果植物，如栀子等。

"生态城市""园林城市"的理念是现代城市建设的方向，园林植物景观是城市生态环境的重要组成部分，构建优美的园林景观供人们观赏游憩是建设公园和道路绿地的宗旨。但在设计中同样不能过于重形式、重观赏效果，要从植物与场地环境相适应出发，保证植物的健康生长，以生态美、自然美与艺术美的基本原则为依据，达到人与自然、人与环境的和谐统一。

主要参考文献

陈有民. 2011. 园林树木学[M]. 北京: 中国林业出版社.

符蕊. 2018. 城市园林设计中的植物配置的研究进展[J]. 分子植物育种, 16(9): 3091-3096.

蕾切尔·卡逊. 2007. 寂静的春天[M]. 上海: 上海译文出版社.

李端杰, 王振东, 王红岩. 2004. 植物观赏特性与景观设计[J]. 工程建设与设计, (6): 54-57, 72.

廖建华, 陈月华, 覃事妮. 2013. 湖南烈士公园植物群落的观赏效果及生态效益比较分析[J]. 中南林业科技大学学报, 33(8): 143-146.

祁海艳, 李彦杰, 武冬梅, 赵培培, 程海涛, 孙睿. 2019. 佳木斯市八种野生花卉引种适应性及观赏价值评价[J]. 北方园艺, (14): 79-85.

邵丽艳, 王丽. 2004. 漫谈园林植物配置与造景[J]. 天津农学院学报, 11(1): 50-53.

宋希强. 2012. 观赏植物种质资源学[M]. 北京: 中国建筑工业出版社.

王春沐. 2008. 论植物景观设计的发展趋势[D]. 北京: 北京林业大学.

魏薇. 2007. 植物的建筑化应用[D]. 长沙: 中南林业科技大学.

徐宁伟, 史琰, 张雨薇, 包志毅. 2017. 秦皇岛滨海地区园林植物资源及应用研究[J]. 中国园林, 33(11): 105-109.

徐玉红. 2006. 园林植物观赏性与园林景观设计的关系[J]. 山东农业大学学报(自然科学版), 37(3): 465-470.

弋朋瑞, 闫丽君, 闫双喜. 2017. 郑州市区观花与观果植物的调查及观赏特性研究[J]. 河南农业大学学报, 51(5): 705-710.

岳桦, 宋婷婷. 2017. 哈尔滨市四条道路植物景观季相色彩设计的评价研究[J]. 北方园艺, (3): 95-100.

臧德奎. 2003. 彩叶树种选择与造景[M]. 北京: 中国林业出版社.

臧德奎. 2008. 园林植物造景[M]. 北京: 中国林业出版社.

张继强, 仇贵芳, 刘冬皓, 马超, 柴春山, 朱丽, 薛睿. 2018. 基于 AHP 的甘肃省 14 种野生季节变色植物观赏价值评价[J]. 水土保持通报, 38(3): 334-338.

周维权. 2008. 中国古典园林史[M]. 北京: 清华大学出版社.

祝遵凌. 2019. 园林植物景观设计[M]. 北京: 中国林业出版社.

Clouston B. 1992. 风景园林植物配置[M]. 陈自新, 许慈安, 译. 北京: 中国建筑工业出版社.

第四章　城市公园和道路绿地植物群落结构特征

第一节　引　　言

植物群落是各种生物及其所在环境长时间演替更新的产物，其在空间和时间上不断发生着变化，最终会形成相对稳定且具有一定逻辑关系的结构与形态。换言之，群落的结构能描述群落内各种生物在空间和时间上的配置状况，其作为群落中显而易见的一个重要特征，反映了群落在适应环境中各种机能的动态变化（岳永杰，2008）。主要包括以下几个方面：第一，群落中个体在数量上的聚集程度，如密度、多度、尺度等；第二，群落中个体在空间上的组合关系，如水平分布与垂直结构等；第三，群落中个体在形态上的分化程度，如胸径、冠幅、树高等（王旭东，2016）。

城市公园和道路绿地植物群落作为城市绿地系统的基本单位，是由人设计、由人栽植、由人养护、受人干扰的人工栽培群体。研究城市公园和道路绿地植物群落的生态结构、功能及其优化，对城市园林绿化建设有着重要的理论与实践意义（陈波，2006）。本章选取了贵阳市主要公园和道路中的乔木树种胸径、树高、健康状态，统计其在形态上的分化程度，并通过植物的密度、混交比分析其在数量上的聚散程度以及乔灌草比、林层比，进行空间组合关系的分析，以期使城市园林绿地规划设计者及管理者更准确、直观地认识绿地植物群落的结构特征及变化规律，对城市绿地植物群落生长与发育过程做出科学合理的预估，并有针对性地制定植物景观规划设计及管理等相关方面的策略，为城市绿地植物种植设计、群落构建与调控提供参考依据。

第二节　国内外研究概况

国外城市绿地植物群落结构方面的研究源于 20 世纪 60 年代对城市森林（urban forest）的研究，但当时城市森林的概念还比较模糊，研究上更多只是在积累经验和方法。随着森林生态学、景观生态学的蓬勃发展，其研究方法与理论才日趋完善。总体来说，国外城市园林植物群落结构研究在范围上可分为城市街道绿地、城市公园绿地、城市绿地系统 3 类（陈波，2006）。研究内容上主要有：①统计与编目城市绿地植物群落，该研究方向以物种构成分析与多样性评价为主（Freeman，1999；Jim，1999；Jim and Liu，2001；Dana et al.，2002），量化各绿地植物群落的物种组成和年龄结构，并进行比较分析。例如，基尔巴索（Kielbaso）在 20 世纪八九十年代就先后两次对全美的城市行道树开展统计调查，对 2787 座城市的物种构成、生长属性及状况等方面进行了分析。②城市绿地植物群落生长与变化规律预测模型的模拟，该研究方向多通过 3S 技术[遥感技术（remote sensing，RS）、地理信息系统（geography information system，GIS）和全球定位系统（global positioning system，GPS）的统称]对冠层结构、树种组成、密度、分布、林下植被等信息进行监管，并利用 City-green、I-tree 等模型对城市森林植物群落的效益进行量化与评估（Kim et al.，2015）。③研究园林植物群落结构与生境的变化，如不同生境条件下植物群落结构的差异与变化（Chocholoušková and Pyšek，2003）或以植物群落作为城市特殊生境的变化指示剂（Walker，2009）。④以生态功能与效益评估为评价指标验证比较不同类型的城市绿地植物群落结构，主要是计算绿量或吸收二氧化碳、释放氧气的能力等。在研究方法上，目前小型以及大型的调查研究都是基于生态学理论与植物群落学理论来探索植物群落结构设计与构建。其中小型的调查研究一般采用传统的实地调查方法，即每木检尺，在调查范围内，对达到起测胸径的林木逐株测量胸径。大型调查研究则会以城市植被分布图为基础，再选择分层随机取样和网格随机取样进行样方调查，多数情况下会结合两种方法共同取样。此外，也会依据城市不同土地利用方式来进行分层（Čepelová and Münzbergová，2012）。

在我国，各地园林工作者根据当地的自然环境条件也开展了有关植物群落结构的大量研究。早在 1952 年，曲仲湘等就通过样方调查对南京灵谷寺中的植物群落外貌、物种组成以及结构进行了研究。1957 年，陈庆诚、王泽鋆等在调查兰州皋兰山植物群落时发现南北坡取向不同所引起的气候与土壤因子的变化，使植物分布、结构、外貌、种类成分及生长发育状况有较大的差异。20世纪 80 年代以后，植物群落学研究中开始更广泛地运用数量上的方法，陆阳（1983）、刘仲健（1992）利用植物的生长指数和种间联结测定分别研究了鼎湖山森林群落优势种群间的相关性与深圳市园林绿化的植物结构。随着遥感技术的发展，植物群落的定量化研究又开启了崭新的一页。周坚华和孙天纵（1995）利用遥感技术，依据冠幅推算出研究树木的空间体积（树冠体积），并建立了全国首个城市绿量数据库。关泽群和李德仁（1997）应用遥感图像进一步分析了植物群落的分布图式。

具体到城市绿地中的植物群落结构研究，陈自新等（1998a）分析了叶面积与胸径、冠幅、冠高之间的相关性，对北京常用园林植物各项生态功能进行一系列的量化，进而建立计算北京园林植物绿量的回归模型，对园林植物生态功能开展研究。傅徽楠等（2000）从园林植物群落的构型规律出发，分析了土壤、光照等生态因子对植物群落结构与功能的影响。储亦婷等（2004）通过比较分析苏州拙政园与宁波天童国家森林公园的植物群落结构特征，总结了不同类型植物群落的外貌特征。程红梅等（2009）在对合肥环城公园绿地实地调查的基础上对植物群落的组成、结构、特征及类型进行研究。包红等（2011）采用实地调查方法，对呼和浩特市公园绿地植物群落密度、覆盖度、乔灌草比、林层比、树种组成、植物来源、优势度指数等进行分析。何柳静和黄玉源（2012）总结当前国内城市植物群落结构及其发展状况，并分析城市园林植物与生态效益的关系。刘慧等（2017）研究了近20年合肥环城公园植物群落结构的动态变化，并对未来公园植物群落发展趋势进行了探索。

第三节 贵阳市公园和道路绿地植物的生长状况

一、植物树高与胸径分布

植物的生长状况主要以植物的树高和胸径为指标，以贵阳市公园绿地和道路绿地样方调查中的2601株乔木为统计对象，将树高及胸径划分为5级（赵娟娟等，2009；马杰和贾宝全，2019），结合贵阳市公园和道路树种的具体情况，将树高（height）划分为 $a<5m$、$5m \leqslant a<10m$、$10m \leqslant a<15m$、$15m \leqslant a<20m$ 以及 $a \geqslant 20m$，胸径（DBH）划分为 $d<10cm$、$10cm \leqslant d<20cm$、$20cm \leqslant d<30cm$、$30cm \leqslant d<40cm$ 以及 $d \geqslant 40cm$，分别统计各等级植物数量的百分比（表4-1，表4-2）。

表4-1 贵阳城市公园和道路绿地植物树高统计

序号	样地	树高（株数百分比/%）				
		$a<5m$	$5m \leqslant a<10m$	$10m \leqslant a<15m$	$15m \leqslant a<20m$	$a \geqslant 20m$
1	花溪公园	19.35	35.48	28.39	7.74	9.03
2	黔灵山公园	32.94	41.67	9.92	6.75	8.73
3	小车河城市湿地公园	34.55	28.27	17.80	11.52	7.85
4	登高云山森林公园	39.23	28.73	8.29	14.36	9.39
5	观山湖公园	36.09	48.26	12.17	1.74	1.74
6	主干道	28.62	62.20	6.88	2.29	0
7	次干道	22.08	60.42	10.00	7.50	0
	总体	29.72	52.40	10.11	5.00	2.77

表 4-2　贵阳城市公园和道路绿地植物胸径统计

序号	样地	胸径（株数百分比/%）				
		$d<10cm$	$10cm \leqslant d<20cm$	$20cm \leqslant d<30cm$	$30cm \leqslant d<40cm$	$d \geqslant 40m$
1	花溪公园	32.90	38.06	17.42	8.39	3.23
2	黔灵山公园	44.84	39.68	10.32	3.57	1.59
3	小车河城市湿地公园	41.88	26.18	15.71	6.28	9.95
4	登高云山森林公园	41.44	27.62	18.78	9.39	2.76
5	观山湖公园	51.30	36.96	8.70	3.04	0
6	主干道	14.18	55.42	25.82	2.50	2.08
7	次干道	18.27	46.23	20.56	10.35	4.59
	总体	27.61	42.37	18.34	7.84	3.85

1. 植物树高分布

总体来看，贵阳城市公园绿地和道路绿地植物树高主要在小于 10m 的区间内，分布在此高度范围内的乔木株数占乔木总量的 82.12%，其中一半以上（52.40%）的植物树高分布在 5～10m 的范围内。就公园绿地的具体情况来说，高大乔木主要分布在花溪公园、小车河城市湿地公园以及登高云山森林公园，其中花溪公园有 45.16%的乔木在大于等于 10m 的区间，小车河城市湿地公园和登高云山森林公园分别有 37.17%、32.04%的乔木在这一区间。树高大于等于 20m 的伟乔主要分布在花溪公园（9.03%）、黔灵山公园（8.73%）、小车河城市湿地公园（7.85%）以及登高云山森林公园（9.39%），与这 4 个公园的原始植被留存较好有很大的关系，且 4 个公园皆具备山地公园的特点，公园内部地形复杂多变，受人工干预的影响相对较小，有利于高大乔木的生长。而道路绿地中的主干道和次干道道路则呈现出一致的树高分布趋势，树高在 5～10m 的乔木数量最多，占总乔木数的 60%以上，并向两侧递减，在大于等于 20m 区间的树木最少，占比为 0，15～20m 的树木稍多，占比分别为 2.29%、7.50%。

从具体树种来看，较高的乔木树种主要有枫杨 Pterocarya stenoptera、马尾松 Pinus massoniana、二球悬铃木 Platanus acerifolia、香樟 Cinnamomum camphora、朴树 Celtis sinensis、构树 Broussonetia papyrifera、榉树 Zelkova serrata 等少数十余种植物。

2. 植物胸径分布

由表 4-2 可知，总体上贵阳城市公园绿地和道路绿地植物胸径基本在小于 20cm 的区间内，分布在此胸径范围内的乔木株数占乔木总量的 69.98%，其中在 10～20cm 区间的乔木株数最多，占总株数的 42.37%，最少的在大于等于 40cm 的胸径区间，仅占总株数的 3.85%。就公园绿地的具体情况来说，黔灵山公园、花溪公园植物胸径范围在 10～20cm 区间占比最高，其余公园的植物胸径区间则皆以小于 10cm 为主。胸径区间在大于等于 40cm 的乔木主要还是分布在花溪公园、黔灵山公园、小车河城市湿地公园以及登高云山森林公园 4 个原始植被更为丰富的公园中。而道路绿地中的主干道和次干道道路同样呈现出一致的胸径分布趋势，以胸径区间在 10～20cm 的植物为主，占总株数的 45%以上，并向两侧递减，以大于等于 40cm 胸径的树木最少，占比皆不足 5%，30～40cm 的胸径区间稍多，占比分别为 2.50%、10.35%。

就具体树种而言，大径级乔木主要有枫杨、马尾松、二球悬铃木、朴树、香樟、贵州石楠 *Photinia bodinieri*、垂柳 *Salix babylonica*、花楸树 *Sorbus pohuashanensis*、侧柏 *Platycladus orientalis* 等十余种植物。

乔木的株高、胸径与乔木的年龄呈正相关，乔木的株高以及径级分布在一定程度上反映了乔木的年龄结构特征。贵阳城市公园绿地和道路绿地植物的株高和胸径分布结果表明：城市建成区树木大多处于幼龄阶段。这可能源于城市化进程的加快，新增绿地的不断增加，加上小乔木树种的引入。可以预期随着时间的推移，植物景观还会发生显著变化，这有利于植物群落内部的更新与演替。此外，高大的乔木主要分布在年代早的公园绿地内，而这些大径级的乔木是非常适宜生长在贵阳环境条件下的长寿树种，各部门不仅应加强保护已存的上述树种的古树乔木，还应在宜栽地普遍栽植。

二、植物健康状况

植物的健康状况是城市绿地中植物群落生长的重要指标，能最直接体现植物景观营建状况，不仅说明树木对栽植地立地环境的适应程度，同时也反映了树木在后期的养护水平，并在一定程度上揭示树木配置的合理性。本研究将植物健康状况划分为优（1 级）、良（2 级）、中（3 级）、差（4 级）、死亡（5 级）5 个级别（胡志斌等，2003）。

根据所统计的结果（表 4-3），贵阳市公园绿地和道路绿地植物健康状况整体处于 2 级（良）以上的水平，优、良两个级别的植物数占总植物数的 70%以上，总体植物健康状况良好，这对于植物自身发挥生态价值和美学价值具有重要的作用。就植物的生活型而言，灌木的健康状况好于乔木，但在调查过程中发现两类不同生活型的植物都有濒临死亡的现象，且在公园绿地和道路绿地中都有此类情况发生。而为了避免此类现象的出现，使城市植物景观有更好的质量体现，首先应在遵循自然植被发展演替规律的基础上进行合理的规划设计，其次应多选择适应本地生长条件的乡土物种，最后需要有关绿化部门的高度重视、园林养护人员的精心管理和维护。

表 4-3　贵阳城市公园绿地和道路绿地植物健康状况

生活型	统计数量/株	1 级比例/%	2 级比例/%	3 级比例/%	4 级比例/%	5 级比例/%
乔木	2 601	41.68	31.10	22.41	3.19	1.61
灌木	133 376	50.46	22.51	20.24	6.67	0.13
总体		50.29	22.67	20.28	6.61	0.15

第四节　贵阳市公园和道路绿地植物的结构特征

一、水平结构分析

水平结构是指种群在水平空间上的配置状况，主要体现在城市园林植物群落的总体分布以及不同类型或者不同区域的城市植物的差异上，反映了植物的分布格局，包括间距、密度、混交比等指数。下文通过密度、混交比对贵阳城市公园绿地和道路绿地植物群落水平结构指标进行分析，探讨绿地中植物种植密度是否合理以及群落建群种的搭配模式。

1. 密度

密度（D）是指乔、灌木株数与样方面积的比例，即

$$D=N/S \tag{4-1}$$

式中，N 为乔、灌木株数（株）；S 为样方面积（hm^2）。

当群落密度小于 300 株/hm^2 时，表明群落过分稀疏，无法形成基本的群落结构，也不能发挥其应有的生态功能；而当群落密度大于 1500 株/hm^2 时，表明群落纷繁杂乱且植株大多矮小，空间堵塞感较强，给人极大的心理压力，因此群落密度保持在 300~1500 株/hm^2 区间内视为合理（韩轶和李吉跃，2005）。

通过计算，公园绿地样方群落密度的平均值为 1374.2 株/hm^2，道路绿地样方群落密度的平均值为 118 874 株/hm^2（表 4-4）。可以看出，公园绿地的群落密度位于理想区间，能形成基本的植物群落结构并发挥其应有的生态功能；道路绿地密度过大，可能源于绿带中的灌木绿篱数目在统计过程中每平方米内计算出的灌木株数较多。此外，通过分别对公园绿地中的 120 个植物群落密度进行计算，结果表明在 300~1500 株/hm^2 合理区间内的群落有 76 个，占总群落样地数的63.33%。就各公园情况而言，以小车河城市湿地公园最多，在合理密度区间内的植物群落有 18 个；观山湖公园次之，在合理密度区间内的植物群落有 17 个；黔灵山公园和花溪公园最少，皆仅有 13 个植物群落在合理密度区间内。这源于花溪

公园所调查的群落多运用乔木孤植的配置手法，造成样方密度偏小；而黔灵山公园样方密度超过合理群落密度区间可能源于样地中多为成片的马尾松林景观。

表 4-4　贵阳城市公园绿地和道路绿地植物密度

样地	乔木数量/株	灌木数量/株	样地面积/m²	密度/（株/hm²）	合理密度群落数/个	合理密度群落数占比/%
花溪公园	155	129	2 400	1 183	13	54.17
黔灵山公园	252	118	2 400	1 542	13	54.17
小车河城市湿地公园	191	144	2 400	1 396	18	75
登高云山森林公园	181	131	2 400	1 300	15	62.5
观山湖公园	230	118	2 400	1 450	17	70.83
道路绿地	1 592	132 736	11 300	118 874	—	—

2. 混交比

混交比是指不同植物种类在水平上的配置模式，在植物群落水平结构上可分为由单一植物组成的群落和多种植物组成的混交群落。

在公园绿地中的 120 个植物群落样地中，以单一树种构建的植物群落共有 21 个，占总群落样地数的 17.50%。此类群落既有运用乔木孤植，如在花溪公园大草坪中央孤植雪松（图 4-1）或在路侧孤植桂花（图 4-2），也有沿河岸边种植成排的垂柳（图 4-3），抑或运用单一阔叶植物组成的樱花林（图 4-4）、云南樟林等（图 4-5），又或运用单一针叶植物组成的马尾松林等（图 4-6）。这类群落虽然表现出物种多样性低、景观效果单一等特点，但也是公园植物群落常见的配置手法。而以两种或两种以上的乔木树种为建群种而形成混交群落是目前公园绿地中植物群落的主要配置方式，共有 92 个，占植物总样地数的 76.67%。常见的群落类型有针阔混交型（图 4-7）以及落叶阔叶混交型（图 4-8）等。此外，没有乔木层树种的样地有 7 个，占公园总样地数的 5.83%。

图 4-1　雪松

图 4-2　桂花

图 4-3 垂柳 图 4-4 樱花

图 4-5 云南樟 图 4-6 马尾松

图 4-7 针阔混交型群落 图 4-8 落叶阔叶混交型群落

而在道路绿地中的 114 个植物群落样地中，以单一树种构建的样地共有 56 个，占道路总样地数的 49.12%，在（中央）分车绿带、路侧绿带以及行道树绿带中都有此类单一群落，是道路绿地植物群落的主要配置方式。两种或两种以上的乔木树种为建群种混种而成的混交群落有 53 个，占道路总样地数的 46.49%。此外，没有乔木层树种的样地有 5 个，占道路总样地数的 4.39%。与公园绿地相比，道路绿地的各物种多为纯林种植形式，整体混交度较差，一方面在于道路绿化的宽度过窄，一定程度上限制了物种的空间配置形式，但道路绿地的显著特征之一就是景观、生态效益需要较强的人为干预，在今后的绿化建设中应加强植物多样化的配置从而实现更好的道路景观效果。

二、垂直结构分析

垂直结构是指植物在高度方向上的层次配置，反映了群落的成层现象，可用于比较在相同植被覆盖度情况下城市园林植物的群落效益，且与物种多样性有着密切的关系，包括乔灌草比、林层比等指数。通过对样地内的乔灌草比以及林层比指数进行分析，探讨贵阳城市公园绿地和道路绿地植物群落的垂直结构现状。

1. 乔灌草比

解决生态效益同景观效益协调统一的正确途径是建立由乔、灌、草组成的合理的复层种植结构，基于此研究提出了乔、灌、草配植的适宜比为 $1:6:20:29$，即在 $29m^2$ 的绿地上应设计 1 株乔木、6 株灌木（不含绿篱）、20m^2 草坪的建议方案（陈自新等，1998b）。贵阳市公园绿地的乔、灌与样地面积的比为 $1:0.63:11.89$（样地内的草坪面积未统计），道路绿地所调查样地中的灌木多以绿篱形式构成，故不对其乔灌草比进行分析。根据调查结果，70%的公园群落乔木数量大于灌木数量，其中黔灵山公园、小车河城市湿地公园以及观山湖公园均有 18 个样地的乔木数量大于灌木数量，各个公园的灌木数量明显偏低。在今后的绿化建设中应加大观赏性花灌木的应用，从而营建出合理的乔、灌、草复层种植结构。

2. 林层比

林层比定义为参照树 i 的 n 株最近相邻树木中与参照树不属于同层的林木所占比值，取相邻树木的数量为 4，即 $n=4$。当林层比的值分别为 1、0.75、0.50、0.25、0 时，代表着参照树周围的 4 株最近相邻树木分别有 4 株、3 株、2 株、1株、0 株与参照树不属于同一林层（孙志勇，2012）。林层比的值为 0，则说明群落的层次极度单一，基本为单层林；随着林层比的值增大，群落中占据不同层次的树木种类越多，群落的层次越丰富，其稳定性也随之增强。但是，当林层比增大到 1 时也会导致植物群落视觉效果杂乱，从而影响景观效果。因此，一个群落的林层比值为 0.25～0.75，则视为植物林层结构相对合理（韩轶和李吉跃，2005）。

在所调查的 120 个公园绿地植物群落样方中，共有 65 个样方植物群落的林层比的值分布在 0.25~0.75，占全部样方数量的 54.17%。所有样方群落的林层比均值为 0.284，处于理论上的理想区间内。但有 48 个样方植物群落的林层比为 0，3 个样方植物群落的林层比小于 0.25，说明群落没有形成基本的复层结构，几乎为单层林。另有 4 个样方植物群落的林层比大于 0.75。因此，总体而言贵阳市公园绿地的植物群落层次结构还处于较弱的水平，在今后的绿化建设中应加强植物不同层次之间的优化配置，从而营建结构层次多样化的植物群落。

在调查的 114 个道路绿地植物群落样方中，自然式配置的样地仅为 13 个，仅占总样地数的 11.40%，林层比的值在大部分样地中为 0，故代之以乔灌草层次结构进行分析。行道树垂直结构类型以乔、灌、草三层结构占优势，在（中央）分车绿带、路侧绿带以及行道树绿带中都有运用，共计有 51 个样方，占总调查样方数的 44.74%。乔-灌、乔-草、灌-草等两层结构则多运用在（中央）分车绿带和路侧绿带中，共计有 40 个样方，占总调查样方数的 35.09%。另外，以单层乔、灌木为主的单层结构类型多以小面积种植池形式出现在行道树绿带中，共计有 23 个样方，占总调查样方数的 20.18%（图 4-9）。但在调查的过程中发现此类样方乔木树冠下的立地几乎都被硬铺装所占据，对树木根系的正常生长造成严重影响。

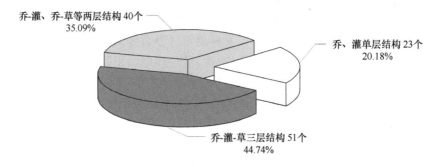

图 4-9 贵阳城市道路绿地行道树垂直结构分布状况

第五节 小 结

通过此次对贵阳市公园和道路绿地植物群落的调查，从植物生长状况、水平及垂直结构等方面进行深入的统计分析，得出主要结论如下。

在植物的生长状况方面，贵阳城市公园和道路绿地中 82.12% 的乔木树高分布在小于 10m 的区间内，69.98% 的乔木胸径分布在小于 20cm 的区间内，大径级的乔木所占比例较少，且主要分布在建立年代早的公园绿地内。表明城市建成区的树木大多处于幼龄阶段，植物健康状况整体处于 2 级（良）以上的水平，优、良两个级别的植物数占总植物数的 70% 以上，总体植物健康状况良好。

就植物群落的水平结构特征而言，城市公园绿地中植物群落密度的平均值为

1374.2 株/hm^2，位于合理密度区间；而道路绿地样方群落密度的平均值为 118 874 株/hm^2，这是因为道路空间有较多的整形绿植，苗木种植密度较大。混交比上，120 个公园绿地植物群落样地中，两种或两种以上的乔木树种为建群种而形成的混交群落占植物总样地数的 76.67%；而 114 个道路绿地中，以单一树种构建的样地占道路总样地数的 49.12%。由此可见公园绿地的树种构成较为合理，而道路绿地中纯林种植形式占比较大，配比的多样性不高，存在单种优势过强的特点。

在植物的垂直结构特征方面，公园绿地的乔、灌与样地面积的比为 1∶0.63∶11.89（样地内的草坪面积未统计），公园绿地群落的乔、灌、草比不合理，各个公园的灌木数量明显偏低。公园和道路绿地所营造的复层植物群落结构的林层比均值为 0.284，较为合理。此外，120 个公园绿地植物群落样方中，有 55 个样方植物群落的林层比分布在合理区间以外，仅占全部样方数量的 45.83%；而所调查的 114 个道路绿地植物群落样方中，乔-灌、乔-草等两层结构有 40 个样方，占总调查样方数的 35.09%，乔、灌单层结构共计有 23 个样方，占总调查样方数的 20.18%。由此可见，贵阳市公园和道路绿地真正意义上的乔灌草复层结构不多见，乔木、灌木和地被植物的配置缺乏自然层次，物种、结构的单一化导致了景观的单调。建议加强本地乔、灌植物配置管理方面的相关研究，提高乔、灌植物以及乡土植物的物种多样性，进而配置具有地方特色、结构合理、景致优美、功能多样的近自然的植物群落。

主要参考文献

包红, 闫晓云, 王畅, 张炜. 2011. 呼和浩特市公园绿地植物群落空间结构特征研究[J]. 内蒙古农业大学学报(自然科学版), 32(3): 313-317.

陈波. 2006. 杭州西湖园林植物配置研究[D]. 杭州: 浙江大学.

陈庆诚, 王泽鋆, 杨上洸, 敖良德. 1957. 兰州皋兰山植物群落的初步研究[J]. 兰州大学学报, (1): 169-194.

陈自新, 苏雪痕, 刘少宗, 古润泽. 1998a. 北京城市园林绿化生态效益的研究[J]. 中国园林, (1): 3-5.

陈自新, 苏雪痕, 刘少宗, 古润泽, 李延明. 1998b. 北京城市园林绿化生态效益的研究(2)[J]. 中国园林, (2): 49-52.

程红梅, 周耘峰, 孙崇波, 汤庚国, 李飞. 2009. 合肥环城公园绿地植物群落结构特征[J]. 湖南农业大学学报(自然科学版), 35(3): 264-268.

储亦婷, 杨学军, 唐东芹. 2004. 从群落生活型结构探讨近自然植物景观设计[J]. 上海交通大学学报(农业科学版), 22(2): 176-180.

傅徽楠, 严玲璋, 张连全, 高峻. 2000. 上海城市园林植物群落生态结构的研究[J]. 中国园林, 16(2): 19-22.

关泽群, 李德仁. 1997. 应用遥感图像分析植物群落的分布图式[J]. 国土资源遥感, (1): 45-53.

韩轶, 李吉跃. 2005. 城市森林综合评价体系与案例研究[M]. 北京: 中国环境科学出版社.

何柳静, 黄玉源. 2012. 城市植物群落结构及其与环境效益关系分析[J]. 中国城市林业, 10(4): 13-16.

胡志斌, 何兴元, 陈玮, 李月辉, 李海梅. 2003. 沈阳市城市森林结构与效益分析[J]. 应用生态学报, 14(12): 2108-2112.

刘慧, 朱建, 王嘉楠, 王智诚, 曹兴俊. 2017. 合肥环城公园植物群落结构动态变化[J]. 生态环境学报, 26(8): 1284-1291.

刘仲健. 1992. 深圳市园林绿化的植物配置和树种选择的分析[J]. 中国园林, (1): 26-32.

陆阳. 1983. 鼎湖山森林群落数量分析: Ⅱ.优势种群间的相关性[J]. 生态科学, (2): 105-113.

马杰, 贾宝全. 2019. 北京市六环内城市道路附属绿地木本植物多样性及结构特征[J]. 林业科学, 55(4): 13-21.

曲仲湘, 文振旺, 朱克贵. 1952. 南京灵谷寺森林现况的分析[M]. 南京: 南京大学.

孙志勇. 2012. 天津市道路绿地植物多样性分析及优化对策研究[D]. 南京: 南京林业大学.

王旭东. 2016. 城市绿地植物群落结构特征与优化调控研究[D]. 郑州: 河南农业大学.

岳永杰. 2008. 北京山区防护林优势树种群落结构研究[D]. 北京: 北京林业大学.

赵娟娟, 欧阳志云, 郑华, 徐卫华, 王效科. 2009. 北京城区公园的植物种类构成及空间结构[J]. 应用生态学报, 20(2): 298-306.

周坚华, 孙天纵. 1995. 三维绿色生物量的遥感模式研究与绿化环境效益估算[J]. 环境遥感, 10(3): 162-174.

Chocholoušková Z, Pyšek Z C. 2003. Changes in composition and structure of urban flora over 120 years: a case study of the city of Plzeň[J]. Flora-Morphology, Distribution, Functional Ecology of Plants, 198(5): 366-376.

Čepelová B, Münzbergová Z. 2012. Factors determining the plant species diversity and species composition in a suburban landscape[J]. Landscape and Urban Planning, 106(4): 336-346.

Dana E D, Vivas S, Mota J F. 2002. Urban vegetation of Almeria City: a contribution to urban ecology in Spain[J]. Landscape and Urban Planning, 59(4): 203-216.

Freeman C. 1999. Development of a simple method for site survey and assessment in urban areas[J]. Landscape and Urban Planning, 44(1): 1-11.

Jim C Y. 1999. A planning strategy to augment the diversity and biomass of roadside trees in urban Hong Kong[J]. Landscape and Urban Planning, 44(1): 13-32.

Jim C Y, Liu H T. 2001. Species diversity of three major urban forest types in Guangzhou City, China[J]. Forest Ecology and Management, 146(1-3): 99-114.

Kim G, Miller P A, Nowak D J. 2015. Assessing urban vacant land ecosystem services: urban vacant land as green infrastructure in the City of Roanoke, Virginia[J]. Urban Forestry & Urban Greening, 14(3): 519-526.

Walker J S, Grimm N B, Briggs J M, Gries C, Dugan L. 2009. Effects of urbanization on plant species diversity in central Arizona[J]. Frontiers in Ecology and the Environment, 7(9): 465-470.

第五章 城市公园和道路绿地植物多样性特征

第一节 引 言

生物多样性是指地球生物的多样化和变异性，包括物种多样性、遗传多样性、生态系统多样性和景观多样性，含有丰富的生物多样性的生态系统是人类生存和发展的物质基础（环境保护杂志编辑部，2020）。在植物方面，地球上的资源十分丰富，已记载命名的植物种类多达 40 余万，它们是生物圈的重要组成部分。这些植物在大小、形态、结构、生理功能、生活习性、繁殖方式及地理分布等方面各不相同，表现出多样性的特征。在植物与环境相互作用下，通过遗传和变异，适应环境和自然选择后形成不同种类的植物，即构成了植物种类多样性。随着人类文明的发展，城市化的进程在全世界范围内逐步推进。联合国《世界城市化展望（2018 年修订版）》报告预测，2050 年全球将有 68%的人居住在城市里。快速的城市化进程引发了自然环境改变、生物多样性降低、物种减少和物种灭绝等一系列后果（He et al., 2014；Liu et al., 2016）。人们逐渐意识到保护城市生物多样性对维护城市系统生态安全和生态平衡，以及改善城市人居环境有重要意义（干靓和吴志强，2018）。而植物作为构建城市自然生境和城市其他生物的生存环境中不可或缺的元素，其多样性研究一直都备受关注（包满珠，2008；郝日明和张明娟，2015；张心欣等，2018）。

公园绿地和道路绿地作为城市绿地的重要组成部分，也是城市植物多样性最集中的区域。目前，在我国杭州（张艳丽等，2013）、广州（李许文等，2014）、西安（欧阳子珞等，2015）、海口（雷金睿等，2017）、北京（李晓鹏等，2018）等大城市中的公园绿地和道路绿地已开展相关植物多样性的研究工作。贵阳市作为西南地区重要中心城市之一，典型的喀斯特生态环境和良好的避暑自然条件有别于一般的内陆城市，但有关城市绿地中植物多样性方面的调查研究还相对滞后。因此，本章通过对贵阳市公园绿地和道路绿地 234 个植物群落样方数据的分析，了解贵阳市的植物多样性水平现状，分析道路绿地和公园绿地植物群落多样性的内在差异。

第二节 国内外研究概况

20 世纪 40 年代，威廉斯（Williams）第一次提出生物多样性的概念。1988

年，由威尔逊（Wilson）和彼得斯（Peters）共同撰写的 *Biodiversity* 出版，这是"biodiversity"一词首次出现在出版物中。该书介绍了生物多样性的概念，并在科学界和公众中普及了这个词汇。随后，国际社会逐步意识到生物多样性丧失的惊人速度，开始重视生物多样性评价及其指标体系的研究。到 1992 年在里约热内卢召开的联合国环境与发展大会，参加大会的 150 多个国家首脑同时通过并签署了联合国《气候变化框架公约》以及《生物多样性公约》，并在 1994 年大会上宣布将每年的 12 月 29 日设定为"国际生物多样性日"，关于生物多样性的保护自此提高到了全球的高度。宋爱春（2014）指出国外对于城市植物多样性的研究多集中于欧洲、北美等国家，所研究的对象包含从宏观的城市绿地系统格局到特定类型绿地、生境或物种的分布及丰富度。在特定类型绿地、生境等小尺度研究上，美国亚利桑那——凤凰城中心区域的城市公园（Hope et al.，2003）、美国纽约城市公园（Mcphearson et al.，2013）、印度班加罗尔的城市公园（Mehrvarz et al.，2016）以及波兰南部的城市公园（Banaszek et al.，2017）都曾开展建立植物多样性基础数据、为后期植物多样性的提升提供依据的公园绿地植物多样性研究。可以看出，从宏观的城市绿地系统格局到特定类型绿地、生境或物种的分布及丰富度，植物多样性一直是全球关注的热点。

有关物种多样性的研究内容丰富而复杂，对它的阐述难以面面俱到。就研究方法而言，安妮 E. 马古兰（Anne E. Magurran），英国圣安德鲁斯大学生态与进化生物学教授，其所著的《生物多样性测度》提供了度量生物多样性的全面概念，书中详细介绍了生物多样性测度的主要方法，而且评述了物种多度模型、物种丰富度估计方法和主要多样性统计学方法。而在植物群落物种多样性受外界影响因子的研究上，现有研究普遍认为与生境紧密相关。影响生境的因子可分为两类：一类为环境因子；另一类为生物因子。目前研究较多的海拔梯度、纬度梯度、水分梯度、土壤养分梯度、演替梯度等均属于环境因子，其梯度的变化规律与物种多样性的空间分布格局之间的关系是多样性研究的一个重要问题（Kratochwil，1999）；生物因子则主要指人类活动通过城市化自上而下及自下而上地控制植物多样性，其中自上而下的控制因素包括城市土地利用方式的转变、城市设计等。康奈尔（Connell）在 1978 年提出的"中等干扰假说"从物种自身的竞争选择考虑，表明城市化所带来的干扰在达到一定程度时植物多样性达到峰值。对于这一假说，有的研究结果支持（贺金生等，1998），有的研究结果不完全支持（Tilman et al.，1996）。总之，物种多样性的发生始终是一个历史过程发展的结果，对植物群落物种多样性外界影响因子的研究还需进一步深入（汪殿蓓，2001）。此外，物种多样性的变化会给群落的结构和功能带来一定的生态影响，由此提出了许多假说，其中影响较大的是由 Elton（1958）提出的多样性-稳定性假说，主要观点为群落（动物或植物）物种多样性越丰富，群落越稳定。在这一学说基础上，进一步引申出了多样性-生产力假说、多样性-持续性假说以及多样性-侵入性假说等。这些假说预测：物种多样性增加，群落的初级生产力增加；物种多样性越高，资源的可持续性越强，群落对资源的利用更加充分和高效；群落物种多样性高，群落对外来种侵入的敏感性降低，即稳定性增强。此外，Ehrlich 和 Ehrlich（1981）提出的铆钉假说，即生态系统中每个物种都具有同样重要的功能，每一个物种好比一架精制飞机上的每颗铆钉，任何一个物种的丢失或灭绝都会导致严重的事故或系统的变故。与之相反的是由 Walker（1992）提出的冗余假说，其核心思想是认为某些物种在生态功能上有相当程度的重叠，因此其中某一个物种的丢失不会给生态系统带来太大影响。这些假说在实践中的适用性、正确性还有待进一步研究。

物种多样性编目作为了解物种多样性现状及物种特有程度的根本途径，也是一项艰巨又亟待加强的课题。世界上对物种的估计甚至不能达到一个确定的数量级，其变化范围从 500 万到 3000 万种，目前已经描述了 140 万～170 万种。要弄清这些需要大量的调查研究工作，现针对全球范围的最重要的编目和监测项目当属 WCVC（世界保护监测中心）的数据库和监测系统，以及由联合国教科文组织（UNESCO）、国际环境问题科学委员会（SCOPE）和国际生物科学联合会（IUBS）于 1990 年共同发起和组织的国际生物多样性科学研究规划（DIVERSITAS）项目（Hawksworth and Colwell，1992）。我国也正在建立全国范围的生物多样性信息网和监测网，由中国科学院正在开展的中国生态系统研究网络（CERN）、生物多样性研究和信息管理系统（BRIM）等项目，被列为国家生物多样性保护行动计划目标之一，也为我国生物多样性编目奠定了良好的基础。时至今日，随着国际合作层次、范围的不断升级，目前生物多样性的研究重点已经由以往区域的生物多样性监测、对单一工程的生物多样性影响评价，转向对跨国联合计划、全球政策、气候变化、生物入侵、生物多样性惠益分享等全球性生物多样性问题的研究领域（李昊民，2011）。

我国城市植物群落多样性研究起步较晚，但作为《生物多样性公约》较早的缔约方之一，我国也一直积极参与有关公约的国际事务，就国际履约中的重大问题发表意见和建议。《生物多样性公约》要求每一缔约方要根据国情，制定行动计划或有效方案，并及时完善保护生物多样性国家战略。我国是世界上率先完成公约行动计划的少数国家之一，于 1994 年和 1998 年正式发布《中国生物多样性保护行动计划》和《中国生物多样性国情研究报告》，在完善自然保护的法规建设，同时加强了物种保护建设。截至 2019 年 11 月，我国已建立各级各类自然保护地 1.18 万处，占国土陆域面积的 18%。其中，国家公园体制试点 10 处、国家级自然保护区 474 处、国家级风景名胜区 244 处。新中国成立后，我国已建立数量众多、类型丰富、功能多样的各级各类自然保护地，在保护生物多样性、保存自然遗产、改善生态环境质量和维护国家生态安全方面发挥了重要作用。有关植物多样性的研究比较多，理论评价方法也较成熟。在物种多样性的大尺度研究上，运用景观生态学的原理，采用 3S 技术对物种多样性分布格局进行分析，如王翠红（2004）对于中国境内整体的物种多样性状况及分布规律的研究，冯建孟（2008）对中国种子植物物种多样性进行的大尺度分布格局及其气候解释。中型尺度上更多的是对整个城市或城市建成区内植物种类构成的研究，如对北京（郑瑞文，2006）、武汉（李智琦，2005）、西安（欧阳子珞等，2015）等整个城区植物丰富度和乔、灌、草多样性的研究。小尺度上则对各类城市绿地如公园、居住区、街道绿地及自然保护区等的物种组成（兰思仁，2003；杨琴军等，2007；李芳等，2012；雷金睿等，2017）进行综合研究；或是对单一类型绿地如对北京（张文秀等，2011）、上海（杨学军等，2000）及广州（陈雷等，2015）等地的公园植物种类组成、群落结构及物种多样性指数进行分析。目前贵阳市关于城市绿地内的植物群落物种多样性还未进行过相关研究，仅有的植物多样性研究也是在野生观赏植物和苔藓植物领域开展的（王玮等，2018；潘端云，2019）。

第三节　贵阳市公园和道路绿地植物应用频度及重要值分析

一、植物频度分析

频度是指群落中包含某种植物的样方数与总样方数的比值，计算公式为：频度=某个物种出现的样方数/样方总数；该指标不仅反映植物分布均匀程度，还能了解人们对该植物的使用程度。统计贵阳城市公园绿地和道路绿地中的植物应用频度，并划分为 5 个等级进行分析，结果显示（表5-1），所统计的 391 种维管植物中，频度≥20%的植物仅有桂花、香樟、红叶石楠和红花檵木 4 种，生活型组成上乔木和灌木各有 2 种，共占植物总数的 1.02%。频度为 15%～20%的植物仅有女贞、金森女贞和沿阶草 3 种，乔、灌木和草本各有 1 种，占植物总数的 0.77%。频度为 10%～15%的植物仅有 14 种，其中乔木 3 种、灌木 2种、草本 9 种，占植物总数的 3.58%。频度为 5%～10%的植物有 39 种，其中乔木 8 种、灌木 11 种、草本 19 种，共占植物总数的 9.72%。而频度低于 5%的植物共计有 331 种，占植物总数的 84.65%，其中乔木 85 种、灌木 62 种、草本 160 种、藤本 24 种。

表 5-1　贵阳城市公园绿地和道路绿地植物应用频度统计

应用频度	乔木类	灌木类	草本及藤本类
$f \geqslant 20\%$	桂花、香樟	红叶石楠、红花檵木	/
$15\% \leqslant f < 20\%$	女贞	金森女贞	沿阶草
$10\% \leqslant f < 15\%$	银杏、朴树、樱花	海桐、大叶黄杨	白车轴草、平车前、天胡荽、地毯草、牛筋草、酢浆草、艾、荩草、小蓬草
$5\% \leqslant f < 10\%$	垂柳、马尾松、雪松、二球悬铃木、紫叶李、鸡爪槭、荷花玉兰、水杉	八角金盘、龟甲冬青、锦绣杜鹃、洒金桃叶珊瑚、杜鹃、木槿、南天竹、火棘、小叶女贞、山茶、水麻	老鹳草、菖蒲、毛蕨、求米草、鸢尾、冷水花、黄鹌菜、麦冬、贯众、莲子草、美人蕉、牛膝菊、蛇莓、风轮菜、狗尾草、过路黄、狗牙根、牛膝、薄荷
$f < 5\%$	紫薇、枫杨、构树、梧桐、侧柏、大叶杨、榉树、栗、梓树、樱桃李、苏铁、垂丝海棠、刺槐、红枫、枇杷、杨梅、石榴、碧桃、杜英等	蜡梅、卫矛、蔷薇、野扇花、棕竹、绣球、花叶蔓长春花、白箕、夹竹桃、齿叶冬青、栀子、花椒、苎麻、金叶女贞、月季、紫荆等	鹅肠菜、蒲公英、乌蔹莓、仙茅、早熟禾、西南凤尾蕨、吉祥草、剑叶凤尾蕨、水蓼、天名精、白茅、繁缕、马兰、一年蓬、紫娇花、千里光等

注：/表示无此区间应用频度物种，下同

　　综上所述，频度高于 10%的植物仅有 21 种，占植物总数的 5.37%；而频度低于 10%的植物，共计有 370 种，占植物总数的 94.63%。可以看出，贵阳城市公园绿地和道路绿地的少数植物频度较高，大部分植物的应用频率很低。而在城市的公园和道路环境中，由于植物种类的空间分布几乎由人为所控制，高使用频率的植物有桂花、香樟、红叶石楠和红花檵木等，表明人们认可其在观赏特性、植物景观效果营建以及对环境的适应能力等多方面的表现。但过高的植物应用频率也易造成景观的趋同，让市民产生审美疲劳。因此，对于一些属于乡土物种且观赏特性好，但应用频度低的乔、灌木，应该加大其推广利用的力度，如杜英、黄连木、栀子、胡颓子等。此外，樟树作为贵阳市树，在调查结果中应用频度较高，但同样可应用在公园和道路植物景观中的市树竹子和市花紫薇的应用频度较低，皆位于 5%的应用频度以下，在今后的植物景观建设中可结合合适的生长环境加大这两种市树市花的应用频率。

　　将贵阳城市公园绿地所统计的 350 种植物和道路绿地中所统计的 109 种植物同样根据植物应用频度，划分为 5 个等级，其统计信息分别如表 5-2 和表 5-3 所示。从表中可以看出，在贵阳市城市公园绿地和道路绿地中所应用的植物频度差异是很明显的。统计结果中公园绿地应用频度超过 20%的植物生活型组成上为乔木和草本，而道路绿地应用频度超过 20%的植物生活型组成为乔木和灌木，且乔木在这两类绿地类型中也并不一致。公园绿地多运用朴树、女贞构建植物群落形成优美的园林景观，而桂花、香樟则更多以行道树形式运用在道路绿地中。从灌木的应用频率来看，红叶石楠在两类绿地中均占据着最高的应用频率，但道路绿地中灌木的应用频率明显高于公园绿地，这可能源于道路绿地中需更多地使用绿篱形式的灌木分隔空间。而草本则相反，道路绿地的应用频率明显较低，这可能源于在调查过程中，道路的草本由于季节性缘故经常更换，一些路段的数据未计入统计。

表 5-2　贵阳城市公园绿地植物应用频度统计

应用频度	乔木类	灌木类	草本及藤本类
$f \geqslant 20\%$	女贞、朴树	/	沿阶草、白车轴草、平车前、天胡荽、地毯草、牛筋草、酢浆草、艾、苘草、小蓬草
$15\% \leqslant f < 20\%$	垂柳、桂花、香樟	红叶石楠	老鹳草、菖蒲、毛蕨、求米草、冷水花、黄鹌菜
$10\% \leqslant f < 15\%$	马尾松、银杏	杜鹃、红花檵木	鸢尾、贯众、莲子草、牛膝菊、蛇莓、风轮菜、狗尾草、过路黄、狗牙根、牛膝、薄荷、乌蔹莓
$5\% \leqslant f < 10\%$	水杉、樱花、鸡爪槭、枫杨、紫叶李、构树、榉树、栗、梧桐	火棘、迎春花、水麻、卫矛、海桐、八角金盘、蔷薇、洒金桃叶珊瑚、龟甲冬青、野扇花、山茶、蜡梅、棕竹、花叶蔓长春花、小叶女贞	鹅肠菜、蒲公英、仙茅、西南凤尾蕨、吉祥草、剑叶凤尾蕨、水蓼、美人蕉、天名精、常春藤、白茅、繁缕、马兰、一年蓬、千里光、酸模等
$f < 5\%$	侧柏、二球悬铃木、枇杷、垂丝海棠、刺槐、复羽叶栾树、柑橘、红枫、贵州石楠、杨梅等	白簕、齿叶冬青、木槿、栀子、花椒、苎麻、南天竹、紫荆、绣球、绣线菊、荚蒾等	蕺菜、金丝草、苣荬菜、光叶鳞盖蕨、窃衣、萱草、再力花、红花酢浆草、风车草、花叶芦竹等

表 5-3　贵阳城市道路绿地植物频度统计

应用频度	乔木类	灌木类	草本及藤本类
$f \geqslant 20\%$	桂花、香樟	红叶石楠	/
$15\% \leqslant f < 20\%$	银杏	金森女贞、红花檵木	/
$10\% \leqslant f < 15\%$	雪松、樱花	大叶黄杨	/
$5\% \leqslant f < 10\%$	二球悬铃木、荷花玉兰、紫叶李、复羽叶栾树、樱桃李、苏铁	海桐、锦绣杜鹃	麦冬
$f < 5\%$	鸡爪槭、紫薇、石榴、大叶杨、黄金串钱柳、碧桃、杜英、罗汉松、马尾松、白兰、山桃等	八角金盘、龟甲冬青、木槿、南天竹、洒金桃叶珊瑚、小叶女贞、蜡梅、山茶、金叶女贞、月季等	早熟禾、紫娇花、美人蕉、秋海棠、凤尾竹、金鸡菊、金盏菊、万寿菊、一串红、紫竹梅、鸢尾等

　　从单一绿地类型来看，公园绿地中应用频度高于 10% 的植物仅有 38 种，占公园植物总数的 10.86%；而应用频度低于 10% 的植物共计有 312 种，占公园植物总数的 89.14%。道路绿地中应用频度高于 10% 的植物仅有 9 种，占道路植物总数的 8.26%；而应用频度低于 10% 的植物共计有 100 种，占道路植物总数的 91.74%。这与整体植物应用频度所得结论相符合，即少数植物频度较高，大部分植物应用

频率都很低。

二、植物重要值分析

群落的优势种（dominant species）是在一个植物群落中占据重要地位或发挥重大作用的一种或几种植物，通常表现出个体数量多、投影面积大以及适应环境能力强的特性。其生长情况对整个植物群落的外貌、性质及功能产生决定性影响（李日红，2000）。而重要值（IV）作为表示某个种在群落中的地位和作用的综合数量指标，它可以确定群落内的优势种。其计算公式如下：

$$\text{乔木层重要值}=（\text{相对频度}+\text{相对密度}+\text{相对优势度}）/3 \qquad (5\text{-}1)$$

$$\text{灌木层重要值}=（\text{相对频度}+\text{相对密度}+\text{相对盖度}）/3 \qquad (5\text{-}2)$$

式中，频度=某个物种出现的样方数/样方总数；相对频度=该种植物的频度/所有植物的频度之和；相对密度=该种植物的密度/所有植物的密度之和；相对优势度=该种植物的胸高断面积之和/所有植物的胸高断面积之和；相对盖度=该种植物的盖度/所有植物的盖度之和。

1. 乔木层

根据贵阳城市公园绿地和道路绿地的 234 个植物群落样地的乔木层数据，综合相对频度、相对密度和相对优势度计算出总体乔木层重要值排序前 10 位的植物，如表 5-4 所示。由大到小的重要值排序为香樟（8.28%）>二球悬铃木（5.17%）>雪松（4.31%）>桂花（3.23%）>银杏（3.10%）>马尾松（2.11%）>樱花（1.77%）>垂柳（1.61%）>荷花玉兰（1.50%）>大叶杨（1.44%）。从植物的具体物种来看，位列乔木层重要值第一位的香樟与后续植物的重要值差距颇大，其作为贵阳市市树，不仅应用频率高于 20%，且在所调研样地中的大径级植株分布也多。而应用频率最高的桂花，重要值却居于第四位，这可能源于样地中的桂花大都是后期引入栽培，径级较小。此外，二球悬铃木、马尾松、垂柳等应用频率低于 5% 的植物，重要值却位居前列，这可能是因为样地中的这些植物大多树龄较长，径级也较大，属于适宜贵阳环境条件的长寿树种。

由表 5-4 可见，城市公园绿地的 120 个植物群落样地乔木层前 10 位由大到小的重要值排序为马尾松（11.27%）>女贞（11.19%）>垂柳（10.64%）>朴树（9.98%）>香樟（8.68%）>桂花（7.54%）>水杉（6.16%）>樱花（4.54%）>银杏（4.52%）>枫杨（3.42%）；道路绿地的 114 个植物群落样地中的乔木层前 10 位由大到小的重要值排序为香樟（10.11%）>二球悬铃木（6.18%）>雪松（5.96%）>桂花（4.14%）>银杏（3.92%）>荷花玉兰（2.20%）>樱花

表5-4 贵阳城市公园绿地和道路绿地乔木层重要值排序前10位的植物

前10排序	总体		公园		道路	
	物种	重要值/%	物种	重要值/%	物种	重要值/%
1	香樟	8.28	马尾松	11.27	香樟	10.11
2	二球悬铃木	5.17	女贞	11.19	二球悬铃木	6.18
3	雪松	4.31	垂柳	10.64	雪松	5.96
4	桂花	3.23	朴树	9.98	桂花	4.14
5	银杏	3.10	香樟	8.68	银杏	3.92
6	马尾松	2.11	桂花	7.54	荷花玉兰	2.20
7	樱花	1.77	水杉	6.16	樱花	2.04
8	垂柳	1.61	樱花	4.54	大叶杨	1.86
9	荷花玉兰	1.50	银杏	4.52	复羽叶栾树	1.72
10	大叶杨	1.44	枫杨	3.42	紫叶李	1.32

（2.04%）＞大叶杨（1.86%）＞复羽叶栾树（1.72%）＞紫叶李（1.32%）。对比整体绿地与公园绿地、道路绿地三者的乔木层重要值排序可以看出，道路绿地的重要值排序和总体重要值排序一致性较高，而公园绿地则差异性较大。这可能源于所调研道路绿地中的路侧绿带和人行道绿带不仅行道树数目较多，且植物径级也较大。而公园绿地中虽然也有径级较大的植物，如马尾松、垂柳等，但其植株数目相对于所调研道路绿地中的行道树数目而言太少，故对总体重要值的排序影响相对较小。

2. 灌木层

234个植物群落样地的总体灌木层重要值排序前10位的植物如表5-5所示。由大到小的重要值排序为金森女贞（9.06%）＞红叶石楠（8.31%）＞金叶女贞（7.22%）＞红花檵木（6.07%）＞大叶黄杨（5.46%）＞金丝桃（4.91%）＞锦绣杜鹃（4.87%）＞小叶女贞（4.66%）＞八角金盘（3.69%）＞水栀子（2.53%）。整体重要值的数值表现为具有明显梯度的递减序列，整体分布较为均匀，没有出现物种一家独大的情形。从植物的具体物种来看，10种灌木皆为公园绿地和道路绿地中常见的绿篱植物，多以近距离的株行距密植，种植形式上既可栽成单行或双行分隔空间，也可修剪成各种造型相互组合，从而提高植物景观的观赏效果和艺术价值。

同样由表5-5可见，贵阳城市公园绿地的120个植物群落样地灌木层由大到小的重要值排序为：红叶石楠（14.53%）＞迎春花（5.31%）＞金钟花（4.15%）＞

表5-5　贵阳城市公园绿地和道路绿地灌木层重要值排序前10位的植物

前10排序	总体		公园		道路	
	物种	重要值/%	物种	重要值/%	物种	重要值/%
1	金森女贞	9.06	红叶石楠	14.53	金森女贞	10.88
2	红叶石楠	8.31	迎春花	5.31	红叶石楠	9.49
3	金叶女贞	7.22	金钟花	4.15	红花檵木	6.68
4	红花檵木	6.07	绣球	4.07	小叶女贞	6.09
5	大叶黄杨	5.46	杜鹃	3.63	大叶黄杨	5.77
6	金丝桃	4.91	八角金盘	3.21	金叶女贞	5.38
7	锦绣杜鹃	4.87	洒金桃叶珊瑚	2.27	锦绣杜鹃	5.16
8	小叶女贞	4.66	蔷薇	1.89	八角金盘	4.11
9	八角金盘	3.69	栀子	1.82	金丝桃	4.07
10	水栀子	2.53	夹竹桃	1.60	绣球	3.83

绣球（4.07%）＞杜鹃（3.63%）＞八角金盘（3.21%）＞洒金桃叶珊瑚（2.27%）＞蔷薇（1.89%）＞栀子（1.82%）＞夹竹桃（1.60%），道路绿地的114个植物群落样地中的灌木层由大到小的重要值排序为金森女贞（10.88%）＞红叶石楠（9.49%）＞红花檵木（6.68%）＞小叶女贞（6.09%）＞大叶黄杨（5.77%）＞金叶女贞（5.38%）＞锦绣杜鹃（5.16%）＞八角金盘（4.11%）＞金丝桃（4.07%）＞绣球（3.83%）。对比整体绿地与公园绿地、道路绿地三者的灌木层重要值排序可以看出，灌木层三者之间的关系与乔木层呈现相同的情况，即道路绿地中的灌木相较于公园绿地中的灌木而言，对总体灌木重要值影响更大。主要原因可能在于道路中的灌木以绿篱形式种植为主，公园绿地中则多以单株形式种植，而对比两种种植方式，绿篱种植形式下植株的密度和盖度偏大，对重要值的影响自然偏大。

第四节　贵阳市公园和道路绿地植物物种多样性分析

一、不同绿地类型植物 α 多样性比较分析

本章选用丰富度指数、香农-维纳（Shannon-Wiener）指数和辛普森（Simpson）指数表示公园植物群落各层的植物多样性，用均匀度指数表示群落物种的分布情况。

（1）Patrick 指数

利用 Patrick 指数表征物种丰富度。

$$R=S \tag{5-3}$$

式中，R 为物种丰富度；S 为每一样方的物种数目。

（2）Simpson 指数

利用 Simpson 指数测定群落优势度集中与否。

$$D=1-\sum_{i=1}^{S} P_i^2 \tag{5-4}$$

式中，P_i 为 i 种的个体数占群落中总个体数的比例。

（3）Shannon-Wiener 指数

利用 Shannon-Wiener 指数测定物种多样性。

$$H=-\sum_{i=1}^{S} P_i \ln P_i \tag{5-5}$$

式中，P_i 为 i 种的个体数占群落中总个体数的比例。

（4）Pielou 均匀度指数

Pielou 均匀度指数反映群落均匀度，是描述一个群落或生境中全部物种个体数目分配状况的数量指标，常用的公式如下。

$$E=H/H_{max} \tag{5-6}$$

式中，H 为实际观察的物种多样性指数；H_{max} 为最大的物种多样性指数，$H_{max}=\ln S$，S 为群落中的总物种数。

（5）Jaccard 相似性系数

应用 Jaccard 相似性系数计算群落相似性。

$$S=1-C/(A+B-C) \tag{5-7}$$

式中，C 是两个样方中共有的物种数量；A 是在样方 A 中的物种数量；B 是在样方 B 中的物种数量。根据 Jaccard 相似性原理，当 $0 \leqslant S < 0.25$ 表示极相似，$0.25 \leqslant S < 0.50$ 表示中等相似，$0.50 \leqslant S < 0.75$ 表示中等不相似，$0.75 \leqslant S \leqslant 1.00$ 表示极不相似。

1. 植物物种丰富度特征分析

从总体上来看，贵阳城市公园绿地和道路绿地植物物种丰富度以草本植物最高，其次为乔木植物，灌木植物总体稍低于乔木植物。但是在各个类型公园和道路中由于性质和风格的不同，其乔、灌、草各层丰富度值有较大差异（图5-1，图5-2）。公园绿地和道路绿地中的植物群落均属于受到人工干扰影响严重的城市植物群

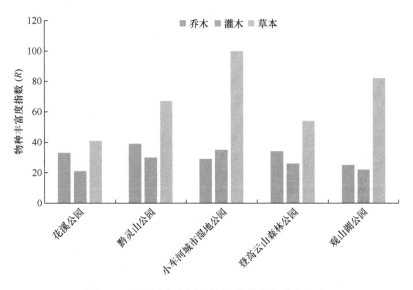

图 5-1　贵阳城市公园绿地植物群落物种丰富度

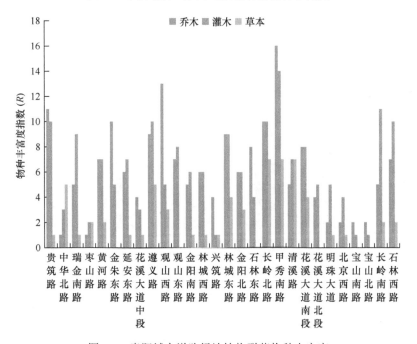

图 5-2　贵阳城市道路绿地植物群落物种丰富度

落，但公园绿地中的群落更多地受植物配置和群落营建水平与时间的影响，多具有地带性植被特征。物种上有很多自然生长的草本植物，使得草本植物种类丰富，丰富度指数在 5 个城市公园中均位居首位，乔木植物的丰富度相对高于灌木植物的丰富度，仅小车河城市湿地公园内的乔木植物丰富度低于灌木植物。而道路绿地则受人工干扰和环境因子的影响更为明显，植物群落相对简单，物种数目也较少，32.14%的道路样地中的乔木树种不足 5 种。这主要是因为道路绿地面积狭小且需要满足道路交通功能的客观要求，但同时也反映了贵阳市道路绿化树种较为单调，丰富度有待进一步提高。此外，乔、灌木的物种丰富度呈现与总体情况不一致的情况，28 条城市道路中的草本植物丰富度皆处于最低，仅有 32.14%的城市道路乔木层植物物种丰富度高于灌木层，整体植物物种丰富度呈现灌木层稍高于乔木层，草本层最低的变化趋势。

2. 植物物种多样性特征分析

从总体上来看，Simpson 指数和 Shannon-Wiener 指数的吻合度较高，变化趋势大致相同。在城市公园植物 Simpson 指数上，其数值均在 0.7 以上，而 Shannon-Wiener 多样性指数也皆在 0.5 以上，相较于贵阳城市道路绿地其具有更高的物种多样性（图 5-3～图 5-6）。这主要是因为公园绿地属于城市中物种丰富度最高、群落结构最复杂的区域，人为影响也明显弱于道路绿地，而且部分公园的环境条件更接近自然情形，植物种类分布较为丰富和均匀，因此整体多样性指数相应高一些。

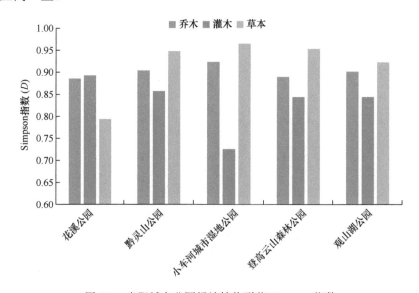

图 5-3　贵阳城市公园绿地植物群落 Simpson 指数

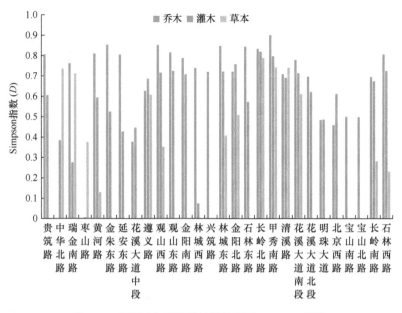

图 5-4　贵阳城市道路绿地植物群落 Simpson 指数

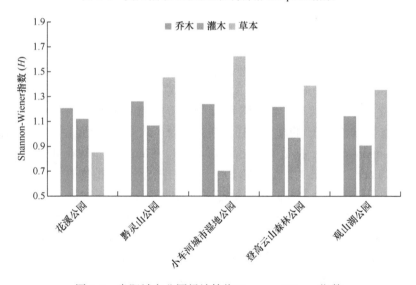

图 5-5　贵阳城市公园绿地植物 Shannon-Wiener 指数

就各层植物分析，植物的 Simpson 指数和 Shannon-Wiener 指数与物种丰富度指数有着极强的相关性，物种丰富度越高，其植物多样性也往往较高，总体呈现出草本植物＞乔木植物＞灌木植物的趋势。草本层的 Simpson 指数值除了花溪公园以外均在 0.95 左右，整体变化幅度不大，但 Shannon-Wiener 指数的变化幅度相

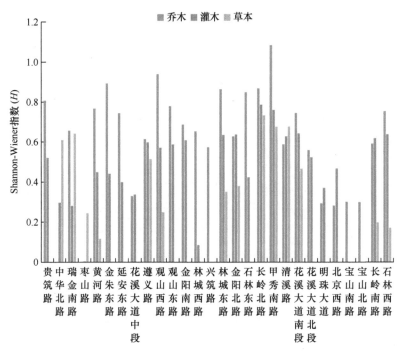

图 5-6　贵阳城市道路绿地植物 Shannon-Wiener 指数

对较大,且与草本层丰富度呈现相同的分布趋势,这说明造成公园间草本多样性差异的主要原因在于种的丰富度。而对于道路草本层的 Simpson 指数与 Shannon-Wiener 指数,有 50% 的道路其数值为 0,两者的分布趋势也与道路的草本丰富度指数相互吻合,这与公园的草本多样性差异原因一致。而各公园乔木层的 Simpson 指数和 Shannon-Wiener 指数的变化幅度均不大,Simpson 指数在 0.9 左右波动,Shannon-Wiener 指数在 1.1 左右波动,这表明各公园乔木植物的丰富度与均匀度分布情况在同一水平上,各群落的稳定性和功能复杂性相对较高,抵抗外界环境的压力也较强。而各道路乔木层中 Simpson 指数和 Shannon-Wiener 指数相互之间的差异则相对较大,如甲秀南路的 Simpson 多样性指数达 0.90,Shannon-Wiener 指数达 1.08,而最低的中华北路和枣山路样地内均只有一种乔木树种,Simpson 指数和 Shannon-Wiener 指数皆为 0,这表明贵阳城市道路绿地乔木层植物集中程度较低,但道路乔木层整体多样性指数值并不低。而各公园中的灌木层多样性指数以小车河城市湿地公园最低,其余各公园的多样性指数相差不大,这可能是因为小车河城市湿地公园内样地的灌木层应用不多或以点缀式应用;而道路绿地的灌木层多样性指数相对于公园绿地更低,道路中 67.86% 的灌木型植物 Simpson 多样性指数在 0.7 以下,这可能源于道路中的灌木多以单一种类形成大型的模块,使得样方范围内只能选中一到两种灌木。

3. 植物物种均匀度特征分析

贵阳市公园绿地和道路绿地植物物种均匀度总体表现不尽相同，各个公园和道路之间的差异性较大（图 5-7，图 5-8）。公园绿地的各层植物均匀度指数也明

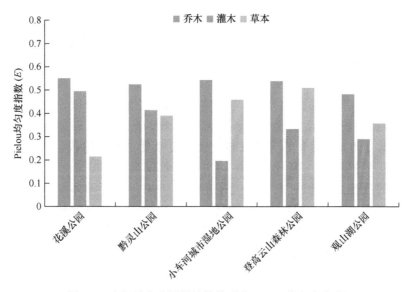

图 5-7　贵阳城市公园绿地植物群落 Pielou 均匀度指数

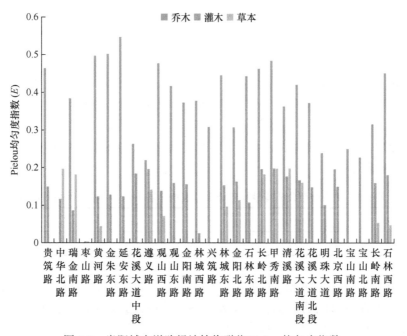

图 5-8　贵阳市道路绿地植物群落 Pielou 均匀度指数

显高于道路绿地，这可能源于道路绿地的植物立地条件相对严苛，在树种选择上需要考虑植物的遮阴性、抗逆性以及吸附粉尘等各种条件，选择范围相对较小，且植物的种植往往还要求统一性强，这自然使得道路植物的物种优势度明显，物种均匀度指数较低。

就各层植物分析，乔木层作为城市园林绿化中的主体，在人为配置的过程中，为了追求更好的景观效果，所选择的乔木树种自然比较平均，因此公园绿地和道路绿地中的乔木层均匀度指数均居于首位。而灌木层均匀度指数因为各公园的修建时间以及管理水平的差异性，在公园绿地中呈现较大的差异性，花溪公园和黔灵山公园作为始建年代较为久远的公园，其在原始植被的基础上点缀种植有观赏价值较高的灌木植物，配置也比较均匀，因此均匀度指数超过了 0.4，而小车河城市湿地公园近年处于改建阶段，植物景观多处于重新优化配置状态，因此灌木的均匀度指数仅为 0.19。而在道路绿地中，灌木的均匀度指数则相对统一，大体在 0.2 左右浮动。草本层的丰富度指数和多样性指数虽然高，但在草本植物的实际运用中，园林绿化常见中的几种草坪草，如地毯草、早熟禾、麦冬等在数量上占据着绝对的优势，而野生草本虽然物种数多，但相比之下其分布的数目非常少，且经常被当作杂草去除，因此草本的物种分布并不均匀。在公园绿地中数值最低的是花溪公园，仅为 0.21，且 28 条道路中有 66.67% 的草本均匀度指数低于 0.1，整体草本均匀度指数呈现出较低的趋势。

二、不同绿地类型植物 β 多样性比较分析

比较 Jaccard 相似性系数结果表明，贵阳市公园绿地和道路绿地植物群落差异性草本层＞群落（总体）＞灌木层＞乔木层，其中草本层的相似度最低，乔木层的相似度最高，灌木层和群落总体的相似度差异并不明显（表 5-6）。根据 Jaccard 相似性原理，两类绿地中的灌木层、草本层以及群落（总体）的物种极不相似，而乔木层中等不相似。

表 5-6　贵阳城市公园绿地和道路绿地植物群落 Jaccard 相似性系数比较

层次	乔木层	灌木层	草本层	群落
Jaccard 相似性系数	0.70	0.78	0.93	0.83

贵阳市 5 个公园植物 Jaccard 相似性系数两两比较的结果显示，花溪公园和登高云山森林公园的植物物种差异性最高（0.85），观山湖公园和小车河城市湿地公园的植物物种相似度最高（0.64）。花溪公园和登高云山森林公园的植物

物种差异性最高的原因可能在于花溪公园建设年代久远，且园内以田园景色、民族风情为主题，植物运用多以香樟、桂花、银杏、红花檵木和红叶石楠等乡土植物进行配置营建；登高云山森林公园作为近年贵阳市构建"千园之城"计划中典型的市级示范性公园，在人工植物配置过程中，选用的园林栽培植物较多，且两个公园的生境差异明显，因此两者的植物物种相似度很低。而观山湖公园和小车河城市湿地公园的植物物种相似度最高，这两个公园因同处于滨湖，受生境限制，在滨水区岸线植物的选用上更多以景观效果好、适应环境能力强的垂柳、二球悬铃木以及枫杨等为主体，重要值大，相似度高。从整体来看两两比较的公园植物 Jaccard 相似性系数，5 个城市公园绿地处于极不相似水平的有 7 组，占 70%；处于中等不相似水平的有 3 组，占 30%；处于中等相似和极相似水平的为 0 组。整体公园绿地相互之间的物种相似度水平处于较低的水平（表 5-7）。

表 5-7　5 个公园植物 Jaccard 相似性系数两两比较

公园名称	花溪公园	黔灵山公园	小车河城市湿地公园	登高云山森林公园	观山湖公园
花溪公园	—				
黔灵山公园	0.76	—			
小车河城市湿地公园	0.78	0.66	—		
登高云山森林公园	0.85	0.77	0.80	—	
观山湖公园	0.79	0.71	0.64	0.81	—

贵阳市 28 条道路植物 Jaccard 相似性系数两两比较的结果显示，贵筑路和枣山路、中华北路和观山东路、枣山路和金朱东路等 16 对道路的植物 Jaccard 相似性系数为 1，相互之间的物种完全不一致；观山西路和石林东路及宝山南路和宝山北路的植物相似性最高，为 0.50。城市道路绿地作为一个完全由人工设计并建造的植物群落，物种多样性水平在一定程度上受到生境面积的限制，但道路之间的植物相似度基本属于人为控制的范围内，应当避免出现千篇一律的道路植物景观。从整体来看两两比较的道路植物 Jaccard 相似性系数，28 条城市道路绿地处于极不相似水平的有 307 组，占 81.22%；处于中等不相似水平的有 71 组，占 18.78%。可见各道路植物应用存在较大差异，道路绿地的景观多样性明显（表 5-8）。此外，表 5-6 中两类绿地总体植物 Jaccard 相似性系数为 0.83，其结果表明公园与道路的植物物种相似度也并不高，景观异质性程度较大。

表5-8　28条道路植物 Jaccard 相似性系数两两比较

代码	Gz	Zhb	Rjn	Zs	Hh	Jzd	Yad	Hxzd	Zy	Gsx	Gsd	Jyn	Lcx	Xz	Lcd	Jyb	Sld	Clb	Jxn	Qx	Hxnd	Hxbd	Mzdd	Bjx	Bsn	Bsb	Cln	Slx
Gz	—																											
Zhb	0.89	—																										
Rjn	0.84	0.75	—																									
Zs	1.00	0.92	0.87	—																								
Hh	0.81	0.96	0.81	0.95	—																							
Jzd	0.81	0.91	0.80	1.00	0.95	—																						
Yad	0.76	0.85	0.79	0.88	0.88	0.76	—																					
Hxzd	0.93	0.87	0.88	1.00	0.96	0.74	0.74	—																				
Zy	0.84	0.90	0.71	0.93	0.79	0.74	0.79	0.95	—																			
Gsx	0.87	0.93	0.89	0.96	0.75	0.71	0.64	0.96	0.90	—																		
Gsd	0.88	1	0.88	1.00	0.88	0.70	0.87	0.88	0.84	0.90	—																	
Jyn	0.87	0.76	0.78	0.94	0.85	0.92	0.82	0.95	0.84	0.73	0.80	—																
Lcx	0.79	0.9	0.83	0.94	0.92	0.77	0.73	0.67	0.77	0.67	0.73	0.83	—															
Xz	0.92	0.93	0.96	1.00	0.84	0.84	0.71	0.89	0.79	0.79	0.79	0.80	0.75	—														
Lcd	0.81	0.93	0.77	0.92	0.90	0.68	0.76	0.84	0.76	0.83	0.83	0.79	0.83	0.92	—													
Jyb	0.81	0.86	0.84	0.95	0.81	0.81	0.79	0.85	0.82	0.81	0.81	0.71	0.71	0.75	0.83	—												
Sld	0.83	0.89	0.82	0.94	0.89	0.80	0.76	0.79	0.84	0.77	0.67	0.67	0.67	0.75	0.71	0.83	—											
Clb	0.76	0.94	0.74	0.97	0.78	0.65	0.83	0.76	0.50	0.73	0.89	0.89	0.89	0.86	0.60	0.83	0.77	—										
Jxn	0.78	0.90	0.79	0.95	0.81	0.73	0.84	0.88	0.83	0.84	0.73	0.81	0.81	0.90	0.77	0.87	0.83	0.72	—									
Qx	0.63	0.88	0.75	0.96	0.89	0.79	0.86	0.88	0.84	0.86	0.84	0.89	0.73	0.91	0.79	0.87	0.81	0.76	0.62	—								
Hxnd	0.62	0.88	0.76	0.96	0.78	0.74	0.79	0.88	0.74	0.79	0.76	0.81	0.71	0.92	0.76	0.70	0.75	0.76	0.73	0.74	—							
Hxbd	0.76	0.88	0.85	1.00	0.81	0.67	0.65	0.94	0.78	0.71	0.80	0.89	0.71	0.85	0.81	0.80	0.69	0.76	0.79	0.78	0.62	—						

续表

代码	Gz	Zhb	Rjn	Zs	Hh	Jzd	Yad	Hxzd	Zy	Gsx	Gsd	Jyn	Lcx	Xz	Lcd	Jyb	Sld	Clb	Jxn	Qx	Hxnd	Hxbd	Mzdd	Bjx	Bsn	Bsb	Cln	Slx
Mzdd	0.93	0.79	0.79	0.92	0.86	0.85	0.84	0.86	0.81	0.84	0.90	0.67	0.76	0.83	0.85	0.72	0.82	0.87	0.88	0.83	0.73	0.87	—					
Bjx	0.84	0.77	0.88	0.91	0.90	0.84	0.69	0.93	0.89	0.83	1.00	0.88	0.67	0.92	0.88	0.78	0.81	0.90	0.90	0.82	0.83	0.67	0.85	—				
Bsn	0.91	0.91	0.96	0.86	0.94	0.94	0.87	1.00	0.96	0.91	1.00	0.93	0.77	0.96	0.88	0.88	0.93	1.00	0.95	0.95	0.90	0.80	0.90	0.57	—			
Bsb	0.91	0.80	0.96	0.86	0.94	0.94	0.90	0.90	0.96	0.85	1.00	0.85	0.86	0.91	0.91	0.94	0.93	1.00	0.92	0.95	0.91	0.91	0.90	0.75	0.50	—		
Cln	0.79	0.88	0.95	0.79	0.68	0.72	0.87	0.69	0.85	0.73	0.75	0.71	0.86	0.71	0.73	0.85	0.71	0.75	0.72	0.80	0.73	0.80	0.73	0.81	0.95	0.95	—	
Slx	0.83	0.92	1.00	1.00	0.79	0.52	0.78	0.77	0.74	0.74	0.74	0.81	0.67	0.86	0.72	0.79	0.71	0.61	0.79	0.79	0.70	0.73	0.88	0.82	0.95	1.00	0.68	—

注: Gz. 贵筑路; Zhb. 中华北路; Rjn. 瑞金南路; Zs. 枣山路; Hh. 黄河路; Jzd. 金未东路; Yad. 延安东路; Hxzd. 花溪大道中段; Zy. 遵义路; Gsx. 观山西路; Gsd. 观山大道南段; Jyn. 金阳南路; Lcx. 林城西路; Xz. 兴筑路; Lcd. 林城东路; Jyb. 金阳北路; Sld. 石林东路; Clb. 长岭北路; Jxn. 甲秀南路; Qx. 清溪路; Hxnd. 花溪大道北段; Hxbd. 花溪大道南段; Mzdd. 明珠大道; Bjx. 北京西路; Bsn. 宝山南路; Bsb. 宝山北路; Cln. 长岭南路; Slx. 石林西路

第五节 小 结

贵阳城市公园绿地和道路绿地的植物多样性调查分析结果表明，贵阳城市公园绿地和道路绿地植物物种丰富度以草本植物最高，其次为乔木植物，灌木植物总体稍低于乔木植物，但由于各个类型公园和道路的性质与风格的不同，其乔、灌、草各层丰富度值有较大差异。其中公园绿地属于城市中物种丰富度最高、群落结构最复杂的区域，多具有地带性植被特征，而城市道路绿地作为一个完全由人工设计并建造的植物群落，物种多样性水平在一定程度上更多地受到生境面积的限制。因此两类绿地类型的各层次植物的丰富度、物种多样性与均匀度呈现与整体情况不同的趋势。

通过对各层次植物分析，公园绿地植物的丰富度呈现草本层＞乔木层＞灌木层，道路绿地植物的丰富度呈现灌木层＞乔木层＞草本层。植物的 Simpson 指数和 Shannon-Wiener 指数与物种丰富度指数有着极强的相关性，物种丰富度越高，其植物多样性也往往较高，因此贵阳城市公园绿地和道路绿地中不同植物层次的多样性指数呈现与其丰富度一致的趋势。而植物的 Pielou 均匀度指数则大致呈现乔木层＞灌木层＞草本层的应用趋势。这可能源于乔木层作为城市园林绿化中的主体，在人为配置过程中更为均匀；而在草本层中，主要运用的几种常见草坪草在群落中优势度明显，而物种数丰富的杂草数量则相对较少，且日常会被公园管理人员除去，因此草本的分布并不均匀。今后在公园和道路的绿地规划中可增加鸢尾、玉簪、景天等应用频度低，但观赏性较高、长势良好的草本品种，通过合理布置花坛、花境，营造多功能、多层次的生态园林景观。总体来看，公园绿地中植物的丰富度、物种多样性以及均匀度明显皆高于道路绿地，这一结果也间接说明了城市植物多样性水平的维持和保护需要建立在保持一定数量的大型绿地斑块的基础之上。目前，贵阳市城市绿地系统规划中正结合贵阳市"山中有城、城中有山、绿带环绕、森林围城、城在林中、林在城中"的城市特点，以充分发挥城市绿地生态功能为目标，逐步完善形成"一河、二环、三带、七点"的绿地系统布局结构。因此，在这一过程中应该避免各区经济发展与土地利用状况不均衡等因素，避免造成城市绿地面积分布不均，使某些城区缺失大型绿地斑块。

β 多样性指数度量群落物种组成随环境梯度的变化程度，不仅代表着一个地区物种多样性的分布情况，而且体现着物种与环境之间的关系。贵阳城市公园绿地与道路绿地植物群落 Jaccard 相似性系数的相似性分析结果表明：5 个城市公园相互之间的物种相似度较低，28 条道路植物的应用同样存在着较大的差异，且公园与道路之间的植物物种相似度也并不高，景观异质性程度较大。而从各层植物来看，草本层（0.93）、灌木层（0.78）及群落总体（0.83）处于极不相似的等级，乔木层（0.70）处于中等不相似的等级。

主要参考文献

包满珠. 2008. 我国城市植物多样性及园林植物规划构想[J]. 中国园林, (7): 1-3.

陈雷, 孙冰, 谭广文, 李子华, 陈勇, 黄应锋, 廖绍波. 2015. 广州公园植物群落物种组成及多样性研究[J]. 生态科学, 34(5): 38-44.

冯建孟. 2008. 中国种子植物物种多样性的大尺度分布格局及其气候解释[J]. 生物多样性, 16(5): 470-476.

干靓, 吴志强. 2018. 城市生物多样性规划研究进展评述与对策[J]. 规划师, 34(1): 87-91.

郝日明, 张明娟. 2015. 中国城市生物多样性保护规划编制值得关注的问题[J]. 中国园林, 31(8): 5-9.

贺金生, 陈伟烈, 江明喜, 金义兴, 胡东, 路鹏. 1998. 长江三峡地区退化生态系统植物群落物种多样性特征[J]. 生态学报, 18(4): 65-73.

环境保护杂志编辑部. 2020. 加强生物多样性保护 共同呵护地球家园[J]. 环境保护, 48(10): 2.

兰思仁. 2003. 武夷山国家级自然保护区植物物种多样性研究[J]. 林业科学, 39(1): 36-43.

雷金睿, 宋希强, 陈宗铸. 2017. 海口城市公园植物群落多样性研究[J]. 西南林业大学学报, 37(1): 88-93, 103.

李芳, 黄俊华, 朱军. 2012. 乌鲁木齐市居住区木本植物物种多样性调查研究[J]. 中国园林, 28(6): 90-94.

李昊民. 2011. 生物多样性评价动态指标体系与替代性评价方法研究[D]. 北京: 中国林业科学研究院.

李日红. 2000. 植物群落的特点和演替[J]. 中山大学学报论丛, 20(5): 27-32.

李晓鹏, 董丽, 关军洪, 赵凡, 吴思佳. 2018. 北京城市公园环境下自生植物物种组成及多样性时空特征[J]. 生态学报, 38(2): 581-594.

李许文, 叶自慧, 张荣京, 唐小清, 陈红锋. 2014. 广州市道路绿地植物多样性调查及评价[J]. 北方园艺, (6): 87-92.

李智琦. 2005. 武汉市城市绿地植物多样性研究[D]. 武汉: 华中农业大学.

欧阳子珞, 吉文丽, 杨梅. 2015. 西安城市绿地植物多样性分析[J]. 西北林学院学报, 30(2): 257-261, 292.

潘端云. 2019. 黔中地区野生观赏植物多样性及其评价[D]. 贵阳: 贵州大学.

宋爱春. 2014. 北京建成区居住绿地植物多样性及其景观研究[D]. 北京: 北京林业大学.

汪殿蓓, 暨淑仪, 陈飞鹏. 2001. 植物群落物种多样性研究综述[J]. 生态学杂志, 20(4): 55-60.

王翠红. 2004. 中国陆地生物多样性分布格局的研究[D]. 太原: 山西大学.

王玮, 王登富, 王智慧, 张朝晖. 2018. 贵阳喀斯特城市墙壁苔藓植物物种多样性研究[J]. 热带亚热带植物学报, 26(5): 473-480.

杨琴军, 苏洪明, 夏欣, 王鹏程, 陈龙清. 2007. 基于植物多样性的武汉市道路绿化研究[J]. 南京林业大学学报(自然科学版), 31(4): 98-102.

杨学军, 林源祥, 胡文辉, 唐东芹. 2000. 上海城市园林植物群落的物种丰富度调查[J]. 中国园林, 16(3): 65-67.

张文秀, 任斌斌, 李树华. 2011. 北京综合性公园植物群落的数量分类及物种多样性研究[J]. 北京农学院学报, 26(4): 34-37.

张心欣, 翟俊, 吴军. 2018. 城市草本植物多样性设计研究[J]. 中国园林, 34(6): 100-105.

张艳丽, 李智勇, 杨军, 胡译文, 张志永, 叶兵. 2013. 杭州城市绿地群落结构及植物多样性[J]. 东北林业大学学报, 41(11): 25-30.

郑瑞文. 2006. 北京市城市建成区绿地植物多样性研究[D]. 北京: 北京林业大学.

Anne E M. 2011. 生物多样性测度[M]. 张峰, 译. 北京: 科学出版社.

Banaszek J, Leksy M, Rahmonov O. 2017. The ecological diversity of vegetation within urban parks in the Dąbrowski Basin (southern Poland)[C]. Vilnius: 10th International Conference "Environmental Engineering": 27-28.

Connell J H. 1978. Diversity in tropical rain forests and coral reefs[J]. Science, 199(4335): 1302-1310.

Ehrlich P R, Ehrlich A H. 1981. Extinction: the causes and consequences of the disappearance of species[M]. New York: Random House.

Elton C S. 1958. The ecology of invasions by animals and plants[M]. Boston: Springer.

Hawksworth D L, Colwell R R. 1992. Microbial diversity 21: biodiversity amongst microorganisms and its relevance[J]. Biodiversity and Conservation, 1(4): 221-226.

He C Y, Liu Z F, Tian J, Ma Q. 2014. Urban expansion dynamics and natural habitat loss in China: a multiscale landscape perspective[J]. Global Change Biology, 20(9): 2886-2902.

Hope D, Gries C, Zhu W X, Fagan W F, Redman C L, Grimm N B, Nelson A L, Martin C, Kinzig A. 2003. Socioeconomics drive urban plant diversity[J]. Proceedings of the National Academy of Sciences of the United States of America, 100(15): 8788-8792.

Kratochwil A. 1999. Biodiversity in ecosystems: principles and case studies of different complexity levels[M]. Dordrecht: Springer.

Liu Z, He C, Wu J. 2016. The relationship between habitat loss and fragmentation during urbanization: an empirical evaluation from 16 world cities[J]. PLoS One, 11(4): e0154613.

Mcphearson T, Maddox D, Gunther B, Bragdon D. 2013. Local assessment of New York City: biodiversity, green space, and ecosystem services[R]. Urbanization, Biodiversity and Ecosystem Services: Challenges and Opportunities.

Mehrvarz S S, Naqinezhad A, Ravanbakhsh M, Vasefi N. 2016. A survey of plant species diversity and ecological species group from the coastal zone of Boujagh National Park, Guilan, Iran[J]. Ecologia Balkanica, 8(1): 89-99.

Tilman D, Wedin D, Knops J. 1996. Productivity and sustainability influenced by biodiversity in grassland ecosystems[J]. Nature, 379(22): 718-720.

Walker B. 1992. Biodiversity and ecological redundancy[J]. Conservation Biology, 6(1): 18-23.

Williams C B. 1943. Area and number of species[J]. Nature, 152(3853): 264-267.

Wilson E O, Peter F M. 1988. Biodiversity[M]. Washington D.C.: National Academy Press.

第六章 城市公园和道路绿地植物色彩量化

第一节 引 言

人们生活在一个五彩缤纷的彩色世界里,色彩是人们对事物的第一视觉感受,其艺术魅力极为深远,常常具有先声夺人的力量。这是由于人眼在正常状态下观察物体时,首先引起视觉反应的就是色彩,其次才是形状、质感等(尹思谨,2004)。因此,色彩具有强烈的视觉感染力和丰富的表现力。在景观设计中,设计师通过不同的色彩搭配,不仅可以赋予景观独特的风格,带给人不同的感受,还能运用色彩巧妙地处理空间,使小空间在视觉上变大,也可以使大空间变得更为私密。

在城市园林景观中,色彩可以分为构筑物固有色彩景观和有生命活体植物的季相景观。本章主要讨论的是植物景观色彩,其主要通过园林植物的叶子、花朵和果实的颜色创造出色彩斑斓的画卷,丰富城市景观(田荣,2017)。由于具有生命特征,植物的色彩构成要比建筑等物体的固有色彩复杂很多,且通常会随生命周期、季节更替等不断变化。此外,植物体的轮廓往往复杂多变,且枝叶颜色彼此相互交融,这些都给植物色彩的量化研究造成了很大的困难。但换言之,正是这些特性,植物才成为园林景观中最具生命活力的要素,对区域内园林景观的形成起着决定性的作用(王思琦,2013)。其丰富的季相变化和色彩组合,既是城市园林植物景观的重要组成部分,还是丰富园林景观的重要手段,更是使园林景观在城市中极具吸引力的关键因素。

多彩贵州山川秀丽、植被茂盛,素有"山地公园省"的美誉(杨磊等,2021)。贵阳市作为贵州省省会城市,公园数量多且各具特色,有着变化明显的四季美景。地区的气象变化丰富,植物资源丰富,室内盆栽观赏彩叶种类较多(钱长江等,2012),但贵阳市现阶段在公园和道路绿地中应用的彩叶种类并不丰富,在实际应用中植物色彩也比较单一。此外,存在部分植物景观在春夏季节繁花似锦而秋冬季节只见枯枝的现状。因此,结合贵阳城市公园和道路绿地植物色彩的实地调查数据,选取单株植物及群落进行色彩量化,通过在特定的气候条件下找到更理想的植物色彩搭配,建立具有地区特色的园林植物色彩图谱;并从时间轴上动态地研究植物色彩的变化关系,调查植物群落色彩构成及单株植物色彩物候期和色彩变化周期,对其美景度进行评价,构建植物配置可参考的色彩构成属性体系，将艺术设计以科学方式展示，以量化的形式把色彩设计落实到真实的场景中。

第二节　国内外研究概况

早在 1666 年，物理学家牛顿通过三棱镜折射实验研究发现，太阳光通过三棱镜能产生七色光谱（红、橙、黄、绿、蓝、靛、紫）。在物理学上，色彩并非存在于物体本身，是通过对不同波长的光的吸收、反射或透射，形成人眼所感知的色彩。色彩是能引起视觉的电磁波，不同波长的光可以引起人眼不同的颜色感觉，因此不同的光源会产生不同的色彩。从本质上说，色彩是人的眼睛受到光的刺激后，物体通过视觉神经传到中枢神经，留在大脑中的对物体的一种视觉感知。光学是现代色彩学研究的基础，光谱理论也为色彩学之后几百年的研究奠定了基础。19 世纪之后，随着光学等相关学科的发展，色彩学研究的专门著作开始出现，如薛夫鲁尔（Chevreul）的《色彩和谐与对比的原则》、贝佐尔德（Bezold）的《色彩理论》。随着现代色彩理论的进一步发展，很多国家开始对景观色彩进行规划与设计，相继提出了色彩调和理论、现代环境色彩学理论、色彩地理学、色彩四季理论等诸多方面的理论。其中园林植物色彩的美学应用研究一般以色彩调和理论为基础，主要有歇茹尔的色彩调和理论、艾伯特 H. 芒塞尔（Albert H. Munsell）的色彩调和理论、威廉·奥斯特瓦尔德（Wilhelm Ostwald）的色彩调和理论等（郑瑶，2014）。色彩的调和是指在配色构成中按照某种秩序对两种或两种以上的色彩进行配合，以求达到色调上的和谐，给人以舒适的感觉，主要的调和方式有色相一致调和，高、中、低明度和饱和调和，渐变调和等（唐小清等，2017）。随后，20 世纪 70 年代，英国色彩规划专家兰卡斯特针对色彩在现代城市中的演变，进一步提出了"色彩景观"的概念，希望针对城市建设和发展所带来的色彩杂乱、无序以及忽视地方文化传统等问题，寻找一个协调解决的途径（廖宇，2007）。城市环境中的色彩景观广义上涵盖了植被、历史、气候、建筑、文化和社会等诸多因素，色彩成为表达城市的历史文化传统和特色的重要因素（吴薇，2006）。

色彩理论中最有影响力的两个学说莫过于"色彩地理学"（La Geographe de La Couleur）和"色彩四季理论"（Color Theory of Four Seasons）。色彩地理学是法国色彩学界"实践派"领袖让·菲力普·朗克罗（Jean Philippe Lenclos）教授提出的，它是从地缘及文化学的角度来审视、考察和研究地域色彩及其相关问题的学说，其建议把色彩当作国家文化的一种特性，表现每个国家、城市或乡村自己特色的颜色。最初只是集中在法国本土的建筑景观研究上，现已经拓展到世界设计领域范围的各个方面，对推动园林景观色彩的发展也有积极意义。在进行植物色彩搭配设计时，需要依据所在区域的地理环境、文化传统、风俗习惯等客观条件对现状植物色彩进行实地调查和提取，才能获得该区域独特的植物色彩。"色彩四季理论"则是在瑞士色彩学家约翰内斯·伊顿（Jogannes ltten）的"主观色彩特征"下形成的，20世纪80年代初由美国人卡罗尔·杰克逊（Carol Jackson）女士所创导并风靡欧美，是西方当今各领域色彩设计研究的重要理论依据之一。1998年被于西蔓女士引入中国（代维，2007）。

　　此外，国外最早的色彩参照标准起源于19世纪初《色谱》等色彩图表的出现。到20世纪40年代，英国皇家园艺协会与英国色彩委员会合作，为造园家建立了一套属于自己的植物色谱，造园家开始利用该植物色谱指导植物种植设计中的色彩设计（王晓俊，2005）。在这之后，植物色彩及其搭配应用研究的代表人物鲍德梵·格鲁菲兹（Bodfan Gruffydd），在其著作 Tree Form，Size and Colour 中，以木本植物为主，详细论述了植物在色彩、形态以及大小等方面的应用配置。英国设计师彭尼·斯威夫特（Penny Swift）在2000年出版的《庭园风格与设计》中，以色盘为基本工具来选择植物，从而搭配成完美的色彩组合。英国园艺设计师卡罗琳·博伊塞特（Caroline Boisset）在2002年出版的《园艺设计大全②》一书中对色彩、和谐色彩的搭配、单色花园、纯绿色花园等花园植物的配置方法有所介绍。美国设计师莱斯辛斯基（Leszczynski）在2004年出版的《植物景观设计》中的"发展植物的调色板"一章以植物的色彩为对象分析了自然的颜色、色彩的配置和调和的基本原则。

　　我国城市植物景观色彩研究在相当长一段时期内处于滞后阶段，没有形成相对系统的理论研究，更少有实践应用。这主要由于我国在改革开放之前，经济发展相对落后，城市发展和环境建设没有受到足够的重视，并且近代中国色彩理论发展较为缓慢，更多的是通过引入国外色彩理论。因此，我国近代风景园林色彩理论研究多散见在各种论著中，未形成独立的章节进行深入描述，且多集中在古典园林色彩的作用、审美与品鉴中（刘毅娟，2014）。例如，金学智的《中国园林美学》概括了南北造园色彩的区别，以及差异背后的文化特点。直到1993年，我国制定颁布了《中国颜色体系》，我国在色彩度量上才有了自己的标准体系（王思琦，2013）。

　　近年来，随着经济的快速发展以及生活水平的日益提升，人们对植物景观的可赏性要求越来越高，有关园林植物色彩的研究才越发多样化。各地专家学者在彩色树种的开发育种、植物色彩景观的取色与分类、植物色彩景观配置实践、植物色彩景观质量评价等多个方面都有所建树。林敏捷（2007）在列举我国彩色树种资源时，表明当时引入国内的彩色苗木品种就已有100多个，如'美国红栌''美国红枫''美国紫叶矮樱''金叶小檗'等，都在国内园林绿化界引起了不小的反响。杨敏娣等（2012）列举了 3 种专门的植物色彩采集方法，包括比色卡取色、仪器测量法和相机拍摄取色法。其中比色卡取色是指利用 RHS 色卡、Pantone 通用色卡、NSC 色卡等比色卡直接与植物的叶片、花卉进行比对，得到最接近的色号；仪器测量法是用测色仪设备对植物进行色彩测量；相机拍摄取色法是用数码相机拍摄植物景观整体照片，结合 Photoshop、Color Impact 等计算机软件进行颜色提取，得到色彩的各项要素数值。申世广等（2021）将色彩系统类型分为两类：一类是依据物质自身所表现出来的各种原色，通过物理性刺激叠加形成的混色系统，如我们所熟悉的 RGB（三原色）色彩模式、CIELab（表色体系）色彩模式；另一类是基于人眼分辨能力的表色系统，以视觉感知为基础，可以更好地反映植物色彩景观复杂且多样的色彩组合，如自然色系统（NCS）、HSB（色相、饱和度、明度）颜色模式。目前的研究多侧重于使用表色系统对植物色彩景观进行分类，但分类依据、色彩系统的选择目前尚无统一的标准，不利于研究成果之间的相互比较与借鉴。

植物色彩景观配置的实践方面更是广泛。有研究者针对某一地区、某一绿地类型总结归纳不同色彩的变化及其应用搭配，提出优秀的配置群落：王晓博（2008）通过对哈尔滨 154 种树木叶色动态变化的 NCS、CMYK（印刷四色模式）、RGB 色彩值进行研究，提出了用色彩值数据源结合计算机进行季相色彩设计的方法；陈丽飞等（2019）开展的长春市高校植物秋季色彩调查与 NCS 量化研究。也有结合心理、生理与社会意义进行的相关研究：李霞等（2010）综述了植物色彩对人的生理、心理影响方面的研究进展，总结了评价植物色彩对人影响的相关研究方法，探讨了植物色彩在园林植物景观设计中的应用前景和重要意义；谢晨（2018）从植物的环境色彩着手进行研究，从视觉治疗的角度进行分析，探讨了色彩因素对人的心理及身体健康的积极作用。在植物色彩景观质量评价方面：一是通过采集不同季节植物花、果、叶色彩数据，定量研究色彩要素变化和色彩的动态持续特征；彭丽军（2012）通过运用 RHS 色卡对 20 种北京常见秋色叶树种的叶色渐变进程进行了记录统计，得到了对应植物的秋色叶渐变色彩，并对这些树种的秋色观赏期和变色率进行了初步总结分析。二是通过实地拍摄照片结合调查问卷，采用层次分析法（AHP）、美景度评判法（SBE）等评价方法对照片进行评价，构建色彩评价模型，为植物色彩配置及物种选择提供合理建议；赵秋月等（2018）基于美景度评判法和植物组合色彩量化构建了福州西湖公园园林植物组合美景度模型；白晓霞（2019）采用层次分析法构建了榆林市榆林学院绿地的植物色彩评价体系。

第三节　单体植物色彩属性特征及季相变化

经过前期对贵阳市几个典型公园的实地预调查与相关资料的分析。在 2018 年 3 月至 2019 年 3 月,研究选定贵阳市常用园林植物 126 种作为植物色彩持续调查对象。其中在植物预调查初期通过对植物出现的次数进行统计,以预调查统计中出现频数在 5 次以上的植物界定为常用园林植物,并根据分析需要,按照群落垂直结构分为上、中、下 3 层,把群落上层规定为乔木层,中间层定义为灌木层,下层定义为地被层,其中地被层包含生活型中的草本、藤本和垫状植物。此外,为补全贵阳市植物色彩色系,扩大调查范围,在 2019 年 10~12 月,侧重于彩叶植物类中常色叶、双色叶和斑色叶植物的调查,选择 54 种彩叶植物进行色彩的调查提取。在先后两次调查的基础上,运用计算机辅助语言 R 语言和 Matlab 软件对相关的植物色彩进行量化分析,探析贵阳市地区季相植物色彩的四季属性变化特征,并根据色彩贡献值从贵阳市常用园林植物中筛选四季优质的观赏植物,以期为植物色彩的应用和城市园林植物色彩管理提供理论依据。

一、叶色属性变化特征

1. 乔木类叶色属性变化特点

在色彩的基础理论中,色彩的类别分为有彩色和无彩色,无彩色指白色、黑色和由白色、黑色调和各种深浅不同的灰色。此外,有关色彩的属性包括:色相、明度、纯度。其中色相与纯度是有彩色才具有的属性,而明度则是无彩色与有彩色所共有的属性。色相是用于区别色彩的名称,简单来说即为色彩的相貌;明度表示色彩的明暗强度,明度高的色彩较明亮;纯度又称饱和度,即色彩的鲜艳程度,表示颜色鲜艳或浑浊程度的属性。

研究将采集到的乔木季相色彩数据做成色彩可视图(图 6-1)。由图可知,一年中各植物色彩的外观表现随时间的变化而呈现不同的色彩,整体在视觉效果上表现为从明亮鲜艳逐渐向深暗浑浊变化。春季(3~5 月)色彩主要表现为黄色和黄绿色,其余季节主要表现为绿色和蓝绿色,其中部分植物在 12 月至翌年 2 月无色彩可视图,主要是由于这部分植物在此时间段内树叶凋落。从季相色彩来看,有的植物季相色彩变化明显,而有的植物色彩在视觉可辨范围内变化小,如季相色彩变化大的植物有碧桃 *Amygdalus persica* var. *persica* f. *duplex*、桂花 *Osmanthus fragrans*、红枫 *Acer palmatum* 'Atropurpureum'、水杉 *Metasequoia glyptostroboides*、无患子 *Sapindus saponaria* 等,其主要原因是这些植物在春季嫩叶时期色彩较红嫩，或者在秋季时为秋色叶。其中季相色彩变化最不明显的植物主要有铺地柏 *Juniperus procumbens*、荷花玉兰 *Magnolia grandiflora*、雪松 *Cedrus deodara* 和柞木 *Xylosma congesta* 等一些常绿植物。

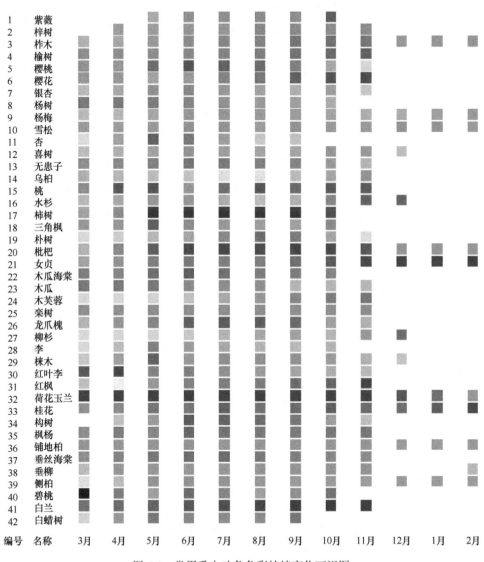

编号	名称	3月	4月	5月	6月	7月	8月	9月	10月	11月	12月	1月	2月
1	紫薇												
2	梓树												
3	柞木												
4	榆树												
5	樱桃												
6	樱花												
7	银杏												
8	杨树												
9	杨梅												
10	雪松												
11	杏												
12	喜树												
13	无患子												
14	乌桕												
15	桃												
16	水杉												
17	柿树												
18	三角枫												
19	朴树												
20	枇杷												
21	女贞												
22	木瓜海棠												
23	木瓜												
24	木芙蓉												
25	栾树												
26	龙爪槐												
27	柳杉												
28	李												
29	楝木												
30	红叶李												
31	红枫												
32	荷花玉兰												
33	桂花												
34	构树												
35	枫杨												
36	铺地柏												
37	垂丝海棠												
38	垂柳												
39	侧柏												
40	碧桃												
41	白兰												
42	白蜡树												

图 6-1　常用乔木叶色色彩持续变化可视图

　　乔木层植物叶色色相全年分布于 13 个色相等级中，其中分布在 H-6、H-7、H-8 3 个等级的较多，3～4 月植物种类分布最多的色相等级是 H-6，5～10 月植物种类分布最多的色相等级是 H-7，10～12 月及 1～2 月植物种类分布最多的色相等级是 H-8，由此说明：乔木层植物叶色色相随时间变化主要分布在黄绿色（H-6、

H-7、H-8）3 个色相等级中（表 6-1）。

表 6-1　乔木层叶色各色相等级植物种类分布

序号	色相等级	1 月	2 月	3 月	4 月	5 月	6 月	7 月	8 月	9 月	10 月	11 月	12 月
1	H-1	0	0	1	1	0	0	0	0	1	0	2	1
2	H-2	0	0	2	1	0	0	0	0	0	1	1	1
3	H-3	0	0	1	0	0	0	0	1	1	1	0	0
4	H-4	0	0	0	0	0	0	0	0	0	2	4	0
5	H-5	0	1	10	2	0	1	1	2	2	5	5	0
6	H-6	1	1	17	19	8	7	7	4	10	8	3	3
7	H-7	3	3	8	13	19	21	21	19	15	11	7	3
8	H-8	6	4	0	7	12	9	6	7	9	7	8	6
9	H-9	0	2	0	0	4	5	6	2	4	2	2	0
10	H-10	0	0	0	0	1	1	1	3	2	1	0	0
11	H-11	0	0	0	0	0	0	2	2	2	1	1	0
12	H-23	0	0	0	1	0	0	0	0	0	0	0	1
13	H-24	1	1	1	0	0	0	0	0	0	1	1	1

注：H-1 为红色，H-2 为橘红色，H-3 为橙色，H-4 为橙黄色，H-5 为黄色，H-6 为黄绿色，H-7 为黄绿色，H-8 为黄绿色，H-9 为绿色，H-10 为蓝绿色，H-11 为蓝绿色，H-23 为紫红色，H-24 为品红；表中数据单位为种，其余类似表同

乔木层植物叶色饱和度全年分布于 7 个等级中，其中分布在 S-3、S-4、S-5 3 个等级的较多，3 月植物种类分布最多的饱和度等级是 S-5，4~8 月植物种类分布最多的饱和度等级是 S-4，9~12 月及 1~2 月植物种类分布最多的饱和度等级是 S-3，由此说明：乔木层植物叶色饱和度随时间变化主要分布在 S-3、S-4、S-5 3 个饱和度等级中（表 6-2）。

表 6-2　乔木层叶色各饱和度等级植物种类分布

序号	饱和度等级	1 月	2 月	3 月	4 月	5 月	6 月	7 月	8 月	9 月	10 月	11 月	12 月
1	S-1	0	0	0	0	0	0	0	0	0	0	1	0
2	S-2	3	2	2	2	3	1	2	2	5	2	2	3
3	S-3	5	6	4	5	11	12	11	14	14	14	10	5
4	S-4	0	0	7	11	11	15	19	19	14	10	9	3
5	S-5	1	2	15	11	11	9	6	4	6	13	9	2
6	S-6	0	0	11	11	6	4	4	3	3	1	2	0
7	S-7	0	0	0	1	0	1	0	0	0	0	0	0

注：S-1 为低饱和度，S-2 为低微饱和度，S-3 为中微饱和度，S-4 为中饱和度，S-5 为中强饱和度，S-6 为高强饱和度，S-7 为高饱和度

乔木层植物叶色明度全年分布于 4 个等级中，其中 3～12 月植物种类分布较多的明度等级是 B-4、B-5，1～2 月植物种类分布较多的明度等级是 B-3、B-4，由此说明：乔木层植物叶色明度随时间变化主要分布在 B-3、B-4、B-5 3 个明度等级中（表 6-3）。

表 6-3　乔木层叶色各明度等级植物种类分布

序号	明度等级	1 月	2 月	3 月	4 月	5 月	6 月	7 月	8 月	9 月	10 月	11 月	12 月
1	B-3	2	2	1	3	6	8	6	6	5	9	7	2
2	B-4	7	7	17	19	23	29	26	27	27	19	12	6
3	B-5	0	1	13	16	11	5	9	8	9	11	10	5
4	B-6	0	0	8	3	2	0	1	1	1	1	4	0

注：B-3 为中微明度，B-4 为中明度，B-5 为中强明度，B-6 为高强明度

综上所述，乔木层植物全年色相主要分布于黄绿色系，明度和饱和度主要分布于中微、中和中强等级。

2. 灌木类叶色属性变化特点

将采集到的灌木色彩数据做成可视图（图 6-2），结果表明：灌木的季相色彩变化与乔木相比，种类更加丰富多样，季相变化明显的植物种类更多，其中具有代表性的植物有红花檵木 *Loropetalum chinense* var. *rubrum*、金丝桃 *Hypericum monogynum*、木槿 *Hibiscus syriacus*、南天竹 *Nandina domestica*、绣线菊 *Spiraea salicifolia* 等，另外一些绿叶类的植物色彩的新老叶之间的变化也十分明显，代表性的植物有杜鹃 *Rhododendron simsii*、金钟花 *Forsythia viridissima*、金叶女贞 *Ligustrum* × *vicaryi*、石榴 *Punica granatum* 等，冬季持续呈现叶色色彩的植物种类占比较乔木大。同样，灌木类植物色彩在春季主要表现为黄绿色，在夏秋季节主要表现为绿色和蓝绿色，如杜鹃、枸骨 *Ilex cornuta* 等植物；在冬季，除少数彩叶植物之外，大多数植物都表现为蓝绿色，且明亮程度最低。

由表 6-4 得出：灌木层植物叶色色相全年分布于 17 个等级中，其中分布在 H-6、H-7、H-8、H-9 4 个等级的较多，3～4 月植物种类分布最多的色相等级是 H-6，5～9 月及 11 月植物种类分布最多的色相等级是 H-7，10 月及 1～2 月植物种类分布最多的色相等级是 H-8，12 月植物种类分布最多的色相等级是 H-9，由此说明：灌木层植物叶色色相随时间变化主要分布在 H-6、H-7、H-8、H-9 4 个色相等级中。

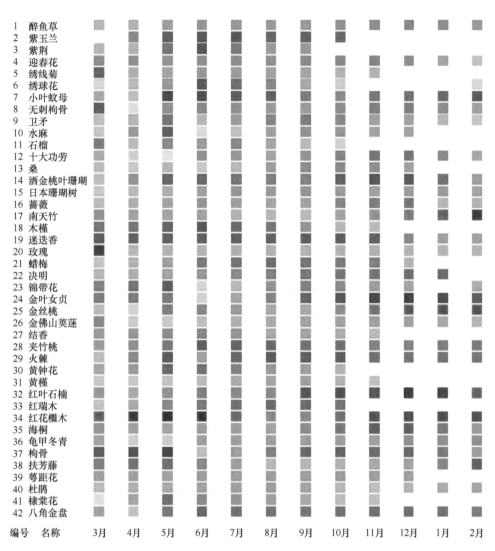

图 6-2 常用灌木叶色色彩持续变化可视图

表 6-4 灌木层叶色各色相等级植物种类分布

序号	色相等级	1月	2月	3月	4月	5月	6月	7月	8月	9月	10月	11月	12月
1	H-1	0	0	0	0	0	0	0	0	0	0	0	1
2	H-2	0	0	3	0	0	0	0	0	0	1	0	0
3	H-3	0	0	0	1	0	0	0	0	0	0	2	0
4	H-4	0	0	1	0	0	0	0	0	0	1	2	0
5	H-5	1	1	3	1	0	0	0	0	1	4	0	2
6	H-6	2	4	12	13	6	8	6	6	10	7	5	2
7	H-7	2	4	8	18	13	14	15	14	9	9	8	7

续表

序号	色相等级	1月	2月	3月	4月	5月	6月	7月	8月	9月	10月	11月	12月
8	H-8	8	6	5	2	13	10	9	8	12	11	6	4
9	H-9	4	3	2	4	5	5	7	7	4	3	6	8
10	H-10	3	1	1	0	1	2	2	4	3	1	2	3
11	H-11	1	2	1	0	1	0	0	0	0	1	1	0
12	H-12	0											
13	H-20	0	0	1	0	0	0	0	0	0	0	0	0
14	H-21	0	0	0	0	0	0	0	0	0	0	0	0
15	H-22	0	0	0	0	1	1	0	0	0	0	0	0
16	H-23	1	1	1	0	0	0	1	1	0	0	1	1
17	H-24	2	2	1	0	0	0	0	1	1	1	1	1

注：H-1 为红色，H-2 为橘红色，H-3 为橙色，H-4 为橙黄色，H-5 为黄色，H-6 为黄绿色，H-7 为黄绿色，H-8 为黄绿色，H-9 为绿色，H-10 为蓝绿色，H-11 为蓝绿色，H-12 为蓝绿色，H-20 为紫色，H-21 为品红，H-22 为微品红，H-23 为紫红色，H-24 为品红

由表 6-5 得出：灌木层植物叶色饱和度全年分布于 7 个等级中，其中分布在 S-3、S-4、S-5 3 个等级的较多，3～4 月植物种类分布最多的饱和度等级是 S-5，5～7 月植物种类分布最多的饱和度等级是 S-4，8～12 月及 1～2 月植物种类分布最多的饱和度等级是 S-3，由此说明：灌木层植物叶色饱和度随时间变化主要分布在 S-3、S-4、S-5 3 个饱和度等级中。

表 6-5　灌木层叶色各饱和度等级植物种类分布

序号	饱和度等级	1月	2月	3月	4月	5月	6月	7月	8月	9月	10月	11月	12月
1	S-1	0	0	0	1	0	0	0	0	0	0	0	0
2	S-2	5	6	2	0	2	0	0	1	2	2	3	2
3	S-3	13	12	3	2	2	6	11	15	16	17	17	19
4	S-4	5	5	11	13	22	15	14	11	15	17	10	6
5	S-5	1	3	18	17	12	14	12	12	7	2	5	2
6	S-6	2	1	7	7	4	7	5	2	1	3	1	2
7	S-7	0	0	0	2	0	0	0	1	1	0	0	0

注：S-1 为低饱和度，S-2 为低微饱和度，S-3 为中微饱和度，S-4 为中饱和度，S-5 为中强饱和度，S-6 为高强饱和度，S-7 为高饱和度

由表 6-6 得出：灌木层植物叶色明度全年分布于 4 个等级中，分别是 B-3、

B-4、B-5、B-6。其中 3～4 月植物种类分布最多的明度等级是 B-5，1～2 月及 5～12 月植物种类分布最多的明度等级是 B-4，由此说明：灌木层植物叶色明度随时间变化主要分布在 B-4、B-5 两个明度等级中。

表 6-6　灌木层叶色各明度等级植物种类分布

序号	明度等级	1 月	2 月	3 月	4 月	5 月	6 月	7 月	8 月	9 月	10 月	11 月	12 月
1	B-3	5	5	3	2	9	9	5	6	4	7	8	7
2	B-4	14	14	14	13	18	17	20	23	28	22	17	18
3	B-5	6	6	22	24	14	13	17	13	10	12	11	5
4	B-6	1	2	2	3	1	3	0	0	0	0	0	1

注：B-3 为中微明度，B-4 为中明度，B-5 为中强明度，B-6 为高强明度

综上所述，灌木层植物全年色相主要分布于黄绿色和绿色系，饱和度主要分布于中微、中和中强等级，明度主要分布于中和中强等级。

3. 地被类叶色属性变化特点

将采集到的地被色彩数据做成可视图（图 6-3），由图可以看出：地被植物色彩种类单一，季相色彩变化较小，每个季节色彩的丰富程度相当，基本上是黄绿色、绿色和蓝绿色，从单一植物季相色彩变化看，变化较明显的植物有旱金莲 *Tropaeolum majus*、黄金菊 *Euryops pectinatus*、牵牛 *Ipomoea nil*、萱草 *Hemerocallis fulva*、紫娇花 *Tulbaghia violacea* 等，但与乔、灌木季相色彩变化相比较，最明显的特征是缺少彩叶类植物，叶色季相色彩变化较小。其主要原因是地被植物的嫩叶生长发育期较短，采集色彩数据时地被植物的色彩已经是成熟时期持续的色彩，虽然地被植物色彩变化单一，观赏性相对较低，但大多是观花植物，其观赏性状主要是花色，叶色主要是陪衬作用。

由表 6-7 得出：地被层植物叶色色相全年分布在 9 个等级中，其中分布在 H-6、H-7、H-8 3 个等级的较多，全年植物种类分布最多的色相等级是 H-7，其次分布较多的色相等级是 H-8，再次是 H-6，其余色相等级植物种类分布少。由此说明：地被层植物叶色色相随时间变化主要分布在 H-6、H-7、H-8 3 个色相等级中。

由表 6-8 得出：地被层植物叶色饱和度全年主要分布在 6 个等级中，其中分布在 S-3、S-4、S-5 3 个等级的较多，4 月植物种类分布最多的饱和度等级是 S-5，3 月和 5 月植物种类分布最多的饱和度等级是 S-4，其他月份植物种类分布最多的饱和度等级是 S-3，由此说明：地被层植物叶色饱和度随时间变化主要分布在 S-3、S-4、S-5 3 个饱和度等级中。

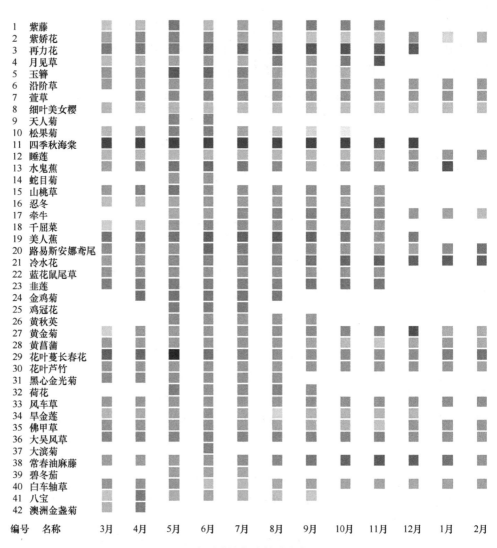

图 6-3　常用地被色彩持续变化可视图

表 6-7　地被层叶色各色相等级植物种类分布

序号	色相等级	1月	2月	3月	4月	5月	6月	7月	8月	9月	10月	11月	12月
1	H-4	0	0	2	1	1	1	1	1	1	1	2	1
2	H-5	0	1	0	0	0	0	0	1	1	2	2	0
3	H-6	4	2	9	5	5	6	4	5	7	5	5	3
4	H-7	4	4	14	19	16	18	15	10	7	8	7	5
5	H-8	3	3	3	5	9	6	8	10	7	6	3	3
6	H-9	3	3	3	3	8	7	6	3	6	5	5	4

续表

序号	色相等级	1月	2月	3月	4月	5月	6月	7月	8月	9月	10月	11月	12月
7	H-10	3	4	1	1	1	2	3	5	3	2	3	5
8	H-11	0	0	0	0	0	1	0	1	2	1	1	1
9	H-12	1	0	0	0	0	0	0	1	0	0	1	0

注：H-4 为橙黄色，H-5 为黄色，H-6 为黄绿色，H-7 为黄绿色，H-8 为黄绿色，H-9 为绿色，H-10 为蓝绿色，H-11 为蓝绿色，H-12 为蓝绿色

表6-8　地被层叶色各饱和度等级植物种类分布

序号	饱和度等级	1月	2月	3月	4月	5月	6月	7月	8月	9月	10月	11月	12月
1	S-2	3	3	0	0	1	0	1	0	1	1	2	3
2	S-3	9	8	5	5	8	16	16	19	18	15	12	12
3	S-4	3	3	12	12	17	14	13	10	11	10	9	6
4	S-5	2	2	9	13	10	7	5	5	3	4	6	1
5	S-6	1	1	6	4	4	3	2	1	1	1	0	0
6	S-7	0	0	0	0	0	1	1	1	0	0	0	0

注：S-2 为低微饱和度，S-3 为中微饱和度，S-4 为中饱和度，S-5 为中强饱和度，S-6 为高强饱和度，S-7 为高饱和度

由表6-9 得出：地被层植物叶色明度全年主要分布在 4 个等级中，分别是 B-3、B-4、B-5、B-6。其中 1~2 月及 5~12 月植物种类分布最多的明度等级是 B-4，3~4 月植物种类分布最多的明度等级是 B-5，由此说明：地被层植物叶色明度随时间变化主要分布在 B-4、B-5 两个明度等级中。

表6-9　地被层叶色各明度等级植物种类分布

序号	明度等级	1月	2月	3月	4月	5月	6月	7月	8月	9月	10月	11月	12月
1	B-3	2	1	2	1	3	1	1	3	2	2	5	5
2	B-4	11	10	9	18	24	31	24	23	21	17	14	13
3	B-5	4	6	19	15	13	9	13	9	11	11	10	4
4	B-6	1	0	2	0	0	0	0	1	0	1	0	0

注：B-3 为中微明度，B-4 为中明度，B-5 为中强明度，B-6 为高强明度

综上所述，地被层植物全年色相主要分布于黄绿色系，饱和度主要分布于中微、中和中强等级，明度主要分布于中和中强等级。

4. 植物叶色总属性四季变化特征

以持续调查的所有植物为对象，依照月份划分为 12 个月，对于持续调查得到

的植物叶片色彩信息数据，按照色彩三要素将色彩数据划分为色相值、饱和度和明度 3 组数据，并将得到的色彩数据以折线图的形式绘制各自的关系特征图，分析色彩特征在一年中的变化情况。色彩总属性四季变化特征只分析叶色变化，下一小节中的花色不做分析，原因在于植物花期的时间较短，主要的观赏色彩比较稳定，无明显变化。

（1）色相变化特征分析

植物叶色色相值的变化可以分为 3 个不同的典型时间段（图 6-4）。第一个时间段是春季（3~5 月），植物色相值逐渐增大，依次是 96.34°、97.1°、107.88°，表明春季整体景观叶色变化在视觉上表现为从黄绿色逐渐向绿色转变；第二个时间段是夏秋季节（6~11 月），植物色相值保持一个相对稳定状态，即夏秋季节整体景观叶色表现出来的视觉效果变化不明显，其中在 10 月时色相值减小，主要是由于 10 月多数叶色呈现为秋色叶，叶色会由绿色向黄绿色转变；第三个时间段为冬季（12 月至翌年 2 月），植物色相值在 12 月和 1 月时增大，在翌年 2 月时减小，即整体景观色彩先继续向绿色转变，到翌年 1 月之后色彩开始向黄绿色转变，其原因是翌年 1 月部分植物开始长出新叶，整体景观色彩开始表现出黄色成分。

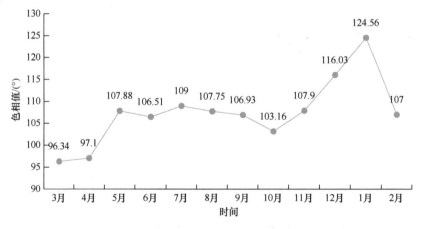

图 6-4 植物叶色色相平均值变化

（2）饱和度变化特征分析

植物各个月饱和度数值逐渐减小，表明整体植物景观色彩的饱和度呈现下降趋势（图 6-5）。即随着植物的生长，整体景观色彩的色相感逐渐变得含糊不清，其中 4 月饱和度均值最大，为 60.77%，属于分级中的中强饱和度；最低的是 12 月，其值为 39.64%，属于分级中的中微饱和度，该时期的景观色相感最模糊，且翌年 1 月和 2 月饱和度值也较低，分别为 40.52%、39.88%，说明冬季的饱和度值变化较小，其原因主要是春季为嫩叶刚开始长出的季节，新叶色彩鲜亮，色相纯度大，因此饱和度最高，随着叶片的生长，植物色彩发生变化，色彩纯度减弱，色相感表现模糊，故叶片饱和度下降。

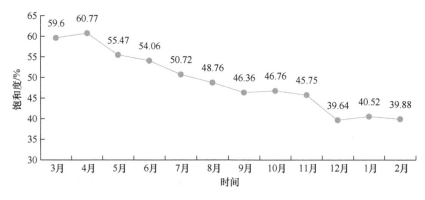

图 6-5　植物叶色饱和度平均值变化

（3）明度变化特征分析

植物叶色明度值在春季逐渐减小，从 61.35% 降到 53.77%，表明整体植物景观色彩明度逐渐变暗（图 6-6）。在 5～10 月色彩明度值保持在 53%～55%，表明该时期整体景观色彩明度变化保持相对稳定状态，且明度低。在 12 月，明度降至全年最低，12 月之后便开始持续升高，到 3 月达到最高值，其原因是 11 月秋色叶色彩明度高，到 12 月时秋色叶凋落，主要剩下常绿类植物色彩，1 月之后部分早期发芽的植物开始呈现新叶色彩，刚长出的新叶色彩明度高，故整体景观色彩明度开始上升。

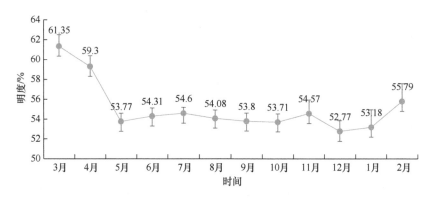

图 6-6　植物叶色明度平均值变化

二、花色季相属性变化特征

1. 乔木类花色季相属性特点

由图 6-7 可知，乔木层植物花色色彩呈现期主要在春季 2～3 月，其他季节乔木类植物出现花色的较少，其中花色为白色的植物有 7 种，占种类的 53.8%，其余主要为红色，故春季乔木层主要花色为红色和白色，夏季和秋季花色观赏效果突出的植物主要是紫薇和木芙蓉两种植物，花色主要为红色系，冬季主要有 3 种植物，且观赏时间在冬末。夏秋季节花色种类少的原因主要是植物花期时间较短，多数植物不超过一个月，如白兰、李、樱桃等，其次是植物开花时间内叶片生长茂盛、花朵较小、花色呈现的可视面积较叶色可视面积相对比例太小，对植物景观色彩效果无明显影响，如日本柳杉 *Cryptomeria japonica*、乌桕 *Triadica sebifera*、柞木 *Xylosma congesta*，这一类乔木植物花色未进行可视图分析；由此看出植物花色大致表现为粉红色和白色两大类。从植物花色持续时间看，持续时间较长的是木芙蓉 *Hibiscus mutabilis* 和紫薇 *Lagerstroemia indica*，是夏秋季节观赏花色的主要植物，且花色色彩与叶色色彩对比明显，是较好的观花树种。

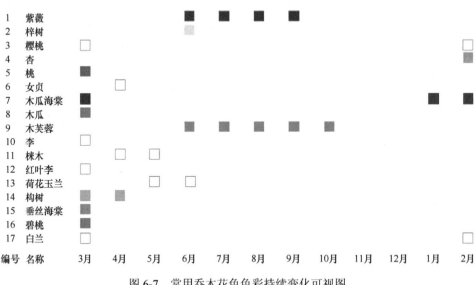

图 6-7　常用乔木花色色彩持续变化可视图

由表 6-10 得出：乔木层植物花色色相全年主要分布在 7 个等级中，其中分布在 H-0、H-22 两个等级中的较多，2～5 月植物种类分布较多的色相等级是 H-0，6～10 月植物种类分布较多的色相等级是 H-22，由此说明：乔木层植物花色色相随时间变化主要分布在 H-0、H-22 两个色相等级中。

表 6-10　乔木层花色各色相等级植物种类分布

序号	色相等级	1月	2月	3月	4月	5月	6月	7月	8月	9月	10月	11月	12月
1	H-0	0	2	4	2	2	1	0	0	0	0	0	0
2	H-4	0	0	0	0	0	1	0	0	0	0	0	0
3	H-5	0	0	1	1	0	0	0	0	0	0	0	0
4	H-21	0	1	0	0	0	0	0	0	0	0	0	0
5	H-22	0	0	0	0	0	2	2	2	2	1	0	0
6	H-23	0	0	4	0	0	0	0	0	0	0	0	0
7	H-24	1	1	1	0	0	0	0	0	0	0	0	0

注：H-0 为白色，H-4 为橙黄色，H-5 为黄色，H-21 为品红，H-22 为微品红，H-23 为紫红色，H-24 为品红

由表 6-11 得出：乔木层植物花色饱和度全年主要分布在 5 个等级中，其中分布在 S-1、S-3、S-5 3 个等级的较多，2～5 月植物种类分布最多的饱和度等级是 S-1，6～10 月植物种类分布较多的饱和度等级是 S-3、S-5，由此说明：乔木层植物花色饱和度随时间变化主要分布在 S-1、S-3、S-5 3 个饱和度等级中。

表 6-11　乔木层花色各饱和度等级植物种类分布

序号	饱和度等级	1月	2月	3月	4月	5月	6月	7月	8月	9月	10月	11月	12月
1	S-1	0	2	4	2	2	1	0	0	0	0	0	0
2	S-3	0	1	2	1	0	1	1	1	1	1	0	0
3	S-4	0	0	3	0	0	1	0	0	0	0	0	0
4	S-5	0	0	0	0	0	1	1	1	1	0	0	0
5	S-7	1	1	1	0	0	0	0	0	0	0	0	0

注：S-1 为低饱和度，S-3 为中微饱和度，S-4 为中饱和度，S-5 为中强饱和度，S-7 为高饱和度

由表 6-12 得出：乔木层植物花色明度全年主要分布在 3 个等级中，分别是 B-5、B-6、B-7。其中 2～5 月植物种类分布最多的明度等级是 B-7，6～10 月植物种类分布最多的明度等级是 B-5，由此说明：乔木层植物花色明度随时间变化主要分布在 B-5、B-7 两个明度等级中。

表 6-12　乔木层花色各明度等级植物种类分布

序号	明度等级	1月	2月	3月	4月	5月	6月	7月	8月	9月	10月	11月	12月
1	B-5	0	0	4	1	0	2	2	2	2	1	0	0
2	B-6	1	2	2	0	0	1	0	0	0	0	0	0
3	B-7	0	2	4	2	2	1	0	0	0	0	0	0

注：B-5 为中强明度，B-6 为高强明度，B-7 为高明度

综上所述，乔木层植物花色全年色相主要分布于白色系和微品红系，饱和度分布于低、中微和中强等级，明度分布于中强和高等级。

2. 灌木类花色季相属性特点

由灌木花色色彩持续可视图（图6-8）可知：灌木花色种类多样，大致可分为白色、红色、黄色、蓝紫色四大色系，其中花色为白色的植物有八角金盘 *Fatsia japonica*、火棘 *Pyracantha fortuneana*、金佛山荚蒾 *Viburnum chinshanense* 等 4 种，花色为红色的植物有红花檵木 *Loropetalum chinense*、夹竹桃 *Nerium oleander*、玫瑰 *Rosa rugosa* 等 9 种，花色为黄色的植物有枸骨 *Ilex cornuta*、黄槿 *Hibiscus tiliaceus*、黄钟花 *Forsythia viridissima* 等 10 种，花色为蓝紫色的植物有杜鹃 *Rhododendron simsii*、萼距花 *Cuphea hookeriana*、迷迭香 *Rosmarinus officinalis* 等 7 种。不同种植物之间呈现的周期长短不一，其中持续时间较长的有萼距花、夹竹桃、玫瑰、醉鱼草 *Buddleja lindleyana* 等植物，这些植物对于增加植物景观色彩

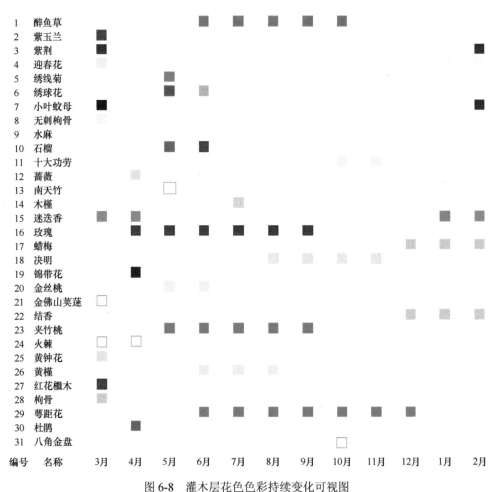

图 6-8　灌木层花色色彩持续变化可视图

持续性有很好的效果，并且都是夏秋季节呈现的彩色类色彩，与夏秋季常绿色彩形成对比，合理应用该类植物花色可有效提高植物景观的观赏价值。然而像枸骨 *Ilex cornuta*、金钟花 *Forsythia viridissima*、木槿 *Hibiscus syriacus*、南天竹 *Nandina domestica* 等植物花色相对于其他植物来说持续时间太短，主要呈现时间都是在初春。

由表 6-13 得出：灌木层植物花色色相全年主要分布在 17 个等级中，其中分布于 H-4、H-21、H-22、H-23、H-24 5 个等级的较多，其中 1~3 月及 8~12 月植物种类分布较多的色相等级是 H-4，4~7 月植物种类分布较多的色相等级是 H-21、H-22、H-23、H-24，由此说明：灌木层植物花色色相随时间变化主要分布在 H-4、H-21、H-22、H-23、H-24 5 个色相等级中。

表 6-13　灌木层花色各色相等级植物种类分布

序号	色相等级	1月	2月	3月	4月	5月	6月	7月	8月	9月	10月	11月	12月
1	H-0	0	0	2	1	0	0	0	0	0	1	0	0
2	H-1	0	0	0	0	1	0	0	0	0	0	0	0
3	H-4	3	3	3	0	1	1	0	1	1	2	2	3
4	H-5	0	0	1	0	0	1	1	0	0	0	0	0
5	H-10	0	0	1	0	0	0	0	0	0	0	0	0
6	H-11	0	0	0	0	0	0	0	0	0	0	0	0
7	H-14	0	0	0	0	0	0	0	0	0	0	0	0
8	H-15	0	1	1	1	0	0	0	0	0	0	0	0
9	H-16	1	0	0	0	0	0	0	0	0	0	0	0
10	H-17	0	1	1	1	0	0	0	0	0	0	0	0
11	H-18	0	0	0	0	0	0	1	0	0	0	0	0
12	H-19	0	0	0	0	0	1	1	1	1	1	0	0
13	H-20	0	0	0	0	1	0	0	0	0	0	0	0
14	H-21	0	1	1	1	0	2	1	1	1	1	1	1
15	H-22	0	0	1	1	0	1	1	1	1	1	0	0
16	H-23	0	1	1	1	0	0	1	0	1	1	0	0
17	H-24	0	0	1	1	1	2	1	1	1	1	0	0

注：H-0 为白色，H-1 为红色，H-4 为橙黄色，H-5 为黄色，H-10 为蓝绿色，H-11 为蓝绿色，H-14 为蓝青色，H-15 为中蓝色，H-16 为中蓝色，H-17 为蓝色，H-18 为靛青，H-19 为蓝紫色，H-20 为紫色，H-21 为品红，H-22 为微品红，H-23 为紫红色，H-24 为品红

由表 6-14 得出：灌木层植物花色饱和度全年主要分布在 7 个等级中，其中分布在 S-1、S-4、S-5、S-7 4 个等级的较多，2~4 月植物种类分布较多的饱和度等级有 S-1、S-5，6~12 月植物种类分布较多的饱和度等级有 S-4、S-7，由此说明：灌木层植物花色饱和度随时间变化主要分布在 S-1、S-4、S-5、S-7 4 个饱和度等级中。

表 6-14　灌木层花色各饱和度等级植物种类分布

序号	饱和度等级	1 月	2 月	3 月	4 月	5 月	6 月	7 月	8 月	9 月	10 月	11 月	12 月
1	S-1	0	0	3	2	1	0	0	0	0	1	0	0
2	S-2	0	0	0	1	0	1	1	0	0	0	0	0
3	S-3	1	2	1	1	0	0	0	0	0	0	0	1
4	S-4	1	1	1	1	1	2	2	2	2	3	2	2
5	S-5	1	3	4	1	2	2	2	2	1	0	0	1
6	S-6	0	0	2	0	0	0	0	0	0	0	0	0
7	S-7	0	0	1	1	1	2	1	2	2	1	1	0

注：S-1 为低饱和度，S-2 为低微饱和度，S-3 为中微饱和度，S-4 为中饱和度，S-5 为中强饱和度，S-6 为高强饱和度，S-7 为高饱和度

由表 6-15 得出：灌木层植物花色明度全年主要分布在 5 个等级中，分别是 B-3、B-4、B-5、B-6、B-7。其中 1～2 月及 10～12 月植物种类分布最多的明度等级是 B-5，3～9 月植物种类分布最多的明度等级是 B-6，由此说明：灌木层植物花色明度随时间变化主要分布在 B-5、B-6 两个明度等级中。

表 6-15　灌木层花色各明度等级植物种类分布

序号	明度等级	1 月	2 月	3 月	4 月	5 月	6 月	7 月	8 月	9 月	10 月	11 月	12 月
1	B-3	0	0	1	0	0	0	0	0	0	0	0	0
2	B-4	0	0	0	1	0	0	0	0	0	0	0	0
3	B-5	1	4	4	2	2	3	2	2	2	2	1	2
4	B-6	2	1	6	3	3	4	4	3	2	0	0	1
5	B-7	1	1	1	1	2	1	0	1	1	3	2	1

注：B-3 为中微明度，B-4 为中明度，B-5 为中强明度，B-6 为高强明度，B-7 为高明度

综上所述，灌木层植物花色色彩较丰富，全年色相主要分布于橙黄色系、品红色系、微品红色系和紫红色色系，饱和度主要分布于低、中、中强和高等级，明度分布于中强和高强等级。

3. 地被类花色季相属性特点

由地被花色色彩持续可视图（图 6-9）可以看出：地被花色主要分布在白色、黄色、红色、蓝色和紫色五大色系中，其中白色系有白车轴草 *Trifolium repens*、山桃草 *Oenothera lindheimeri*、水鬼蕉 *Hymenocallis littoralis* 等 5 种植物，黄色系有澳洲金盏菊 *Calendula officinalis*、大吴风草 *Farfugium japonicum*、黄菖蒲 *Iris pseudacorus* 等 9 种植物，红色系有鸡冠花 *Celosia cristata*、美人蕉 *Canna indica*、四季秋海棠 *Begonia cucullata* 等 7 种植物，蓝色系有花叶蔓长春花 *Vinca major*

'Variegata'、牵牛 *Ipomoea nil*、鼠尾草 *Salvia japonica* 等 10 种植物，紫色系有碧冬茄 *Petunia hybrida*、千屈菜 *Lythrum salicaria* 等 4 种植物，故红色、黄色和蓝色为主要的色彩。其中花色呈现时间主要集中在夏季，其主要原因是多数地被植物的花期是夏季。花色持续时间较长的植物有细叶美女樱 *Glandularia tenera*、四季秋海棠和黄金菊 *Euryops pectinatus*，长达 3 个季节之久，持续时间较短的有荷花 *Nelumbo nucifera*、金鸡菊 *Coreopsis basalis*、牵牛、蛇目菊 *Sanvitalia procumbens* 等。

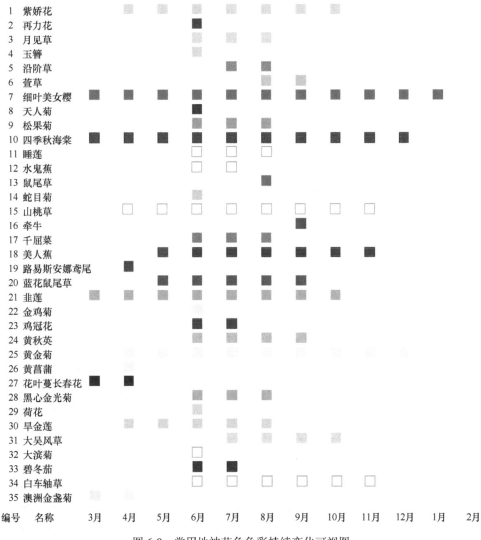

图 6-9　常用地被花色色彩持续变化可视图

由表 6-16 得出：地被层植物花色色相全年主要分布在 16 个等级中，其中分布于 H-4、H-17、H-18、H-24 4 个色相等级的较多，其中 3～9 月植物种类分布较多的色相等级是 H-4、H-17、H-18、H-24 4 个色相等级，10～12 月植物种类分布较多的色相等级是 H-4、H-18、H-24 3 个色相等级。由此说明：地被层植物花色色相随时间变化主要分布在 H-4、H-17、H-18、H-24 4 个色相等级中。

表 6-16 地被层花色各色相等级植物种类分布

序号	色相等级	1月	2月	3月	4月	5月	6月	7月	8月	9月	10月	11月	12月
1	H-0	0	0	0	0	0	1	1	1	0	0	0	0
2	H-2	0	0	0	1	1	1	1	2	1	0	0	0
3	H-3	0	0	0	0	0	2	2	2	1	0	0	0
4	H-4	0	0	1	3	1	3	3	2	2	2	1	1
5	H-5	0	0	0	0	0	1	1	1	0	0	0	0
6	H-8	0	0	0	0	0	1	1	1	1	1	1	0
7	H-9	0	0	0	0	0	0	1	1	1	1	1	0
8	H-12	0	0	0	0	0	1	0	0	0	0	0	0
9	H-16	0	0	1	1	1	1	1	0	0	0	0	0
10	H-17	0	0	2	3	3	2	2	3	3	1	0	0
11	H-18	1	0	1	2	2	3	3	3	2	2	1	1
12	H-19	0	0	0	0	0	0	1	0	0	0	0	0
13	H-20	0	0	0	0	0	1	1	1	0	0	0	0
14	H-21	0	0	0	0	0	2	2	2	1	0	0	0
15	H-22	0	0	0	0	0	1	0	0	0	0	0	0
16	H-24	0	0	1	1	2	4	3	2	2	2	2	1

注：H-0 为白色，H-2 为橘红色，H-3 为橙色，H-4 为橙黄色，H-5 为黄色，H-8 为黄绿色，H-9 为绿色，H-12 为绿青色，H-16 为中蓝色，H-17 为蓝色，H-18 为靛青，H-19 为蓝紫色，H-20 为紫色，H-21 为品红，H-22 为微品红，H-24 为品红

由表 6-17 得出：地被层植物花色饱和度全年主要分布在 7 个等级中，其中分布在 S-1、S-4、S-7 3 个等级的较多，3～5 月植物种类分布较多的饱和度等级是 S-1、S-7，6～11 月植物种类分布较多的饱和度等级有 S-1、S-4、S-7，由此说明：地被层植物花色饱和度随时间变化主要分布在 S-1、S-4、S-7 3 个饱和度等级中。

表 6-17　地被层花色各饱和度等级植物种类分布

序号	饱和度等级	1 月	2 月	3 月	4 月	5 月	6 月	7 月	8 月	9 月	10 月	11 月	12 月
1	S-1	0	0	1	2	2	5	5	3	2	2	2	0
2	S-2	0	0	0	1	1	2	1	1	1	1	0	0
3	S-3	0	0	1	2	2	4	3	3	1	1	0	0
4	S-4	0	0	1	1	1	3	4	6	2	0	0	0
5	S-5	1	0	1	2	1	2	1	1	2	1	1	1
6	S-6	0	0	1	2	2	3	2	2	2	1	1	1
7	S-7	0	0	2	2	1	7	5	4	3	2	2	1

注：S-1 为低饱和度，S-2 为低微饱和度，S-3 为中微饱和度，S-4 为中饱和度，S-5 为中强饱和度，S-6 为高强饱和度，S-7 为高饱和度

由表 6-18 得出：地被层植物花色明度全年主要分布在 4 个等级中，分别是 B-4、B-5、B-6、B-7。其中 3～5 月植物种类分布最多的明度等级是 B-7，6～12 月植物种类分布最多的明度等级是 B-6，由此说明：地被层植物花色明度随时间变化主要分布在 B-6、B-7 两个明度等级中。

表 6-18　地被层花色各明度等级植物种类分布

序号	明度等级	1 月	2 月	3 月	4 月	5 月	6 月	7 月	8 月	9 月	10 月	11 月	12 月
1	B-4	0	0	1	1	0	0	0	0	0	0	0	0
2	B-5	0	0	0	1	1	4	3	3	1	0	0	0
3	B-6	0	0	2	3	4	15	14	13	10	7	5	2
4	B-7	1	0	3	7	5	7	5	4	2	2	1	1

注：B-4 为中明度，B-5 为中强明度，B-6 为高强明度，B-7 为高明度

综上所述，地被层植物花色色彩丰富，全年色相主要分布于橙黄色系、蓝色系、靛青色系和品红色系，饱和度主要分布于低、中和高等级，明度分布于高强和高等级，色彩较为明亮。

三、常年异色叶色彩属性特征

常年异色叶树种是指在整个生长季（常绿树是终年）内都可以保持绚丽的叶色或具有彩斑的树种（彭丽军，2012）。在少花的季节会显得格外引人注目，极大地丰富城市园林色彩。贵阳市常年异色叶园林树种资源为 54 种（见附录 1），分属 33 科 47 属，其中乔木 4 种、灌木 21 种、藤本 4 种、地被及草本 25 种。异色叶植物颜色突出，植物配置多用于前、中景色，故灌木和地被及草本种类较丰富，而乔木和藤本较少。

1. 植物典型色 RHS 编号及量化叶色值

（1）常色叶

由表 6-19 可知，贵阳市内常色叶植物共有红、橙、黄、蓝、紫 5 个色系，细分为 18 个典型色（即植物色彩占总体 70% 以上的颜色）。紫色系的植物最多，共有 9 种，草本和灌木占 56%；红色系有 5 种，主要是地被及草本植物和乔木；蓝色系有 4 种，大部分是草本，灌木有 1 种；黄色系有 3 种，2 种灌木，1 种草本；橙色系只有金焰绣线菊 1 种。

表 6-19　贵阳市常色叶植物叶色 RHS 编号及量化叶色值（HSB 值）

色系	色样	植物种类	RHS 典型色编号	色调	HSB 值
红		四季秋海棠	187A	dark red（暗红）	348-45-25
		血草	N79B	vivid purplish red（鲜紫红）	352-45-27
		血苋	61A	moderate red（中红）	350-57-30
		肾形草	N77B	deep purplish red（暗紫红）	9-41-39
		红枫	47A	strong reddish purple（深红紫）	358-63-47
橙		金焰绣线菊	181A	moderate red（中红）	23-57-46
黄		黄金串钱柳	12A	vivid yellow（鲜黄）	52-50-76
		佛甲草	149B	brilliant yellow green（亮黄绿）	68-53-82
		金叶女贞	141A	deep yellowish green（深黄绿）	70-70-61
蓝		石竹	123B	very light bluish green（非常浅蓝绿）	86-28-53
		迷迭香	117B	very light greenish blue（非常浅青蓝）	84-24-41
		蓝羊茅	100C	light purplish blue（浅紫蓝）	94-23-44
		水果蓝	98D	light purplish blue（浅紫蓝）	80-19-42
紫		红花檵木	N79A	dark purplish red（暗紫红）	21-18-37
		红星朱蕉	N77A	greyish purple（灰紫）	4-18-33
		紫叶小檗	N79B	dark purplish red（暗紫红）	21-31-48
		紫竹梅	86A	greyish purple（中紫）	338-19-23
		紫叶李	N92A	dark greyish purple（暗灰紫）	0-32-22
		紫叶美人蕉	N77D	greyish purplish red（灰紫红）	29-46-28
		筋骨草	79A	dark purple（暗紫）	324-46-28
		紫叶酢浆草	53B	strong red（深红）	290-39-52
		黑麦冬	202A	dark greyish purple（暗灰紫）	90-5-15

色彩的冷暖属性是由色彩的物理现象给人心理的一种反映，是人对色彩最直接的冷暖感觉，最暖的色为橙色，称为暖极。最冷的色为蓝色，称为冷极。紫与绿属于中性色（哈拉尔德·布拉尔姆，2003）。结果显示，贵阳市内常色叶植物叶

色中暖色为红色、黄色和橙色 3 个色系，包含 9 种植物色彩。中性色系只有紫色系 9 种植物色彩，其余为冷色系，主要有蓝色系，共有 4 种植物色彩。单独从常色叶植物颜色来观测，红枫、紫叶酢浆草和黑麦冬等植物的冷暖感较强烈，黄色系和蓝色系冷暖感较弱。

（2）斑色叶植物种类及叶色值

由表 6-20 可知，斑色叶植物共有红色、黄色、蓝色、紫色 4 个色系，细分为多个彩色典型色，其中相同色调的是 pale yellow（淡黄）5 种、brilliant yellow（亮黄）4 种、brilliant greenish yellow（亮绿黄）4 种、light greenish yellow（浅绿黄）6 种。斑色叶植物具有两种或者两种以上的颜色特征，这是因为叶绿素和其他色素之间转变不明显，致使 2 个或者 3 个颜色之间具有叶片占比面积很小但不可忽略的过渡色。其中大部分为黄色系，细分为黄、黄绿两类典型色，主要组成是常绿灌木 7 种、藤本 2 种和地被 11 种；红色系、蓝色系和紫色系分别有 2 种、1 种和 1 种植物，主要是地被及草本植物。此次调查最为常见的是洒金桃叶珊瑚、金边黄杨和花叶芦竹等，其暖色系植物配合周围绿色基调的植物作点缀较为受欢迎，包括红色和黄色系，共有 14 种典型色，而感觉最强烈的则是红色系和鲜黄色植物，如火焰南天竹和黄金络石；中性色系植物和冷色系植物比较少，各含有 1 种典型色。

表 6-20　贵阳市斑色叶植物叶色 RHS 编号及 HSB 值

色系	彩色色样	基础色样	过渡色	植物种类	RHS 典型色编号	彩色色调	HSB 值
红				火焰南天竹	45A/141B	vivid red（鲜红）	357-74-34
				花叶络石	N77B/67D	greyish purplish red（灰紫红）	357-41-34
黄				金森女贞	12A/141A	vivid yellow（鲜黄）	51-59-78
				齿叶冬青	7A/135B	brilliant yellow（亮黄）	53-68-63
				花叶假连翘	9A/144A	pale yellow（淡黄）	56-68-68
				黄金络石	11C/136A	brilliant greenish yellow（亮绿黄）	54-47-73
				金边胡颓子	3A/135B	pale yellow（淡黄）	54-57-78
				金边麦冬	11C/136C	vivid yellow（鲜黄）	56-51-75
				金心黄杨	7B/135A	brilliant yellow（亮黄）	54-57-84
				细叶丝兰	131A/7A	dark bluish green（暗蓝绿）	53-49-87
				花叶栀子	1A/133A	brilliant greenish yellow（亮绿黄）	54-54-84
				龙舌兰	13B/133A	brilliant yellow（亮黄）	51-53-86
				斑叶芒	3D/139A	light greenish yellow（浅绿黄）	55-46-81
				花叶蔓长春花	8C/141A	brilliant greenish yellow（亮绿黄）	56-35-89
				枫叶金边常春藤	11C/136A	pale yellow（淡黄）	54-34-91
				银姬小蜡	154C/N138A	brilliant yellow green（亮黄绿）	57-32-88

续表

色系	彩色色样	基础色样	过渡色	植物种类	RHS 典型色编号	彩色色调	HSB 值
黄				花叶芦竹	13D/138A	light greenish yellow（浅绿黄）	55-29-93
				金边黄杨	6D/141B	light greenish yellow（浅绿黄）	54-32-89
				山菅兰	9D/N138B	light greenish yellow（浅绿黄）	52-24-90
				花叶芒	150D/147A	light greenish yellow（浅绿黄）	55-26-90
				花叶绣球	NN155C/139B	white（白色）	60-20-85
				蜘蛛抱蛋	151B/137B	strong greenish yellow（深绿黄）	64-30-87
				斑叶锦带花	139B/144B	moderate greenish yellow（中绿黄）	66-44-65
				金脉美人蕉	2B/139B	brilliant greenish yellow（亮绿黄）	64-55-68
				吊兰	NN155D/138A	light greenish yellow（浅绿黄）	63-46-73
				金钱蒲	7A/139B	brilliant yellow（亮黄）	62-57-68
				玉簪	11D/144A	pale yellow（淡黄）	68-53-68
				洒金桃叶珊瑚	11B/146A	pale yellow（淡黄）	67-48-64
蓝				冷水花	117A/143A	light greenish blue（浅绿蓝）	81-26-52
紫				吊竹梅	N79A/N92A/143B	dark purplish red（深紫红）	3-30-25

2. 色相分布及色彩图谱

根据奥斯特瓦尔德色彩体系 24 色相环，贵阳市常色叶植物叶片色彩共涉及 5 个色系中的 14 个色相（图 6-10），以紫色和红色为主；斑色叶及双色叶植物叶片色彩共涉及 4 个色系中的 10 个色相，根据色彩数据，提取主要色系形成色谱，以黄色为主。色相综合对比之下，以自然绿色为基调，24 色相已经有 20 个色相，色相跨度大，故应用中对比色和类似色配置较多，黄色系和紫色系植物种类多，运用广泛，缺少橙色和蓝紫色系的植物，但贵阳市常色叶植物和绿色基调植物基本可以满足植物配置的色彩对比需求。

3. 饱和度和明度

常色叶植物叶色饱和度为 5%～70%，黄色系和橙色系属于中高饱和度色彩，其他色系饱和度低（图 6-11）。各色系的饱和度差值为 5%～42%，暖色系和中性色系的差值最大，其中黄色系差值最大，冷色系的差值最小。常色叶植物叶色明度为 15%～80%，佛甲草、黄金串钱柳等明度较高，黑麦冬明度最低。各色系的明度差值为 3%～37%，中性色系中紫色系的差值最大，冷色系属于低明度范围。

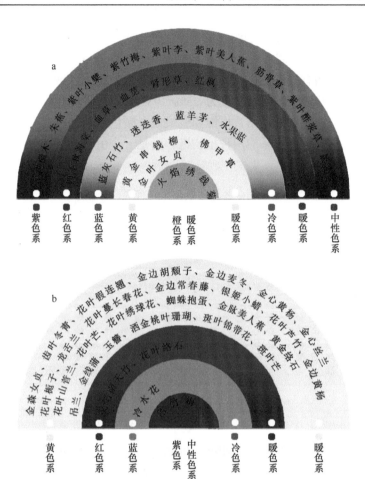

图 6-10　常色叶（a）和斑色叶（b）植物主要色系色谱

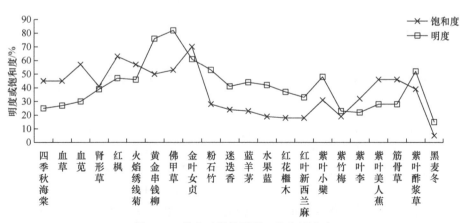

图 6-11　常色叶植物明度、饱和度分布

斑色叶植物叶色明度为 20%～74%，火焰南天竹、花叶假连翘等明度最高，花叶绣球花明度最低（图 6-12）。斑色叶植物中，蓝色系和紫色系是单种植物，所以只有暖色系植物有差值变化，其中暖色系的明度差值为 33%～48%，黄色系的差值最大。斑色叶植物叶色饱和度为 25%～93%，花叶芦竹、枫叶金边常春藤、花叶山菅兰等饱和度较高，吊竹梅饱和度最低。暖色系的饱和度差值为 0～30%，黄色系的差值最大，红色系的两种植物饱和度是一个值。

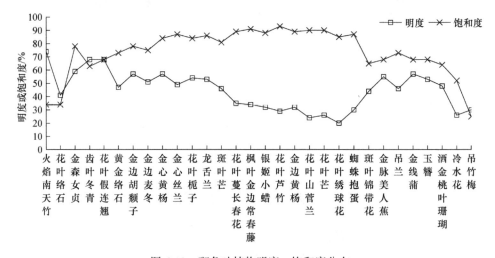

图 6-12　斑色叶植物明度、饱和度分布

综合上述分析，常色叶植物明度和饱和度差值较大，差值越大，色彩对比越明显，再根据相近色相进行配置可增加色彩的对比和层次。斑色叶黄色系植物种类丰富且明度较高，常应用于色带、色块和组团植物配置，利用各色系中较高明度和饱和度的植物，营造层次丰富、色彩渐变过渡和谐的景观。

四、四季优质观赏植物

按照信息论的说法，把一幅景观色彩图看作一个色彩集体，其中一种色彩看作一种信息，某个色彩在所在集体中比例的自然对数与该比例的乘积，称为该色彩的信息量，所有色彩的信息量和为色彩信息熵，在色彩图像处理中加入色彩信息熵作为色彩指数（韩君伟，2018），色彩特征按照灰度图的处理方法，以色彩的灰度值为色彩特征系数，植物花、叶、果各自的色彩指数和为色彩贡献值，值越大表示观赏色彩种类越多且持续时间越长。根据植物季相和群落垂直结构的划分，分别计算春、夏、秋、冬四季中乔木、灌木、地被的色彩贡献值。在所计算的 126 种贵阳市常用园林植物中，以红叶石楠 *Photinia × fraseri* 为例，详细介绍计算过程。

计算周期：2018 年 3 月 1 日到 2018 年 3 月 31 日为期一个月。

植物照片采集时间为 2018 年 3 月 1 日、2018 年 3 月 11 日和 2018 年 3 月 23 日共 3 次，采集到的照片如下图 a、b、c 所示。

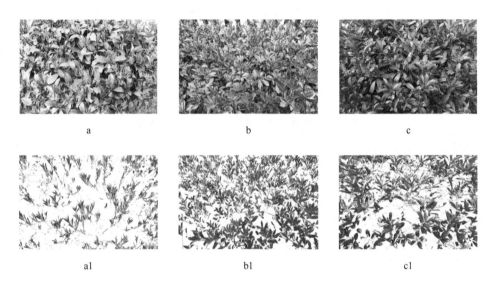

a   b   c

a1   b1   c1

按照上文的色彩量化方法对以上 3 张照片进行处理，得到各张照片的主要色彩信息，再将主色彩信息转化为可视化图 a1、b1、c1，其余信息如表 6-21 所示。

表 6-21　实验照片色彩数据采集信息

图片	采集时间 （年/月/日）	主色彩聚类中心值（RGB）	灰度值信息	主色彩信息占比	生长期出现率	时间间隔/天
a	2018/3/1	173.112.93	128.073	0.21	0.2	/
b	2018/3/11	161.79.49	100.098	0.45	0.5	10
c	2018/3/23	174.68.47	97.3	0.47	0.8	12

色彩累积指数计算如下：

$$M_1 = -K_{X_1} P_{(x_i)} \ln P_{(x_i)} \Delta T \qquad (6\text{-}1)$$

式中，K_{X_1} 为色彩灰度值；$P_{(x_i)}$ 为主色彩信息占比（与整个植株可视平面相比）；T 为可视主色彩出现的持续时间（天）。

$M_1 = -128.073 \times 0.21 \times 10 \times (-1.56) - 100.098 \times 0.45 \times 12 \times (-0.79) - 97.3 \times 0.47 \times 8 \times (-0.75) = 1120.97$

生长期色彩累积指数计算如下：

$$M_2 = -K_{X_2} P_{(x_j)} \ln P_{(x_j)} \Delta T \qquad (6\text{-}2)$$

式中，K_{X_2} 为色彩灰度值；$P_{(x_j)}$ 主色彩信息占比（与整个植株可视平面相比）；T

为生长期主色彩出现的持续时间（天）。

$M_2 = -128.073 \times 0.2 \times 10 \times (-1.6) - 100.098 \times 0.5 \times 12 \times (-0.9) - 97.3 \times 0.8 \times 8 \times (-0.22)$
$= 1087.36$

按照以上计算得到的色彩设计要素在不同种植物之间没有可比性，将色彩累积贡献值和生长期色彩累积贡献值归一化处理。

色彩累积贡献值归一化：1120.97/（255×30）=0.147

生长期色彩累积贡献值归一化：1087.36/（255×30）=0.142

最后得到的色彩设计贡献值如表 6-22 所示。

表 6-22 红叶石楠一个月色彩设计贡献值表

名称	项目			单色、多色			色彩累积指数			生长期色彩累积指数		
	花	果	叶	花	果	叶	花	果	叶	花	果	叶
红叶石楠	1					1			0.147			0.142

由色彩设计贡献值表得到 3 月红叶石楠的色彩设计贡献值为 2.289，按照同样的方法计算其他种类植物的色彩设计贡献值。

以春季乔木层为例，由图 6-13 可以看出，贵阳市春季不同植物色彩贡献值整体均值为 3.09，其中大于均值的有 16 个种，占整体的 41%。色彩贡献值排列前三的植物是李（5.27）、桃（4.56）、碧桃（4.53），其主要原因是 3 种植物在春季都持续性地呈现花、叶、果 3 个类型色彩观赏特性；然而贡献值较低的 3 种植物分别是紫薇（1.02）、梓树（2）、红枫（2.1），因为这几种植物在春季不开花，且萌芽较晚，在春季的持续时间较短。由此说明：春季不同植物种类色彩贡献值的差异主要是由有无花色持续观赏特征引起的。在春季提升群落上层空间观赏特性时，增加李、桃等开花类植物可以提升景观的色彩质量。

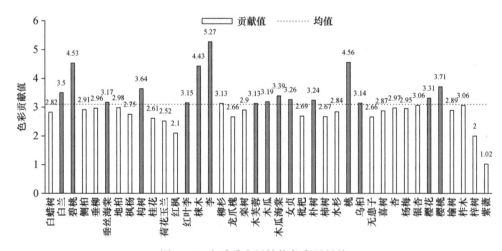

图 6-13 春季乔木层植物色彩贡献值

按照色彩贡献值各要素的相似特性将植物分成不同的类别，依据最优类别由肘部法则的畸变程度与分类 K 之间的关系图（图 6-14）将春季乔木层植物色彩贡献值最优聚类分为 4 类，各季节植物分类及主要季相特征如表 6-23 所示，四季贡献值最高的一类及其各自特征如表 6-24 所示。

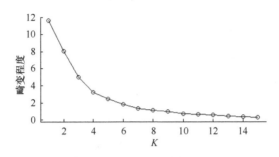

图 6-14　畸变程度与类别 K 的关系

表 6-23　乔木层植物春季分类及主要季相特征

季节	分类	植物种类	主要季相特征
春季	1	桃、碧桃、樱桃、李	主要落叶类植物，春季嫩叶叶色变化明显，观花、观叶、观果 3 个观赏特征都在本季节出现，先花后叶，植物李花色为白色系，其余为红色系
	2	桂花、银杏、杏、朴树、乌桕、柞木、枇杷、栾树、无患子、柿树、杨梅、白蜡树、日本柳杉、水杉、榆树、木芙蓉、垂柳、樱花、荷花玉兰、侧柏、枫杨、地柏、龙爪槐、喜树	部分植物为常绿植物，春色叶与老叶色彩对比明显，春季嫩叶发芽时间早，仅有叶色观赏特征，叶色持续观赏时间长
	3	梓树、红枫、紫薇、榆叶梅	春季发芽时间晚，仅有叶色观赏特征，叶色观赏时间短。叶色只有红枫是红色系，其余为绿色系
	4	楝木、木瓜海棠、白兰、木瓜、紫叶李、构树、女贞、垂丝海棠	观赏特征有花色和叶色，花色持续时间短，花色主要为白色和红色系

表 6-24　乔木层四季植物色彩最优聚类植物及其特征

季节	植物种类	主要特征
春季	桃、碧桃、樱桃、李	春季呈现花、叶、果 3 个观赏性状，色彩种类多样，变化丰富
夏季	木芙蓉、紫薇	花叶观赏特征突出，花期持续整个夏季，为夏季主要观花植物
秋季	木芙蓉	色彩观赏性状丰富，为秋季主要观花植物，并且花期持续时间长
冬季	桂花、柞木、枇杷、杨梅、女贞、荷花玉兰、侧柏、地柏	主要观赏特征为叶色，为冬季常绿植物

分别对春季、夏季、秋季、冬季的乔木层、灌木层、地被层进行上述相同的操作步骤，最终筛选出 4 个季节不同垂直结构层次的优质色彩持续观赏植物（表6-25～表 6-28）。

表6-25　春季优质色彩持续观赏植物

群落层次	优质观赏效果植物
乔木层	桃、碧桃、樱桃、李
灌木层	火棘、蚊母树、水麻、无刺枸骨、金佛山荚蒾
地被层	旱金莲、白车轴草、美人蕉、韭莲、路易斯安娜鸢尾、山桃草、澳洲金盏菊、紫娇花、黄金菊、细叶美女樱、四季秋海棠、黄菖蒲

表6-26　夏季优质色彩持续观赏植物

群落层次	优质观赏效果植物
乔木层	木芙蓉、紫薇
灌木层	夹竹桃、萼距花、醉鱼草、黄槿
地被层	黄秋英、美人蕉、睡莲

表6-27　秋季优质色彩持续观赏植物

群落层次	优质观赏效果植物
乔木层	木芙蓉
灌木层	火棘、夹竹桃、萼距花、无刺枸骨、醉鱼草、八角金盘、决明、洒金桃叶珊瑚、十大功劳、枸骨
地被层	白车轴草、美人蕉、韭莲、山桃草、大吴风草、紫娇花、黄金菊、细叶美女樱、四季秋海棠

表6-28　冬季优质色彩持续观赏植物

群落层次	优质观赏效果植物
乔木层	桂花、柞木、枇杷、杨梅、女贞、荷花玉兰、侧柏、地柏
灌木层	蚊母树、迷迭香、蜡梅、迎春花、结香
地被层	白车轴草、路易斯安娜鸢尾、花叶蔓长春花、沿阶草、萱草、鼠尾草、大吴风草、花叶芦竹、风车草、佛甲草、睡莲、冷水花、紫娇花、黄金菊、细叶美女樱、常春油麻藤、黄菖蒲

第四节　群落色彩属性特征及季相变化

一、不同空间类型群落植物色彩构成

凯文·林奇（2001）将城市意象分为道路、边界、区域、节点及标志物5种要素，这5种要素穿插组合，相互衬托，形成一个连续的领域。公园的空间一般分为平地空间、水岸湿地空间及山地空间（杨婷，2019），本节依据园林植物群落景观所在空间位置，在平地空间下分为区域空间型植物群落（GF）、节点空间型植物群落（GJ）、道路空间型植物群落（GL），水岸湿地空间下分为硬质水岸空间型植物群落（WY）、软质水岸空间型植物群落（WR），山地空间下为坡地边界空间型植物群落（MB），一共6类（图6-15）。

a. GF

b. GJ

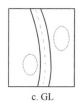
c. GL

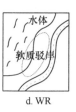
d. WR

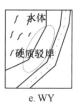
e. WY

f. MB

图 6-15　植物群落样地分类示意图

1. 区域空间型植物群落

如图 6-16 所示，区域空间型植物群落（GF）空间构成形式为：以 OZY 面体块为辅助景观，以 OXY 面体块为主要景观。

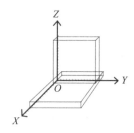

图 6-16　区域空间型植物群落空间简化结构

如图 6-17 所示，区域空间型植物群落通常占地面积较大，空间较为开敞。在水平面上主要以大面积种植狗牙根 *Cynodon dactylon*、地毯草等草本植物来增加空间的开阔感与膨胀感觉，在其中散植或群植部分低矮的小乔木或者灌木如紫薇、绣球花等增加色彩的层次性，在较远处种植雪松 *Cedrus deodara*、樟树等较高大乔木来形成高低错落的林冠线。

a

b

图 6-17　区域空间型植物群落样地示意图
a. 花溪公园；b. 观山湖公园

2. 节点空间型植物群落

如图 6-18 所示，节点空间型植物群落（GJ）空间构成形式为：以 *OXY* 面体块为辅助景观，以沿 *OZ* 轴向堆叠体块为主要景观。

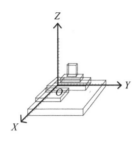

图 6-18　节点空间型植物群落空间简化结构

如图 6-19 所示，节点空间型植物群落主要分布在综合公园中道路交叉处空间，主要起到美化枢纽或打造景观节点的作用，在水平面上主要以白车轴草、沿阶草等草本植物来丰富群落下层空间的色彩，中层以樱花、红叶石楠及杜鹃等彩叶彩花植物来进行竖向堆叠，组合成多彩的色块，丰富多变的造型极大地丰富了空间的色彩跳跃感，增强了空间的热烈气氛。

图 6-19　节点空间型植物群落样地示意图
a. 观山湖公园；b. 黔灵山公园

3. 道路空间型植物群落

如图 6-20 所示，道路空间型植物群落（GL）空间构成形式为：以 *OXY* 面体块为辅助景观，以 *OZX* 面体块为主要景观。

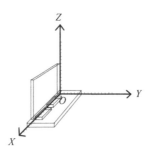

图 6-20　道路空间型植物群落空间简化结构

　　如图 6-21 所示，道路空间型植物群落主要分布在综合公园中的交通道路旁，主要起引导交通视线的作用，地面种植的吉祥草 *Reineckia carnea*、蜘蛛抱蛋等草本植物明确了道路与景观的边界，在视觉上拓宽了道路的空间感，采用不同色系的乔、灌木如紫叶李、樱花及绣球花等进行对植或列植，丰富了道路空间的色彩序列感，增强了园路的野趣和游人的前进感。

图 6-21　道路空间型植物群落样地示意图
a. 花溪公园；b. 黔灵山公园

4. 坡地边界空间型植物群落

　　如图 6-22 所示，坡地边界空间型植物群落（MB）空间构成形式为：以 *OXY* 面体块为辅助景观，以沿 *OZ* 轴向若干高低不一的体块为主要景观。

　　如图 6-23 所示，坡地边界空间型植物群落主要分布在综合公园中自然山体的山脚处，主要起到衔接自然山体与公园内部的作用，采用不规则式种植桂花、紫荆 *Cercis chinensis* 及山茶 *Camellia japonica* 等花色丰富的乔、灌木，能自然地将坡地的原生景观过渡到公园内部的人工景观上，群落下层采用白车轴草、沿阶草等草本植物来进行坡度的高差修饰，使过渡更加自然。

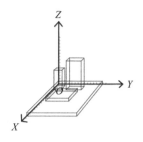

图 6-22　坡地边界空间型植物群落空间简化结构

图 6-23　坡地边界空间型植物群落样地示意图

a. 观山湖公园；b. 黔灵山公园

5. 软质水岸空间型植物群落

如图 6-24 所示，软质水岸空间型植物群落（WR）空间构成形式为：以 OXY 面体块为辅助景观，以 OZX 面若干高低不一的体块为主要景观。

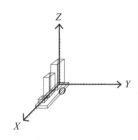

图 6-24　软质水岸空间型植物群落空间简化结构

如图 6-25 所示，软质水岸空间型植物群落主要分布在综合公园水体的自然驳岸地带，主要起到衔接水体与公园内部道路的作用，选用多种湿生或挺水植物，柔化了水岸线，缤纷的花色也丰富了水岸景致，上层搭配绿量充沛、形态轻柔的水杉或垂柳，营造出轻松、惬意的滨水氛围。

图 6-25　软质水岸空间型植物群落样地示意图（观山湖公园）

6. 硬质水岸空间型植物群落

如图 6-26 所示，硬质水岸空间型植物群落（WY）空间构成形式为：以 OXY 面体块为辅助景观，以 OZX 面排列体块为主要景观。

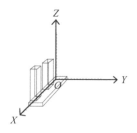

图 6-26　硬质水岸空间型植物群落空间简化结构

如图 6-27 所示，硬质水岸空间型植物群落主要分布在综合公园水体的人工驳岸地带，主要起到隔离水体与公园内部道路的作用，采用带状种植草坪草植物修

图 6-27　硬质水岸空间型植物群落样地示意图
a. 观山湖公园；b. 黔灵山公园

饰边角过于硬朗的人工驳岸，中上层以列植形式搭配种植形态轻柔的水杉、银荆 *Acacia dealbata*、杜鹃等乔、灌木，营造出爽朗、畅快的水岸流线空间。

二、群落植物色彩饱和度和明度季相变化

1. 群落色彩的饱和度变化

由图 6-28 可知，从 4 月至翌年 1 月，6 个不同类型群落的整体色彩饱和度呈下降趋势，群落的整体色彩饱和度峰值均出现在 5～7 月，这是因为在盛夏季节，植物的叶色变化达到一个稳定值，此时群落的整体色彩纯度最大，因此饱和度最高，其中区域空间型植物群落（GF）及坡地边界空间型植物群落（MB）的色彩饱和度峰值位于中强饱和度区间（50%～70%），原因可能是这两类样地主要分布在开敞空间中，植物叶色受到日照的程度更强，叶片内叶绿体含量较多，故叶色色彩最为鲜亮，而其余 4 个群落则均位于中饱和度区间（26%～50%）；从 11 月至翌年 1 月，所有群落的色彩饱和度最后都降至 30% 以下，属于中微饱和度区间，说明群落整体色彩在冬季的色相感最为模糊，其中区域空间型植物群落（GF）在 11 月色彩饱和度达到第二个升值拐点（42.75%），原因是该类型群落中应用了较多的秋季花卉植物，大面积的花色呈现增加了群落整体色彩的鲜艳度，故饱和度出现短暂升高的现象。

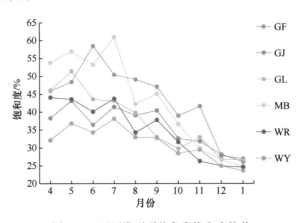

图 6-28　不同类型群落色彩饱和度均值

2. 群落色彩的明度变化

由图 6-29 可知，6 个不同类型群落在整体的明度变化上具有一致性，4～5 月即晚春这一时间段内群落的整体色彩明度值都出现下降趋势，从 60% 降至 50% 以下，即从中强明度变化为中明度，原因是随着春季的新叶颜色逐渐加深，群落整

体的色彩明度变暗；5～10 月即夏季到入秋这一时间段内，群落的整体色彩明度值均保持在 40%～50%，即中明度这一区间内，原因是植物花叶在这一时期色彩的表现上没有出现加深或变浅，故该时期群落的整体明度变化保持在一个相对稳定的状态；11 月至翌年 1 月，区域空间型植物群落（GF）、节点空间型植物群落（GJ）、软质水岸空间型植物群落（WR）、硬质水岸空间型植物群落（WY）在 11 月出现了一个明显的升值拐点，原因是在 11 月群落中的秋色叶植物呈现出的色彩明度较高，故群落明度变化为中强等级，进入 12 月后秋色叶凋零，故群落整体色彩明度下降，翌年 1 月，植物早春发芽的新叶色彩明度较高，故群落的整体色彩明度出现上升的现象。

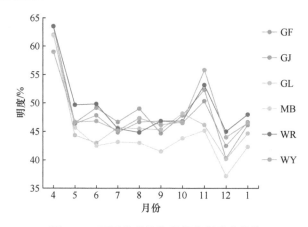

图 6-29　不同类型植物群落色彩明度均值

三、群落的最佳观赏期

群落的最佳观赏期是指在该时段内植物群落景观表现出彩叶及观花色彩最丰富。由图 6-30 可知，整体来看，6 个空间类型群落的色彩最佳观赏期占比从 4 月到翌年 1 月都呈现下降趋势，主要峰值点出现在 4 月，而拐点主要出现在 9～11 月，说明综合公园在春秋季的色彩表现更加丰富，植物群落景观以春秋季相景观为主。

4～9 月，即晚春至盛夏，区域空间型植物群落（GF）及软质水岸空间型植物群落（WR）的最佳观赏期占比为 45%～98%，其中软质水岸空间型植物群落（WR）在 7 月达 80%，而节点空间型植物群落（GJ）、道路空间型植物群落（GL）、坡地边界空间型植物群落（MB）、硬质水岸空间型植物群落（WY）的最佳观赏期占比为 24%～62%，说明在这一时间段内，区域空间型植物群落（GF）及软质水岸空间型植物群落（WR）的春夏色彩观赏性要好于另外四者，且软质水岸空间型植物群落（WR）的最佳观赏期在夏季 7 月。

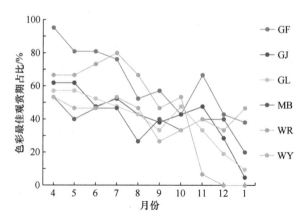

图 6-30　不同类型植物群落色彩最佳观赏期占比变化

9～11 月，6 个类型群落最佳观赏期占比在这一时间段内均达到了拐点，其中道路空间型植物群落（GL）及软质水岸空间型植物群落（WR）的拐点峰值出现在 10 月，而另外四者的拐点峰值最早出现在 11 月，说明道路空间型植物群落（GL）及软质水岸空间型植物群落（WR）在秋季的最佳观赏期要早于另外四者，但从占比来看，秋季季相景观较好的还是区域空间型植物群落（GF）、节点空间型植物群落（GJ）、坡地边界空间型植物群落（MB）、硬质水岸空间型植物群落（WY）群落，这四类在秋末仍然保持了 40% 的群落处于最佳色彩观赏期。

12 月至翌年 1 月，硬质水岸空间型植物群落（WY）群落在 1 月达到了第三峰值，其余 5 类群落占比都呈现下降趋势，说明硬质水岸空间型植物群落（WY）中应用了较大比例的冬季观赏类植物，从占比来看，硬质水岸空间型植物群落（WY）及区域空间型植物群落（GF）在冬季占比为 40% 左右，这两类群落在冬季仍然能保持一定的植物色彩观赏性，而其余 4 类群落在冬季的色彩呈现相对则会比较单一。

第五节　贵阳市公园绿地植物群落色彩景观美景度评价及色系搭配应用

一、美景度评价过程

1. 照片选取与美景度评分标准

2019 年 4 月至 2020 年 1 月，采用每月一次的频率，选取花溪公园、黔灵山公园、观山湖公园为研究地，三者均为贵阳市典型的综合公园，选取原因是三者建成时间线长短不一，面积有大有小，公园构架类型丰富，依次为山地-河流型、山地-湖泊型、丘陵-湖泊型。对所选植物群落样地在固定方位、固定角度拍摄照片，照片采集过程中保持使用同一相机的同一拍摄模式，相机距地面1.5m，记录群落中单体植物的数量、位置关系、物候期及其观赏性状表现色彩。从四季持续拍照获得的照片中选择评价对象，评价照片依照植物群落垂直结构的分布形式划分成四大类：乔木+灌木+地被，乔木+灌木，乔木+地被，灌木+地被，每一大类选择6张照片进行分析，为便于区分不同季节的景观观赏特性，每个季节选取24张照片进行评价，共选择96张照片作为评价对象（见附录2）。

首先对评判的植物照片进行编号，然后用PowerPoint软件将编好序号的照片按照序号从小到大的顺序制作成幻灯片，注意避免同类型的照片集中在一起影响评价结果。此次研究主要是聚焦于植物色彩组合对季相景观评价的影响，评价前先将评价事件对评判者作简要说明，但不涉及植物照片色彩细节相关的内容，避免影响评价结果。评判开始时，首先快速播放评判所用的所有幻灯片，每张约4s，让评判者对待评照片有一个整体认识，便于为打分提供可比性。然后重新播放待评照片，每张10s，评判者按照幻灯片上的编号对应在记录表上记录美景度评分，本次采用的评分等级分为5个等级，具体评分标准如表6-29所示。

表6-29 美景度等级及评判得分表

等级	很不喜欢	不喜欢	一般	喜欢	很喜欢
得分	1~2	3~4	5~6	7~8	9~10

2. 美景度值计算

使用Excel对所得的评价数据进行统计，平均Z值按照以下方法进行计算，SBE美景度评价法的具体计算方式为：首先选定一组作为"基准线"，计算出该组受测样本的平均Z值，用来确定SBE度量的原始起点。再由每一个受测物计算的Z值与基准线的平均Z值求差，将得到的差乘以100，就可以得到所有受测物的SBE值。公式如下：

$$MZ_i = \frac{1}{m-1}\sum_{k=2}^{m} f(cp_k) \tag{6-3}$$

$$SBE_i = (MZ_i - BMMZ) \times 100 \tag{6-4}$$

式中，MZ_i为受测样本i的平均Z值；cp_k为评分员给予受测样本i的评分值为k或者大于k的频率；$f(cp_k)$为累积正态函数分布频率（通过查找正态分布单侧分位数值获得）；m为评分值的等级数；SBE_i为受测样本i的SBE值；BMMZ为基准线组平均Z值。

在平均Z值的计算过程中：cp值是一个累积过程值，最低等级值的cp=1，Z

是无穷值，因此最低等级的 Z 值不考虑，平均 Z 值则按照等级数少 1 计算，其他等级出现 cp=1 或 cp=0，这时的 cp 计算按照 cp=1-1/（2N）或者 cp=1/（2N）计算 Z 值，N 为评判人数。

为便于直观表达美景度值与植物景观色彩各因子之间的关系，采用等差法将美景度值划分为 5 个等级（马冰倩等，2018），Ⅰ、Ⅱ、Ⅲ、Ⅳ、Ⅴ分别代表景观质量最好、好、一般、差和最差，每一等级景观的范围如下：

$$F_i = \left[\left(SBE_{max} - SBE_{min} \right) \left(A_i - 20\% \right) + SBE_{min}, \left(SBE_{max} - SBE_{min} \right) A_i + SBE_{min} \right]$$

（6-5）

式中，F_i 为等级，i 分别取值Ⅰ、Ⅱ、Ⅲ、Ⅳ、Ⅴ；A_i 为等差数，$A_I = 100\%$、$A_{II} = 80\%$、$A_{III} = 60\%$、$A_{IV} = 40\%$、$A_V = 20\%$；SBE_{max} 表示美景度值的最大值；SBE_{min} 表示美景度值的最小值。

3. 色彩构成指标量化

本部分选用 HSB 色彩模式来描述植物图像的色彩特征，根据上文的色彩区间划分，把色彩划分成不同的组合形式，将 3 个色彩分量合为一维特征矢量，即 $A = H \times Q_s \times Q_b + S \times Q_b + B$，式中，$Q_s$、$Q_b$ 分别表示饱和度 S、亮度 B 的量化等级，两个等级都是 6，因此，最终的表达式为：$A = 49H + 7S + B$，从权重看，色相 H 是区分色彩特征的主要因素（马冰倩等，2018）。选择色彩组成量化指标时，主要从色相性质出发，本研究主要选择的指标有色相指数、饱和度指数、明度指数、主色相比、邻近色比、对比色比、冷暖色比、色彩多样性、色彩均匀度、背景比和各色相等级比等，主要的计算方式及含义如表 6-30 所示。

表6-30　植物景观色彩组成量化指标（马冰倩等，2018）

色彩量化指标	表达公式	参数含义
色相指数 H_a	$H_a = \sum_{n=1}^{n} \left(H_i + R_{hi} \right)$	H_i 为第 i 种色相值，R_{hi} 为第 i 种色相的比值，i=1，2，…，24
饱和度指数 S_a	$S_a = \sum_{n=1}^{n} \left(S_i + R_{si} \right)$	S_i 为第 i 种饱和度值，R_{si} 为第 i 种饱和度的比值，i=1，2，…，7
明度指数 B_a	$B_a = \sum_{n=1}^{n} \left(B_i + R_{bi} \right)$	B_i 为第 i 种明度值，R_{bi} 为第 i 种明度的比值，i=1，2，…，7
主色相比 R_M	$R_M = \dfrac{S_M}{S_H}$	S_M 为主色相像素，S_H 为色相分级中色相像素最大的色相，为色相总像素
邻近色比 R_N	$R_N = \dfrac{S_N}{S_H}$	S_N 为邻近色像素，色相环中相距 60°的为邻近色关系，本处取主色相左右各 30°范围内的色相为邻近色，S_H 为色相总像素

续表

色彩量化指标	表达公式	参数含义
对比色比 R_C	$R_C = \dfrac{S_C}{S_H}$	S_C 为互补色像素，色相环上间隔180°的2种色彩为互补色，本处取主色相的对比色，S_H 为色相总像素
冷暖色比 R_T	$R_T = \dfrac{S_F}{S_W}$	S_F 为冷色调像素 $S_F \in [135°, 270°]$，S_W 为暖色调像素 $S_W \in [330°, 135°]$
色彩多样性 H_L	$H_L = -\sum P_i \ln P_i$	P_i 为第 i 个色彩个数与总色彩个数的比值，$i=1，2，3，\cdots，256$
色彩均匀度 E_L	$E_L = \dfrac{H_L}{\ln(S_L)}$	H_L 为色彩的多样性指数，S_L 为景观中色彩总个数
背景比 R_s	$R_s = \dfrac{S_s}{S_总}$	S_s 为除植物之外的色彩面积，$S_总$ 为景观总面积
各色相等级比 H_{is}	$H_{is} = \dfrac{H_I}{S_H}$	H_I 为第 i 个分级色相的像素，S_H 为色相总像素

二、不同群落组合美景度评价结果

各种植物组合类型 SBE 值排序详见表 6-31～表 6-34。由 SBE 值排序表可以看出，灌木+地被类植物组合类型中美景度得分最高的是 Z37，为 90 分；乔木+地被类植物组合类型美景度得分最高的是 Z66，为 97 分；乔木+灌木类植物组合类型美景度得分最高的是 Z11，为 72 分；乔木+灌木+地被类植物组合类型美景度得分最高的是 Z8，为 79 分。从 SBE 值的大小来看，贵阳市植物景观中，最受大众欢迎的植物组合类型是乔木+地被类植物组合类型，灌木+地被类植物组合类型次之，乔木+灌木+地被类植物组合类型再次之，最不受公众喜欢的组合类型是乔木+灌木类植物组合类型。

表 6-31 灌木+地被类植物组合 SBE 值排名结果

排名	编号	SBE 值/分	排名	编号	SBE 值/分
1	Z37	90	13	Z69	9
2	Z9	70	14	Z77	3
3	Z29	63	15	Z53	2
4	Z41	52	16	Z81	2
5	Z61	51	17	Z57	0
6	Z93	42	18	Z33	0
7	Z65	39	19	Z85	0
8	Z45	39	20	Z17	−11
9	Z5	20	21	Z73	−16
10	Z13	15	22	Z89	−29
11	Z1	12	23	Z25	−45
12	Z21	11	24	Z49	−56

表 6-32　乔木+地被类植物组合 SBE 值排名结果

排名	编号	SBE 值/分	排名	编号	SBE 值/分
1	Z66	97	13	Z42	4
2	Z70	77	14	Z2	3
3	Z6	68	15	Z26	2
4	Z14	43	16	Z10	2
5	Z38	36	17	Z22	0
6	Z58	27	18	Z50	−3
7	Z90	24	19	Z46	−6
8	Z54	22	20	Z86	−6
9	Z94	12	21	Z78	−7
10	Z82	10	22	Z74	−11
11	Z18	7	23	Z62	−19
12	Z30	6	24	Z34	−26

表 6-33　乔木+灌木类植物组合 SBE 值排名结果

排名	编号	SBE 值/分	排名	编号	SBE 值/分
1	Z11	72	13	Z39	20
2	Z71	62	14	Z19	19
3	Z43	57	15	Z67	18
4	Z15	55	16	Z23	16
5	Z3	41	17	Z51	10
6	Z63	41	18	Z91	6
7	Z7	33	19	Z79	2
8	Z55	31	20	Z95	1
9	Z47	31	21	Z31	−3
10	Z35	25	22	Z87	−11
11	Z59	22	23	Z75	−15
12	Z83	21	24	Z27	−34

表 6-34　乔木+灌木+地被类植物组合 SBE 值排名结果

排名	编号	SBE 值/分	排名	编号	SBE 值/分
1	Z8	79	13	Z16	33
2	Z40	77	14	Z24	33
3	Z28	70	15	Z52	30
4	Z4	64	16	Z96	22
5	Z68	52	17	Z32	17
6	Z44	48	18	Z60	15
7	Z56	45	19	Z84	12
8	Z64	40	20	Z12	12
9	Z72	38	21	Z48	−4
10	Z92	35	22	Z88	−11
11	Z20	35	23	Z80	−24
12	Z36	33	24	Z76	−44

比较四季不同植物组合类型的 SBE 平均值（表 6-35），可以看出：在贵阳市季相景观中，春季植物景观类型的 SBE 平均值最高，为 32 分；其次是秋季，为 27 分；再次是夏季，为 23 分，最不受欢迎的是冬季，为 1 分。从组合类型中的平均分来看，春、夏、秋三季中乔木+灌木+地被植物组合类型（D）美景度值最高，平均值分别为 49 分、40 分、37 分，而冬季的美景度分值整体均值较低，乔木+地被组合类型（B）均值相对稍高，故冬季植物景观的搭配观赏效果较差，在景观季相设计时应尽量提高冬季植物景观观赏效果。

表 6-35　各季节各植物组合类型景观美景度比较分析

季节	组合类型	美景度最大值/分	美景度最小值/分	组合类型美景度平均值/分	季节美景度平均值/分
春季	A	70	−11	20	
	B	69	0	20	
	C	72	16	39	32
	D	79	32	49	
夏季	A	90	−45	33	
	B	36	−26	3	
	C	56	−34	16	23
	D	77	−4	40	
秋季	A	51	−55	7.5	
	B	97	−19	33	
	C	62	10	31	27
	D	53	15	37	
冬季	A	42	−29	0	
	B	24	−11	4	
	C	21	−15	1	1
	D	35	−44	−2	

注：A. 灌木+地被；B. 乔木+地被；C. 乔木+灌木；D. 乔木+灌木+地被

三、色彩构成与美景度值的关系

对用于美景度评价的照片进行以上色彩指标量化，将得到的值与景观美学质量值进行方差分析，结果（表 6-36）表明，植物景观美景度与色相指数呈现极显著负相关关系（$r=-0.327$，$P<0.01$），植物景观美景度与饱和度指数呈现极显著正相关关系（$r=0.422$，$P<0.01$），植物景观美景度与主色相比呈现极显著正相关关系（$r=0.327$，$P<0.01$），植物景观美景度与邻近色比呈现显著相关关系（$r=0.207$，$P<0.05$），植物景观美景度与对比色比呈现极显著正相关关系（$r=0.327$，$P<0.01$），而植物景观美景度与其他景观色彩要素（除色相等级）无显著相关关系。

表6-36 景观色彩构成与美景度值之间的相关关系

项目	色相指数 H_a	饱和度指数 S_a	明度指数 B_a	主色相比 R_M	邻近色比 R_N	对比色比 R_C	冷暖色比 R_T	色彩多样性 H_L	色彩均匀度 E_L
SBE	−0.327**	0.422**	−0.005	0.327**	0.207*	0.327**	0.151	−0.127	−0.123
显著性（双侧）	0.001	0	0.962	0.001	0.042	0.001	0.14	0.216	0.23

**表示 Pearson 相关系数在 0.01 水平下显著；*表示 Pearson 相关系数在 0.05 水平下显著

多重比较结果表明（图 6-31），色相指数（H_a）在等级 2 和等级 4 时其值差异大，并且等级之间差异显著，而等级 1、等级 3 和等级 5 的值介于中间，差异不显著，由此可见景观色相值越低越受到人们的喜爱，色相值高于某一值时不受人们的关注。主要是因为色相值较低时，色彩主要表现为红黄色，对人们的视觉效果刺激强烈，主要为正能量，而色相值较高时主要表现为蓝紫色，对人眼的刺激作用较为平淡，对美景度影响不高。饱和度指数（S_a）在等级 1、2、4、5 时差异不显著，但等级 1、2 的值较小，4、5 的值较大，表明饱和度越高的景观越受

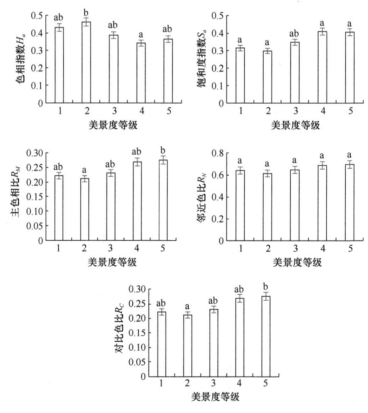

图 6-31 景观色彩构成与美景度之间的关系

到人们的喜欢，饱和度指数之间的美景度值差异不显著，但随着饱和度升高，美景度也表现出升高趋势，因此增加景观色彩的饱和度更有利于公众的喜爱，对于一些需要平静祥和的环境空间，应用中度饱和度的色彩组合更好。主色相比（R_M）在等级 2 与 5 时有显著差异，其他所有等级之间无显著差异，且各自的值是组间极值，美景度值越高，主色相比越高，说明主色相所占视域面积越大时，景观更受公众喜爱。邻近色比（R_N）在组间无明显显著差异，但其值随等级变化呈一定的趋势，值越大时美景度值越高，说明邻近色有效调和了色彩之间的过渡，从色彩心理学的角度来看，在景观主色调确定的情况下，邻近色有利于提高主色相的表现，对组合植物景观来说，差异往往较大，增加邻近色搭配，增加过渡色比例，使其视觉变化更自然，更容易受到大众的喜爱。

四、四季植物群落色彩分析

贵阳市四季气候条件不同，同一植物组合配置景观在四季中呈现的色彩组成不同，导致美景度分值差异大。以各个季节评价 SBE 值位于前 4 的植物组合为该季节优质植物群落，在植物美景度评价中四季美景度均值差异较大，4 个季节中春季美景度均值最高，为 32 分，冬季美景度均值最低，为 1 分，夏季为 23 分，秋季为 27 分，因此按照季节划分对优质植物群落色彩定量分析有重要意义。植物组合色彩定量研究的具体内容和选定理由如表 6-37 所示。

表 6-37 植物组合色彩研究的具体内容及选定理由

编号	内容	参数	成因
1	色彩种类数量	/	色相指数 H_a 与美景度相关
2	各色彩面积比	/	
3	主色彩分布类型	集中、分散、综合	
4	饱和度面积比	主要色彩 7 个等级之间面积比	饱和度指数 S_a 与美景度相关
5	色彩调和类型	对比色类型、邻补色类型、类似色类型	邻近色比 R_N 和对比色比 R_C 与美景度相关
6	冷暖色比	冷色调与暖色调面积比及种类比	色相指数 H_a 与美景度及各色相等级相关
7	主色彩比值区间	分为 3 个等级：0～1/3、1/3～2/3、2/3～1	主色相比 R_M 与美景度相关

1. 春季优质群落色彩配置

春季各群落层次植物色彩贡献值最高，主要是乔木层和灌木层植物的花色贡献值高，色彩观赏效果好，从 SBE 评价得分看出，春季植物景观受大众喜欢程度高，在所有春季参评的景观中，SBE 评价得分排前 4 的组合类型中，其中排第一的是乔木+灌木+地被组合，排第四的组合类型是乔木+地被组合，均属于美景度等级划分中的第一等级。故春季前 4 种植物组合既是春季最受大众接受的组合类型，也是四季中最受大众接受的组合类型。

（1）乔木+灌木+地被组合类型

如图 6-32 所示，SBE 值为 79 分。植物组合中有日本晚樱、红叶石楠、南天竹、木槿、鸢尾、白车轴草等，Z8 植物组合中各植物主要色彩及植物组合色彩定量分析如表 6-38 所示。

图 6-32　Z8 植物组合

表 6-38　Z8 植物组合色彩定量统计

编号	内容	值/色块					
1	色彩种类数量/种	6					
2	植物名称	日本晚樱（花）	红叶石楠	南天竹（新叶）	南天竹（老叶）	木槿	鸢尾/白车轴草
3	HSB 值	339-30-66	7-73-80	8-35-58	87-38-55	65-37-60	82-53-55
4	各色彩面积比	=4:5:3:2:5:3					
5	主色彩分布类型	集中					
6	饱和度面积比	S-3:S-4:S-5=7:1:2					
7	色彩调和类型	邻补色					
8	冷暖色比	10:11					
9	主色彩比值	2/3~1					

Z8 植物组合共有 6 种植物，其中南天竹新叶与老叶呈现两种差异较大的色彩，日本晚樱同时呈现花色和叶色两种颜色，而鸢尾和白车轴草色彩相同，故有 6 种颜色，整个构图中上层空间主要为暖色调，下层空间中的植物鸢尾和白车轴草以及木槿为冷色调，冷暖色比约为 10:11。红色系植物红叶石楠、南天竹、日本晚

樱与绿色植物木槿和白车轴草形成强烈对比，且红色色彩醒目。景观色彩调和类型为邻补色调和。

（2）乔木+灌木组合类型

如图 6-33 所示，SBE 值为 72 分。植物组合中有香樟、垂丝海棠、柏木、红叶石楠、海桐、结缕草等，Z11 植物组合中各植物主要色彩及植物组合色彩定量分析如表 6-39 所示。Z11 植物组合共有 6 种植物，其中海桐和结缕草表现为同一绿色，故只有 5 种颜色。整个构图中红叶石楠和垂丝海棠主要呈现为暖色调，其中红叶石楠的色彩饱和度和明度最高，垂丝海棠色彩饱和度较低，调和与香樟背景树色彩之间的差异，下层空间中的植物结缕草为冷色调，冷暖色比约为 8∶3。红色系植物红叶石楠和垂丝海棠与冷色系植物海桐、香樟的绿色形成强烈对比，景观色彩调和类型为对比色调和。

图 6-33　Z11 植物组合

表 6-39　Z11 植物组合色彩定量统计

编号	内容	值/色块				
1	色彩种类数量/种	5				
2	植物名称	香樟	柏木	垂丝海棠	海桐/结缕草	红叶石楠
3	HSB 值	63-35-58	91-64-30	343-31-68	89-39-54	7-73-80
4	各色彩面积比	=7∶1∶7∶20∶4				
5	主色彩分布类型	集中				
6	饱和度面积比	S-3∶S-5=8∶1				
7	色彩调和类型	对比色				
8	冷暖色比	8∶3				
9	主色彩比值	0～1/3				

（3）灌木+地被组合类型

如图 6-34 所示，SBE 值为 70 分。植物组合中有侧柏、海桐、铺地柏、红叶石楠、红花檵木、卫矛、洒金桃叶珊瑚等，Z9 植物组合中各植物主要色彩及植物组合色彩定量分析如表 6-40 所示。Z9 植物组合共有 7 种植物，其中洒金桃叶珊瑚和卫矛的色彩偏黄色，故归类为暖色调，其余暖色调植物有红叶石楠和红花檵木，其他植物色彩为冷色调，由于暖色调植物在整个构图中分布较散且面积较少，冷色调相对较集中，面积大，因此冷色调为主色彩，冷暖色比约为 7∶5。暖色调植物红花檵木和红叶石楠色彩明度高，与面积较大的植物铺地柏色彩对比明显，因此景观色彩调和类型为对比色调和。

图 6-34　Z9 植物组合

表 6-40　Z9 植物组合色彩定量统计

编号	内容	值/色块					
1	色彩种类数量/种	6					
2	植物名称	侧柏/海桐	铺地柏	卫矛	洒金桃叶珊瑚	红叶石楠	红花檵木
3	HSB 值	81-48-54	78-54-38	74-74-78	74-50-78	354-59-65	345-73-65
4	各色彩面积比	=4∶10∶2∶3∶4∶4					
5	主色彩分布类型	集中					
6	饱和度面积比	S-4∶S-5=2∶1					
7	色彩调和类型	对比色					
8	冷暖色比	7∶5					
9	主色彩比值	0～1/3					

（4）乔木+地被组合类型

如图 6-35 所示，SBE 值为 68 分。植物组合中有垂柳、塔形碧桃等，Z6 植物组合中各植物主要色彩及植物组合色彩定量分析如表 6-41 所示。Z6 植物组合共有 2 种植物，组合中主要植物为塔形碧桃，观赏面积大，且不同种之间色彩多样，饱和度属于中微饱和度，色彩柔和，多而不艳，加上背景中的冷色调对整体色彩作适当调和，使整个景观变化舒缓。景观色彩调和类型为邻补色调和。由于桃花的色彩分布面积大，不同树之间组合使色彩有层次变化，透过空隙能见背景中的调和色，因此主色彩分布类型为综合型。

图 6-35 Z6 植物组合

表 6-41 Z6 植物组合色彩定量统计

编号	内容	值/色块	
1	色彩种类数量/种	2	
2	植物名称	垂柳	塔形碧桃
3	HSB 值	76-48-76	332-41-73
4	各色彩面积比	=1：12	
5	主色彩分布类型	综合	
6	饱和度面积比	均为中微饱和度 S-3	
7	色彩调和类型	邻补色	
8	冷暖色比	1：12	
9	主色彩比值	2/3～1	

通过以上植物组合色彩定量化分析，总结大众喜爱的贵阳市春季植物组合景观色彩特征如下：春季植物组合色彩种类较多，一般有5或6种色彩，主要分布在暖色系植物中，当色彩分布较少时，暖色色系面积比例高，色彩调和类型主要为对比色调和、邻补色调和。主要色彩饱和度主要分布在中微饱和度（S-3）、中饱和度（S-4）、中强饱和度（S-5）3个等级范围内。

2. 夏季优质群落色彩配置分析

根据不同组合类型景观SBE值的比较（表6-35），夏季不同组合类型中景观色彩最受欢迎的类型为乔木+灌木+地被组合类型，主要是该类型在评价中SBE平均分最高（40分），SBE得分排列前三的类型中有两个是该组合类型，分别为Z8（79分）和Z40（77分）（表6-34），另一个灌木+地被组合为Z37（90分）。夏季植物色彩没有春季丰富多彩，但该时期叶色鲜艳，景观色彩效果同样受到大众喜爱，其色彩观赏特性可能是来自群落垂直结构层次色彩近似色差异，也有可能是大面积色彩强烈对比差异，改变视觉审美疲劳。

（1）灌木+地被组合类型a

如图6-36所示，SBE值为90分。植物组合中有杏、红叶石楠、百子莲、随意草、狼尾草等，Z37植物组合中各植物主要色彩及植物组合色彩定量分析如表6-42所示。

图6-36　Z37植物组合

Z37植物组合共有5种植物，其中百子莲和随意草植物花色与叶色差异大，主要色彩各自有两种，另外杏树和背景树的色彩相同，红叶石楠和百子莲的色彩

表 6-42　Z37 植物组合色彩定量统计

编号	内容	值/色块				
1	色彩种类数量/种	5				
2	植物名称	杏/随意草/背景树	红叶石楠/百子莲	百子莲（花）	随意草（花）	狼尾草
3	HSB 值	82-41-65	93-41-55	233-20-82	290-19-84	90-51-56
4	各色彩面积比	=11：6：1：1：1				
5	主色彩分布类型	分散				
6	饱和度面积比	S-2：S-5=1：10				
7	色彩调和类型	类似色				
8	冷暖色比	只有冷色色调				
9	主色彩比值	0～1/3				

相同，所以共有 5 种色彩。整个构图视角属于近景，细部景观色彩便于区分，百子莲花和随意草花在构图中分散较少，但蓝紫色对于整个绿色背景来说相对明显，打破色彩的单调近似色变化，增加色彩变化的跳跃性、层次丰富。色彩调和类型为类似色调和。构图中所有色彩均为冷色色调，花色是主要观赏焦点，分散分布，故主色彩分布类型是分散型。

（2）乔木+灌木+地被组合类型 a

如图 6-37 所示，SBE 值为 77 分。植物组合中有桂花、红枫、紫荆、侧柏、海桐、金叶女贞、龟甲冬青、紫娇花、萱草等，Z40 植物组合中各植物主要色彩及植物组合色彩定量分析如表 6-43 所示。

图 6-37　Z40 植物组合

表 6-43　Z40 植物组合色彩定量统计

编号	内容	值/色块						
1	色彩种类数量/种	7						
2	植物名称	桂花	红枫	紫荆/金叶女贞	侧柏	海桐/龟甲冬青/背景树	紫娇花	萱草
3	HSB 值	97-63-32	18-60-65	96-40-57	67-52-87	99-28-44	286-14-83	1-81-85
4	各色彩面积比	=9：2：4：3：9：3：1						
5	主色彩分布类型	分散						
6	饱和度面积比	S-3：S-4：S-5：S-6=10：2：5：1						
7	色彩调和类型	邻补色						
8	冷暖色比	4：1						
9	主色彩比值	2/3～1						

　　Z40 植物组合有多种植物，其中紫荆和金叶女贞的色彩相同，海桐、龟甲冬青和背景树色彩相同，故共有 7 种颜色，其中冷色系植物色彩面积大，构成整个构图的主色调，而红枫和萱草是暖色调植物，整个构图以桂花为中心，色彩相对较暗，与明度高的侧柏形成邻近色调和，红枫和萱草的暖色与冷色形成对比调和，故组合色彩调和类型为邻补色调和。组合中侧柏植物分散分布，且色彩明度高，视觉焦点随该色彩变化，故主色彩分布类型为分散型。

（3）乔木+灌木+地被组合类型 b

　　如图 6-38 所示，SBE 值为 70 分。植物组合中有香樟、洒金桃叶珊瑚、美人蕉、罗汉松、绣球花、结缕草等，Z28 植物组合中各植物主要色彩及植物组合色彩定量分析如表 6-44 所示。

图 6-38　Z28 植物组合

表 6-44　　Z28 植物组合色彩定量统计

编号	内容	值/色块				
1	色彩种类数量/种	5				
2	植物名称	香樟	洒金桃叶珊瑚	美人蕉	罗汉松/结缕草/背景树	绣球花
3	HSB 值	92-58-43	88-47-79	358-87-90	99-44-60	330-70-80
4	各色彩面积比	=3：3：1：8：3				
5	主色彩分布类型	综合型				
6	饱和度面积比	S-4：S-6=7：2				
7	色彩调和类型	对比色				
8	冷暖色比	7：2				
9	主色彩比值	0～1/3				

　　Z28 植物组合共有 6 种植物，其中罗汉松和结缕草色彩相同，故共有 5 种色彩。绣球花和美人蕉为暖色调，其余植物为冷色调，色彩调和类型为对比色调和。暖色调花色是构图中心，分散而有一定的集中性，因此看作该图的主色彩，上层空间香樟色彩暗淡，下层空间结缕草明度适中和中间层植物洒金桃叶珊瑚明度高，形成空间上的层次变化。主色彩分布类型为综合型。绣球花和美人蕉面积虽然小，但色彩明亮突出，增加整个构图的温和气氛，使人感到温暖。

　　（4）灌木+地被组合类型 b

　　如图 6-39 所示，SBE 值为 63 分。植物组合中有侧柏、海桐、铺地柏、红叶石楠、红花檵木、卫矛、洒金桃叶珊瑚、白车轴草等，Z29 植物组合中各植物主要色彩及植物组合色彩定量分析如表 6-45 所示。

图 6-39　Z29 植物组合

表6-45　Z29植物组合色彩定量统计

编号	内容	值/色块				
1	色彩种类数量/种	5				
2	植物名称	铺地柏/海桐/红叶石楠/白车轴草	侧柏	卫矛	红花檵木	洒金桃叶珊瑚
3	HSB值	103-42-58	96-55-43	78-66-66	334-30-33	69-45-83
4	各色彩面积比	=8：2：1：2：1				
5	主色彩分布类型	集中				
6	饱和度面积比	S-3：S-4：S-5=2：11：1				
7	色彩调和类型	邻补色				
8	冷暖色比	10：1				
9	主色彩比值	2/3～1				

　　Z29植物组合共有8种植物，其中铺地柏、海桐、红叶石楠、白车轴草色彩相同，故共有5种色彩，其中暖色调植物有红花檵木和洒金桃叶珊瑚，其余植物为冷色调，色彩调和类型为邻补色调和，红花檵木点缀其中，自身饱和度和明度较低，与饱和度不同层次的色彩搭配，色彩之间对比关系没有开花时期突出，但增加了色彩差异感。其中冷色调色彩面积较大，明度较暖色调植物高，色彩对整个构图具有控制性，故冷色调为主色彩，分布类型为集中型。

　　通过对夏季植物组合色彩定量分析，总结出夏季受大众认可度高的组合景观色彩特征如下：色彩种类多，5～7种，且冷暖比例为10：1，冷色调色彩占比较大；饱和度主要分布等级为中微饱和度（S-3）、中饱和度（S-4）、中强饱和度（S-5）、高强饱和度（S-6），主要比有S-2：S-5=1：10、S-3：S-4：S-5：S-6=10：2：5：1、S-4：S-6=7：2、S-3：S-4：S-5=2：11：1，可见中饱和度（S-4）以上等级面积比大；调和类型主要为类似色和邻补色调和；主色彩分布类型多样；冷暖对比，当色彩调和类型为冷暖对比调和时，适宜比7：2、4：1、10：1，仅有冷色调观赏效果较好；主色彩比值最受欢迎的是0～1/3。

　　3. 秋季优质群落色彩配置分析

　　秋季主要观赏特性为秋色叶景观，从SBE值比较来看，秋季不同群落组合类型景观SBE值差异极大，说明不同的组合类型观赏特性不一，受大众喜爱的特性可能来自秋色叶景观，也有可能来自花色和彩叶植物类型，主要是因为乔木层呈现的秋色叶色彩丰富，地被层植物呈现的花色色彩特性较多。

　　（1）乔木+地被组合类型a

　　如图6-40所示，SBE值为97分，评价组合SBE值最高，植物组合中有水杉、鼠尾草等，Z66 植物组合中各植物主要色彩及植物组合色彩定量分析如表 6-46 所示。

图 6-40 Z66 植物组合

表 6-46 Z66 植物组合色彩定量统计

编号	内容	值/色块		
1	色彩种类数量/种	3		
2	植物名称	水杉	鼠尾草（花）	鼠尾草
3	HSB 值	78-31-60	275-51-56	97-30-55
4	各色彩面积比	=2：3：4		
5	主色彩分布类型	集中		
6	饱和度面积比	S-3：S-4=2：1		
7	色彩调和类型	类似色		
8	冷暖色比	只有冷色色调		
9	主色彩比值	1/3～2/3		

　　Z66 植物组合仅有 2 种植物，主要分为上层空间和下层空间，下层空间鼠尾草植物花色为紫色，色彩偏中性，它的观赏效果没有暖色系红色那样热烈，色彩占整个画面较大，色彩种类单一且有一种高贵、神秘之感，在秋季花色较少的种类中深受公众喜爱，在上层空间水杉植物大众性绿叶色彩的映衬下满足人们对色彩的视觉观赏需求。主色彩分布类型为集中型，景观色彩调和类型为类似色调和。

（2）乔木+地被组合类型 b

　　如图 6-41 所示，SBE 值为 77 分，秋季评价组合中 SBE 值排第二，植物组合中有水杉、落羽杉、玉簪等，Z70 植物组合中各植物主要色彩及植物组合色彩定量分析如表 6-47 所示。

图 6-41　Z70 植物组合

表 6-47　Z70 植物组合色彩定量统计

编号	内容	值/色块		
1	色彩种类数量/种	3		
2	植物名称	水杉	玉簪	落羽杉
3	HSB 值	54-48-51	81-38-76	78-65-54
4	各色彩面积比	=4：3：1		
5	主色彩分布类型	集中		
6	饱和度面积比	S-3：S-4：S-5=3：4：1		
7	色彩调和类型	类似色		
8	冷暖色比	1：1		
9	主色彩比值	2/3～1		

　　Z70 植物组合仅有 3 种植物，主要分为上层空间和下层空间，上层乔木水杉叶色呈现为秋色景观，色彩偏黄，表现出暖色调和，其中的落羽杉色彩相对较绿，与黄色形成对比，但差异不很明显，占据整个视觉焦点，故主色调为暖色调，色彩调和类型为类似色调和。下层空间中的玉簪相对于水杉植物色彩偏冷色调，色彩表现出较强的明快感，使整个景观华丽而不缺朴实。

　　（3）乔木+灌木组合类型

　　如图 6-42 所示，SBE 值为 62 分，在本类型组合中排名第二，在秋季景观评价组合中 SBE 值排第三，植物组合中有木芙蓉、红叶石楠、红花檵木、银杏等，Z71 植物组合中各植物主要色彩及植物组合色彩定量分析如表 6-48 所示。

图 6-42　Z71 植物组合

表 6-48　Z71 植物组合色彩定量统计

编号	内容	值/色块				
1	色彩种类数量/种	5				
2	植物名称	木芙蓉/银杏	木芙蓉（花）	木芙蓉（花）	红叶石楠	红花檵木
3	HSB 值	80-32-62	0-0-100	339-49-84	81-61-53	343-32-34
4	各色彩面积比	=12：1：1：2：2				
5	主色彩分布类型	分散				
6	饱和度面积比	S-3：S-4：S-5=14：1：2				
7	色彩调和类型	对比色				
8	冷暖色比	10：1				
9	主色彩比值	0～1/3				

Z71 植物组合有 4 种植物，其中木芙蓉的主要观赏特性是花色，且花色有红色和白色两种，叶色和银杏叶色相同，所以共有 5 种色彩，其中木芙蓉花色为暖色调，分散分布，面积较大，红色色彩给人兴奋感，对视觉刺激强烈，故花色为主色彩，主色彩分布类型为分散型，色彩调和类型为对比色调和。

（4）乔木+灌木+地被组合类型

如图 6-43 所示，SBE 值为 52 分，在本组合类型中排第五，在秋季植物组合中排第四，主要植物有桂花、海桐、红叶石楠、黄金菊、蒲苇、红花檵木等，Z68

植物组合中各植物主要色彩及植物组合色彩定量分析如表 6-49 所示。

图 6-43　Z68 植物组合

表 6-49　Z68 植物组合色彩定量统计

编号	内容	值/色块				
1	色彩种类数量/种	5				
2	植物名称	桂花/黄金菊	海桐	红花檵木	红叶石楠	蒲苇
3	HSB 值	81-47-54	75-43-77	341-33-34	10-68-76	47-16-82
4	各色彩面积比	=8：2：1：1：3				
5	主色彩分布类型	综合				
6	饱和度面积比	S-2：S-3：S-4：S-5=3：1：10：1				
7	色彩调和类型	对比色				
8	冷暖色比	4：1				
9	主色彩比值	0～1/3				

　　Z68 植物组合有 6 种植物，其中桂花和黄金菊叶色色彩相同，红叶石楠主要以新叶色彩表示该植物色彩，所以共有 5 种色彩。其中红叶石楠和红花檵木为暖色调，且色彩相似，使整个构图左右平衡，其余植物为冷色调，景观色彩调和类型为对比色调和。桂花和黄金菊色彩明度低，色彩表现具有厚重感，控制整个组合构图的稳定性。以暖色为视觉主色彩，焦点左右分布，所以景观色彩分布类型为综合型。

　　通过对秋季植物组合色彩定量分析，总结出秋季受大众认可度高的组合景观色彩特征如下：色彩种类数量为 3～5 种，色彩种类越少且冷暖色对比突出时越受公众喜爱；冷暖对比，当色彩调和类型为冷暖对比调和时，冷色调色彩面积越大越好，突出暖色色彩视觉焦点；主色彩比值最受欢迎的是 0～1/3。

4. 冬季优质群落色彩配置分析

冬季植物组合景观观赏性状主要是常绿植物色彩观赏特性，从 SBE 值比较来看，SBE 评价得分普遍偏低，但也有部分组合 SBE 评价得分高。从植物组合色彩定量角度来讲，这部分植物组合的色彩构成是冬季受公众欢迎的色彩构成。

（1）灌木+地被组合类型

如图 6-44 所示，SBE 值为 42 分，在本组合类型中 SBE 值排第六，在冬季评价组合中排第一，植物组合中有铺地柏、侧柏、海桐、红叶石楠、卫矛、红花檵木、洒金桃叶珊瑚等，Z93 植物组合中各植物主要色彩及植物组合色彩定量分析如表 6-50 所示。

图 6-44　Z93 植物组合

表 6-50　Z93 植物组合色彩定量统计

编号	内容	值/色块				
1	色彩种类数量/种	5				
2	植物名称	铺地柏/海桐/红叶石楠	侧柏	卫矛	红花檵木	洒金桃叶珊瑚
3	HSB 值	88-41-55	74-37-63	60-52-82	328-9-54	60-21-82
4	各色彩面积比	=7：2：2：3：1				
5	主色彩分布类型	集中				
6	饱和度面积比	S-2：S-3：S-4=2：7：1				
7	色彩调和类型	邻补色				
8	冷暖色比	2：1				
9	主色彩比值	2/3～1				

Z93 植物组合有 7 种植物，其中铺地柏、海桐、红叶石楠植物色彩相同，故只有 5 种颜色。其中暖色调植物有卫矛、洒金桃叶珊瑚和红花檵木，但红花檵木饱和度太低，色彩太暗，不够吸引注意，构图中心主要是冷色调植物，面积较大，所以冷色调色彩为主要色彩，冷色调与暖色调植物色彩差异较小，色彩调和类型为邻补色调和。冷暖色比约为 2：1。面积较大的铺地柏色彩明度低，整个画面朴素感较强，适当的卫矛和侧柏高明度色彩增加画面华丽感，使得整体景观画面富有生命力。

（2）乔木+灌木+地被组合类型 a

如图 6-45 所示，SBE 值为 35 分，在本类型中排名第十，但在冬季评价组合中 SBE 值排第二，植物组合中有桂花、龟甲冬青、小叶女贞、金边胡颓子、虎耳草、结缕草、银杏等，Z92 植物组合中各植物主要色彩及植物组合色彩定量分析如表 6-51 所示。

图 6-45　Z92 植物组合

表 6-51　Z92 植物组合色彩定量统计

编号	内容	值/色块			
1	色彩种类数量/种	4			
2	植物名称	桂花	龟甲冬青/结缕草	小叶女贞/金边胡颓子	虎耳草
3	HSB 值	76-60-53	98-41-29	56-32-59	358-40-57
4	各色彩面积比	=3：4：3：3			
5	主色彩分布类型	综合			
6	饱和度面积比	S-2：S-5=4：1			
7	色彩调和类型	对比色			
8	冷暖色比	1：1			
9	主色彩比值	1/3～2/3			

Z92 植物组合有 7 种植物（银杏冬季落叶，没有颜色），其中龟甲冬青和结缕草的色彩相同，小叶女贞和金边胡颓子的色彩相同，故只有 4 种色彩。其中暖色调植物有虎耳草、小叶女贞和金边胡颓子，虎耳草面积很大，且色相吸引注意，因此暖色调为主色彩类型，主色彩分布集中。其余植物为冷色调植物，所以冷暖色比约为 1∶1。色彩调和类型为对比色调和。

（3）乔木+灌木+地被组合类型 b

如图 6-46 所示，SBE 值为 22 分，在本组合类型中排名 16，在冬季评价组合中排第四，植物组合中有日本晚樱（冬季落叶，没有色彩）、木槿（冬季落叶，没有色彩）、红叶石楠、南天竹、结缕草等，其中日本晚樱和木槿叶子已完全凋零，景观色彩主要由其他植物呈现，Z96 植物组合中各植物主要色彩及植物组合色彩定量分析如表 6-52 所示。

图 6-46　Z96 植物组合

表 6-52　Z96 植物组合色彩定量统计

编号	内容	值/色块		
1	色彩种类数量/种	3		
2	植物名称	红叶石楠	南天竹	结缕草
3	HSB 值	80-39-53	30-34-53	78-61-53
4	各色彩面积比	=5∶5∶3		
5	主色彩分布类型	集中		
6	饱和度面积比	S-3∶S-5=6∶1		
7	色彩调和类型	对比色		
8	冷暖色比	8∶5		
9	主色彩比值	1/3～2/3		

Z96 植物组合有 3 种植物，其中南天竹植物色彩为暖色调，相对于其他植物，其色彩更吸引眼球，故暖色调植物为构图主色彩，冷暖色比约为 8∶5，色彩调和类型为对比色调和。

（4）乔木+地被组合类型

如图 6-47 所示，SBE 值为 24 分，在本类型组合中排名第七，而在冬季景观组合评价中其值排第三，植物组合中有水杉、落羽杉、结缕草等，Z90 植物组合中各植物主要色彩及植物组合色彩定量分析如表 6-53 所示。

图 6-47　Z90 植物组合

表 6-53　Z90 植物组合色彩定量统计

编号	内容	值/色块	
1	色彩种类数量/种	2	
2	植物名称	水杉/落羽杉	结缕草
3	HSB 值	28-28-54	81-57-56
4	各色彩面积比	=1∶1	
5	主色彩分布类型	分散	
6	饱和度面积比	S-3∶S-4=1∶1	
7	色彩调和类型	对比色	
8	冷暖色比	1∶1	
9	主色彩比值	1/3～2/3	

Z90 植物组合有 3 种植物，其中水杉和落羽杉主要表现为秋色叶色彩，且色彩相同，故只有 2 种色彩。其中秋色叶色彩主要表现为暖色调，而结缕草表现为冷色调，冷暖色彩分布在上下各个群落层次中，色彩调和类型为对比色调和，冷

暖色比约为 1∶1。构图中地被层结缕草色彩明度高，改变空间的浑浊忧郁感，使其充满生机活力，给人以生命力的希望。

冬季植物景观普遍不受大众的喜爱，常绿或彩叶类植物组合是提高冬季景观色彩观赏效果的主要途径，通过对冬季植物组合色彩定量分析，总结出冬季受大众认可度高的组合景观色彩特征如下：色彩种类数量为 3～5 种，色彩种类越少，色彩之间的对比程度越高。色彩调和类型中对比调和和邻补色调和优于类似色调和；对于主色彩布局样式，大众喜爱暖色调面积比例大的组合类型，当暖色调面积小时，暖色集中分布更有利于吸引注意力，增加观赏效果。主色彩比值最受欢迎的是 1/3～2/3。

五、公园植物群落色彩色系搭配应用

1. 单一色系应用

群落色彩单一并不意味着缺少变化、呆板、单调。若一种植物单独应用，由于色彩特征相似，其组合常常能够形成稳定、协调的色彩关系，甚至营建出季相感更为强烈的植物景观。例如，列植水杉（图 6-48a），在春夏时节，绿意盎然，给人清新之感。秋季，黄叶翩翩，层林尽染，赋予萧瑟之情。在常色叶植物单一配置基础上，也可通过群植和片植形成色调统一的风景林，达到宏伟、壮丽的效果，带给游人强烈的心理感受（图 6-48b）。在实际单一色系植物景观营造中多使用如紫叶李、红枫、金焰绣线菊等乔、灌木植物。

2. 多色系应用

（1）类似色配色

类似色之间的色彩特征虽然不像同种色那么接近，但相互之间也有相似的特征。当饱和度和明度差值过大的类似色组合在一起时，应注意用中间色调和，否则容易使观赏者感受到生硬与冲突感。类似色搭配的颜色对比较弱，可以使景观效果呈现出统一中又富有变化的效果。在公园园路两侧，多以类似色搭配作为搭配形式，植物组团通常为黄色与绿色组合、红色和紫色组合、红色和黄色组合。通过栽植地被植物形成色块作为前景、黄绿色系植物作为中景过渡、绿色植物作为背景，形成底、中、高 3 个层次的搭配种植。在色彩上，前景和中景植物主要起到点缀色的作用，以红色或黄色组成色块或团，配以孤植球形灌木和彩叶草本，最终形成植物色彩配置过渡柔和、视野开阔的效果。

如图 6-49a 所示，金叶女贞的黄绿色色块和大叶黄杨的绿色色块属于类似色，色相相差小，黄绿色明度高而作为前景，明度较低的绿色植物作为背景，明度对比适中，饱和度对比微弱，视觉舒适。此外，在配置其他类似色植物时，即使存在明度、饱和度一致的情况，也能够分辨其差别，如红与黄、橙与黄绿、橙与紫红、黄与绿等。如图 6-49b 所示，群落上层的紫叶李叶片搭配中层的红叶石楠浅黄色花以及下层的紫红色杜鹃花，能够给人以混合气氛之感，构成有条理、有节奏、有组织的画面，形成连续的、运动的、美好的色彩整体。

图 6-48　单色系植物群落景观

图 6-49　类似色色彩的搭配协调

（2）邻近色配色

邻近色搭配可以使观赏者对色彩的感觉更加丰富。贵阳市调查区域中的邻近色搭配主要是紫色和绿色搭配与橙色和绿色搭配，主要植物为红花檵木、朱蕉、紫叶小檗等，与草坪草、杜鹃、石楠及自然绿色草本搭配，形成具有明暗对比的邻补色对比。邻近色配色植物多布置在大而开阔的草坪中，形成植物组团或者植物景观带，少许布置在景观小品或构筑物的节点处，形成鲜明的色块对比，在景观空间中塑造鲜艳活泼的色彩氛围。

如图 6-50a 所示，以红色和黄绿色的邻近色搭配方式，彩色色块和基础色块的色相差值为 62°，明度差值为 16%，饱和度差值为 16%，色彩搭配上易带给观赏者混乱之感。因此，需降低该植物群落色彩的明度和饱和度，以调节色相的差异，达到各个彩色色块面积适中的效果。此外，常色叶植物也可充当群落主景（图6-50b），主要植物涉及红枫、海桐、石榴、大叶女贞，有红色和黄绿色两个色系，色相差值为 62°，明度差值为 26%，饱和度差值为 2%，红色的暖色系占主体，色彩关系和谐，整体明度和饱和度适中，具有明快、饱和的特点。

彩色色块　■　H: 13°; S: 48%; B: 41%　　　　彩色色块　■　H: 13°; S: 62%; B: 51%
过渡色块　■　H: 60°; S: 70%; B: 51%　　　　过渡色块　■　H: 76°; S: 59%; B: 69%
基础色块　■　H: 75°; S: 64%; B: 25%　　　　基础色块　■　H: 75°; S: 64%; B: 25%

图 6-50　邻近色色彩的搭配调和

（3）对比色配色

对比色搭配与单色及类似色搭配相比，色彩之间的特性差别更大，容易形成更为生动的视觉效果。反之，搭配不当则容易形成令人不适的冲突和刺激感。对比色有互相强调的作用，可以使颜色本身更加突出，颜色对比更加强烈，主要应用于节日花坛、交通节点、道路转弯、主题园出入口等场景。常色叶植物应用中的对比色搭配，主要采用红色和绿色搭配、蓝色和黄色或橙色搭配。例如，在绿色组团植物较多的区域种植单株或者多株红枫达到对比醒目的组合搭配；在园路路口或者小景观节点处种植金叶榆、紫叶矮樱、血草等。红与绿、蓝和黄或橙形成强烈的色彩对比，在功能上既能形成区域的转换又能使各个景观相互连接。

如图 6-51a 所示，在以绿色为背景的人工配置植物组团中，通过丛植或篱植修剪整齐的红花檵木达到对比醒目的组合搭配。植物色彩主要涉及红和绿两个色系，红花檵木的彩色色块与草坪、小乔木的绿色色块形成强烈的色相对比，给观赏者冲突较大。其明度差值为 16%，饱和度差值为 33%，需降低明度和饱和度来调节色相的差异，补全色相差异大的不足。当明度的对比处于适宜的状态时，植物景观既能突出展示色彩又带有朴素、稳重的感觉。此外，如图 6-51b 的对比色配色，在植物自然式的生长环境中，其颜色配置上稍显杂乱，且主体红星朱蕉的红色系占据面积比例较大。通过量化其植物色彩属性数值，其主要植物涉及紫色、黄色、绿色 3 个色系，色相差值为 94°，明度差值为 4%，饱和度差值为 26%。红色的中性色系占主体，需适当减少其色块；结合点缀色块饱和度较高、数量少的特点，使点缀色块展现出画龙点睛的景观效果，从而使得整体色彩之间关系和谐。

彩色色块　H: 337°; S: 15%; B: 44%
基础色块　H: 91°; S: 48%; B: 60%

彩色色块　H: 2°; S: 27%; B: 57%
点缀色块　H: 68°; S: 45%; B: 88%
基础色块　H: 96°; S: 53%; B: 53%

图 6-51　对比色色彩的搭配调和

（4）多色植物的搭配

多色植物配色样式多样，主要运用于景观入口及景观节点中，植物搭配上由于色相的明暗有对比，给人以生动、活泼、绚丽的感受。如图 6-52a 所示，红枫、金森女贞、黄金菊和深绿色乔木，各自互为类似色，颜色衔接柔和。主要植物涉及有黄色、红色、绿色、黄绿色 4 个色系，冷暖对比明显，色相最大差值为 237°，明度最大差值为 40%，饱和度最大差值为 35%，色相差值很大，对比明显，明度和饱和度差值对比适中，中高明度、饱和度，色彩鲜明。此外，由于大部分地区秋季到冬季都缺少多色的花卉植物，常色叶植物的叶色能接替花色来形成多彩的四季景观。在冬季没有花色点缀时，多彩叶植物的色彩搭配也能丰富色彩效果，如图 6-52b 中搭配种植的红花檵木、金叶女贞、大叶黄杨、小叶女贞、红叶石楠和紫叶李，色相最大差值为 309°，明度最大差值为 61%，饱和度最大差值为 55%，色相差值很大，对比明显。前景植物明度高，背景紫叶李明度较低，饱和度高的黄绿色的金叶女贞与饱和度低的红花檵木相互调和，不同色系的植物面积对比合适，具有丰富的色彩和层次感。

彩色色块　　　　*H*: 339°; *S*: 46%; *B*: 41%
点缀色块　　　　*H*: 59°; *S*: 81%; *B*: 76%
过渡色块　　　　*H*: 70°; *S*: 73%; *B*: 63%
基础色块　　　　*H*: 102°; *S*: 53%; *B*: 36%

彩色色块　　　　*H*: 335°; *S*: 24%; *B*: 33%
点缀色块　　　　*H*: 69°; *S*: 79%; *B*: 79%
基础色块　　　　*H*: 90°; *S*: 78%; *B*: 41%
基础色块　　　　*H*: 26°; *S*: 44%; *B*: 18%

图 6-52　多色植物色彩的搭配协调

3. 白色系应用

白色是没有冷暖属性的颜色，常给人纯洁、清爽、简单、明亮的感觉，常作为一种调和色广泛应用于植物景观。当植物景观色彩的饱和度高且色相对比十分强烈时，会让人感到过分耀眼而失去调和。如果加入白色系植物，既能缓和色彩对比，又能提亮整体植物景观色调，且保持舒适的视觉效果。如图 6-53 所示，在湿地周边栽植的美人蕉花呈现出高饱和度的红色及黄色，花色对比十分强烈，而通过白色斑叶的花叶芦竹间植，恰使得地被花卉形态丰富，整体色调明亮，且保持暖色系地被花卉渐变的特点。白色花卉还常常栽植运用于邻近色对比、对比色对比、多种色彩关系对比中。

图 6-53　含白色系植物景观

第六节　贵阳市道路绿地植物群落色彩特征

一、色彩提取与量化

2019 年 3 月至 2020 年 1 月，研究在贵阳市观山湖区城市交通道路网中四横四纵共选择 15 条道路，包括长岭南路、长岭北路、云潭南路、云潭北路、兴筑路、同城大道、黔灵山路、林城西路、林城东路、金朱西路、金朱东路、金阳南路、金阳北路、观山西路、观山东路以及在贵阳市老城区一环路内主要道路中共选择 20 条道路，包括遵义路、中山东路、中山西路、中华南路、中华北路、中华中路、延安东路、新华路、市南路、解放路、枣山路、浣纱路、瑞金南路、瑞金北路、瑞金中路、人民大道、都司高架路、宝山南路、宝山北路、北京路。其中观山湖区 15 条道路中共选取 72 个景观单元样带，老城区一环路 20 条道路中共选取 40 个景观单元样带。采用相机拍摄取色，再运用 ColorImpact 软件提取照片对象所对应的色彩数据及各色彩的比例，提取各调查景观单元照片中的乔木、灌木、地被植物在各个季节中的 HSB 色彩属性值，探究道路植物色彩的变化规律。

二、城区道路色彩属性特征及季相变化

通过上述色彩提取与量化的操作步骤之后，对观山湖区和老城区一环内不同

层次的乔木、灌木、地被植物进行统计分析，分别计算其色相、饱和度、明度的分布范围以及均值变化趋势（图 6-54～图 6-58）。其中 1 为乔木层，2 为灌木层，3 为地被层。以乔木层为例，H-1 色相值大部分主要分布于 30°～120°，呈红、黄、绿色系；S-1 饱和度值主要集中分布于 20%～80%；B-1 明度值主要集中分布于 30%～70%。结合色相、饱和度、明度等级（表 6-54，表 6-55）可以看出：观山湖区和老城区一环中道路植物色彩属性范围研究中，针对乔木层、灌木层、地被层植物色相值范围分布，两个城区中乔木层都集中分布在 30°～120° 和 300°～360°，主要呈现出红、黄、绿、紫色系。灌木层都集中分布在 0°～120° 和 320°～360°，同样也呈现出红、黄、绿、紫色系。说明两个城区在乔木层、灌木层植物色彩的选择上基本相同，而地被层植物主要集中在 0°～120° 与 260°～360°，呈红、黄、绿、蓝、紫色系，说明两个城区地被层植物色系都很丰富。而两个城区的乔木层、灌木层、地被层植物饱和度值范围分布不具有差异性。在明度值范围分布中，两个城区乔木层和灌木层植物分别分布在 30%～70% 和 40%～80%，都属于中饱和度和中强饱和度。地被层草本花卉色彩明艳，其明度值较高，集中在 50%～100%，属于高饱和度。

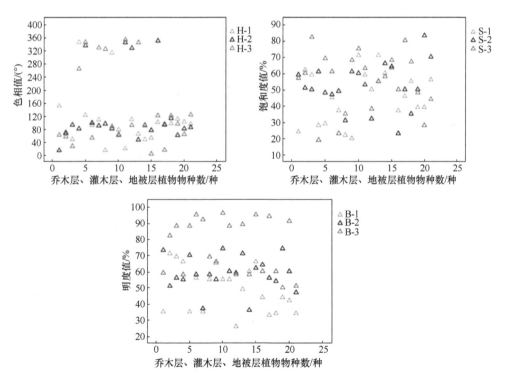

图 6-54　观山湖区乔木层、灌木层、地被层植物的色相值、饱和度值、明度值范围分布

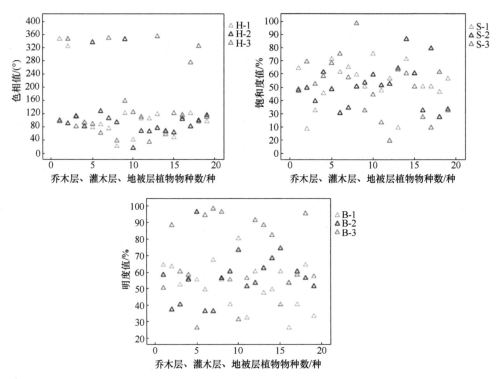

图 6-55　老城区一环乔木层、灌木层、地被层植物的色相值、饱和度值、明度值范围分布

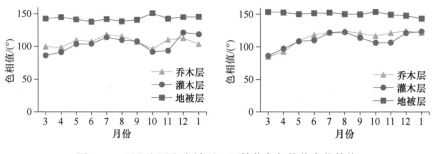

图 6-56　观山湖区和老城区一环植物色相均值变化趋势

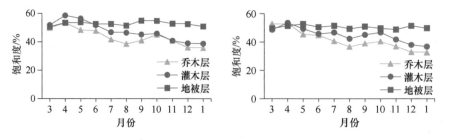

图 6-57　观山湖区和老城区一环植物饱和度均值变化趋势

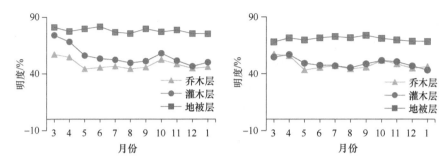

图 6-58　观山湖区和老城区一环植物明度均值变化趋势

表 6-54　色相等级划分

编号	色相类型	取色范围	编号	色相类型	取色范围	编号	色相类型	取色范围
H-1	红色	0°～15°	H-9	绿色	121°～135°	H-17	蓝色	241°～255°
H-2	橘红色	16°～30°	H-10	蓝绿色	136°～150°	H-18	靛青	256°～270°
H-3	橙色	31°～45°	H-11	蓝绿色	151°～165°	H-19	蓝紫色	271°～285°
H-4	橙黄色	46°～60°	H-12	绿青色	166°～180°	H-20	紫色	286°～300°
H-5	黄色	61°～75°	H-13	青色	181°～195°	H-21	品红	301°～315°
H-6	黄绿色	76°～90°	H-14	蓝青色	196°～210°	H-22	微品红	316°～330°
H-7	黄绿色	91°～105°	H-15	中蓝色	211°～225°	H-23	紫红色	331°～345°
H-8	黄绿色	106°～120°	H-16	中蓝色	226°～240°	H-24	品红	346°～360°

注：以奥斯特瓦尔德色彩体系为参考

表 6-55　饱和度及明度等级划分表

编号	饱和度类型	取值范围	编号	明度类型	取值范围
S-1	低饱和度	0～25%	B-1	低明度	0～25%
S-2	中饱和度	26%～50%	B-2	中明度	26%～50%
S-3	中强饱和度	51%～75%	B-3	中强明度	51%～75%
S-4	高饱和度	76%～100%	B-4	高明度	76%～100%

　　在道路植物景观季相色彩属性变化特征中，地被层植物由于草本花卉植物观赏特性比较稳定，色相、饱和度、明度呈相对平稳的状态，无明显变化。两个城区乔木层、灌木层中，色相变化分成两个时间段，春夏季色相值随时间呈上升趋势，而秋冬季随时间呈由降而升的趋势；饱和度变化中整体呈下降趋势；明度变化整体上 3～5 月逐渐下降，6～9 月相对平稳，而后升高。其中地被层植物饱和度值和明度值高于乔木层、灌木层，说明地被层植物色彩鲜明，在道路中明视性高。

三、交通岛、道路交叉口景观色彩分析

　　交通岛起着引导城市的交通，控制车速、行驶方向以及缓解交通压力的作用。作为道路中重要的交通节点，合理的植物配置和色彩的呈现不仅有利于增强道路

的导向性和识别性，还可以改善环境，提高绿地面积，美化道路环境。而在道路交叉口处，最靠右的一条直行车道中轴线与相交路最靠中心线的直行车道中轴线的组合，即"视距三角形"，是交通冲突的集中点，为了能使驾驶者在此段距离中看到对向来车，确保行车安全，在道路交叉口视距三角形范围内，不能有高大构筑物和乔木等遮住视线，一般采用通透式配置，且色彩配置丰富。因此，本小节主要探析观山湖区内的交通岛以及道路交叉口的植物景观色彩。

1. 交通岛植物景观色彩分析

观山湖区共有两个交通岛，绿色未来交通岛和八匹马交通岛。绿色未来交通岛为雪松+银杏+鸡爪槭+红叶石楠+木茼蒿+五彩苏+凤仙花的乔-灌-地被模式（图6-59），共呈现7种色彩，植物配置丰富，视野开阔。以草本花卉五彩苏和凤仙花构成交通岛景观的前景，呈红、黄色系，色彩丰富，由小乔木和灌木植物鸡爪槭、红叶石楠和木茼蒿组成景观的中景，呈红、绿色系，而背景则是大乔木银杏和雪松，呈黄、绿色系。景观整体由红、黄、绿色系搭配，形成对比色、类似色的调和类型（表6-56）。

表6-56　绿色未来交通岛植物配置色彩

景观层次	植物配置模式	主要植物与色彩属性（HSB值）		
前景	草本花卉	五彩苏		52-61-95
		凤仙花		345-69-88
中景	灌木	红叶石楠		66-51-51
		木茼蒿		62-60-74
		鸡爪槭		20-59-55
背景	乔木	银杏		48-59-83
		雪松		150-24-35

图6-59　绿色未来交通岛

八匹马交通岛为桂花+鸡爪槭+苏铁+红花檵木+芒+酢浆草+银边沿阶草的乔-灌-地被模式（图6-60），呈现8种色彩，植物配置丰富，整体景观空间开敞。以草本和灌木植物银边沿阶草、酢浆草以及红花檵木为前景，呈绿、紫色系，并延伸至中景，芒和苏铁作为中景植物，以绿色系为主，背景则为鸡爪槭和桂花，呈红、绿色系。景观整体由红、紫、绿色系搭配，形成互补色的调和类型，整体景观色调温和，统一中略带变化（表6-57）。

图6-60　八匹马交通岛

表6-57　八匹马交通岛植物配置色彩

景观层次	植物配置模式		主要植物与色彩属性（HSB值）		
			叶色	花色	HSB值
前景	草本花卉	银边沿阶草			63-20-72
		酢浆草			328-23-92
中景	灌木	红花檵木			344-53-60
		芒			88-37-50/43-15-76
背景	乔木	苏铁			109-50-26
		鸡爪槭			20-59-55
		桂花			91-45-56

2. 交叉口道路植物景观色彩分析

如表6-58所示，林城东路段道路交叉口视距三角形范围景观由三色堇、石竹、佛甲草组成，为地被模式，色彩数量为6种，主要呈蓝、黄、绿色系，三色堇呈现3种颜色，整体形成类似色和对比色调和类型。景观中用植物制作成一座座山的形状,上面呈现"金山银山,绿水青山"的标语,通过植物造景将生态文明建设的理论渗透到城市发展中,让过往车辆与行人不仅能欣赏美丽的道路绿化植物,还能了解时事政策。而金阳北路段道路交叉口视距三角形范围景观由五彩苏、一串红、秋海棠的地被模式组成,色彩数量为4种(表6-59),呈黄、红色系。整体形成类似色调和类型。景观中摆放标语"欢度国庆",红、黄配色更是体现了喜庆气氛。由此可见道路交叉口植物色彩不仅能警示交通,还能烘托气氛和弘扬节日文化(图6-61)。

表6-58 林城东路段道路交叉口植物景观配置色彩

编号	内容	值/色块					
1	配置模式	地被模式					
2	植物名称	石竹		佛甲草		三色堇	
3	色彩表现	叶色	花色	叶色	化色	花色	
4	色彩属性(HSB值)	91-38-58/344-55-89		90-72-51		45-63-100/244-36-52/27-82-88	
5	色彩种类数量/种	6					
6	色彩面积占比	8:3:2:6:1:1					
7	色彩调和类型	类似色、对比色					

表6-59 金阳北路段道路交叉口植物景观配置色彩

编号	内容	值/色块				
1	配置模式	地被模式				
2	植物名称	五彩苏		一串红		秋海棠
3	色彩表现	叶色	花色	叶色	花色	花色
4	色彩属性(HSB值)	52-61-95		2-74-71		340-30-98/353-63-88
5	色彩种类数量/种	4				
6	色彩面积占比	9:1:5:3				
7	色彩调和类型	类似色				

图6-61 林城东路段(a)、金阳北路段(b)道路交叉口视距三角形景观

交通岛中植物种类较多，色彩较丰富，色彩数量为 7 或 8 种，色调调和类型主要为对比色调和及类似色调和，景观视野开阔，种植灌木进行视线隔离，增加导向作用。道路交叉口视距三角形作为车辆的引导作用，采用通透式的配置。色彩数量主要为 4~6 种，多以地被植物为主，且色彩艳丽，形成疏朗开阔的景观效果。通过低矮花灌木的应用，充分体现植物层次美与色彩的变化，不仅为市民营建出繁花似锦的热烈景观，美化了道路空间，还保证了良好的交通视线。另外还结合了一些特色的景观小品以及佳节庆祝语，展示出城市的精神面貌和历史文化。

四、道路植物空间色彩序列变化规律

根据动态观赏量化法（谭明，2018），研究分别得出人行、车行下的定量标准段色彩界面长度及色彩序列变化次数（图 6-62，图 6-63）。通过 CAD 软件按标准段色彩界面长度绘制出标准段栅格图像，从而构建"标准段模型"，同时选取各道路连续、交替变化的景观单元照片，并按序列号编排，之后将排列的照片依次导入 Photoshop 软件中，利用马赛克命令将照片统一调整单元格为 100 方格大小，由各道路按色彩序列变化次数计算单元格数量，处理的各景观单元对象叠加至"标准段模型"中，完成色彩序列图，分析动态下色彩构成的变化规律及色彩观赏效果。

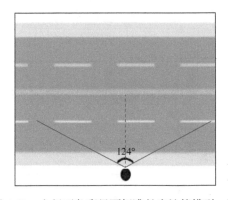
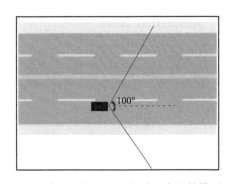

图 6-62　人行下色彩界面标准长度计算模型　　图 6-63　车行下色彩界面标准长度计算模型

在人行、车行视角下，随着人的视点移动会产生连续、动态的色彩体验。所以，在连续的空间界面上对植物色彩序列量化要构建"标准段模型"。在人行视角下，人眼视度通常为 124°，视距为 20m，即单向道路宽度，推算标准界面长度为 75m。而车行视角下，当汽车行驶速度为 40km/h，驾驶员视度为 100°，标准界面长度为 180m。

人行视角下景观色彩序列表达公式：色彩序列变化频率=标准界面长度/（视点移动速度×20s）。以路人视角，路人行走速度为5km/h，5000m/3600s=1.38m/s，即每秒行走1.38m。1.38m/s×20s=27.6m；75/27.6=2.7，表示该标准段应设计3次色彩序列变化。

车行视角下景观色彩序列表达公式：色彩序列变化频率=标准界面长度/（视点移动速度×0.3s）。以车行视角，汽车行驶速度为40km/h，即11.11m/s，11.11m/s×0.3s=3.33m；180/3.33=54.05，表示该标准段应设计54次色彩序列变化。

1. 人行视角下色彩序列变化

由于人行走速度相对慢，色彩序列图中出现植物景观的频次较少。通过分析人行视角的色彩序列图（图6-64）及人行视角主要植物色彩特征表（表6-60），可见道路各景观单元植物层次感强，色彩丰富。其中各道路（东西向）由于植物配置不同，所体现的主要色彩占比与效果不同。林城东路（东）植物配置为乔-灌-地被模式，根据乔木层雪松（HSB：150°、24%、35%）和银杏（HSB：70°、62%、71%）、灌木层红叶石楠（HSB：14°、59%、73%）以及地被层羽衣甘蓝（HSB：61°、57%、54%）的HSB数值分析，3个层次的主要色彩鲜明，构成具有强烈反差的色彩效果，形成景观单元间不同色彩元素连接，产生交替变化的色彩效果。黔灵山路（东）为乔-灌配置模式，以雪松（HSB：150°、24%、35%）和樱花（HSB：345°、28%、66%）为乔木层的色彩对比效果强烈，而灌木层小叶女贞（HSB：92°、50%、56%）和杜鹃（HSB：80°、61%、55%）色相相近，色彩渐变明显，产生交替、渐变的色彩效果。

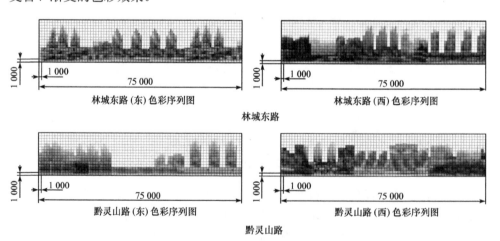

林城东路(东)色彩序列图 　　林城东路(西)色彩序列图

林城东路

黔灵山路(东)色彩序列图 　　黔灵山路(西)色彩序列图

黔灵山路

图6-64　人行视角色彩序列图

图中数值单位为mm

表 6-60　人行视角主要植物色彩特征表

道路名称	主要植物色彩属性（HSB 值）		标准段搭配色彩面积占比/%		标准段各层主要植物	节奏秩序	序列次数
林城东路（东）	150-24-35		雪松：35		乔木层：雪松、杏 灌木层：红花檵木 红叶石楠	交替型	3
	70-42-71		银杏：15				
	14-59-73		红叶石楠：10				
	344-53-60		红花檵木：2				
	61-57-64		羽衣甘蓝：7				
林城东路（西）	150-24-35	70-62-71	雪松：15	银杏：18	乔木层：桂花、银杏、雪松 灌木层：小叶女贞、八角金盘 地被层：三色堇、紫娇花	交替型 渐变型	3
	91-45-56	345-28-66	桂花：6.5	樱花：5			
	108-37-35	14-22-55	侧柏：6	紫叶李：4			
	92-50-56	98-47-58	小叶女贞：11	八角金盘：7.5			
	56-60-82	274-19-58	三色堇：1	紫娇花：6			
+ 黔灵山路（东）	150-24-35	70-62-71	雪松：16	银杏：15	乔木层：樱花、雪松 灌木层：小叶女贞、杜鹃	交替型 渐变型	3
	345-28-66	80-61-55	樱花：19	杜鹃：5			
	92-50-56		小叶女贞：11				
	349-23-64		紫叶小檗：4				
	89-49-27		齿叶冬青：1.5				
黔灵山路（西）	14-22-55	70-62-71	紫叶李 12.5	银杏：7.5	乔木层：紫叶李、桂花、樱花 灌木层：小叶女贞、十大功劳	连续型 交替型 渐变型	3
	91-45-56	345-28-66	桂花：12	樱花：11			
	77-71-55	95-31-58	荷花玉兰：6	十大功劳：10.5			
	92-50-56	86-50-55	小叶女贞：4	木槿：4			
	80-61-55		杜鹃：4				

2. 车行视角下色彩序列变化

由于车行驶的速度较快，色彩序列图中植物景观的变化频次自然较多，因此多以色块体现。由车行视角的色彩序列图（图 6-65）及车行视角主要植物色彩特征（表 6-61）分析可知，道路各景观单元的植物色彩交替性、整体性、序列性强。以黔灵山路（东、西）为例，植物配置为乔-灌模式，东段道路由 3 个景观单元相互交替，根据乔木层雪松（HSB：150°、24%、35%）和樱花（HSB：345°、28%、66%）、灌木层小叶女贞（HSB：92°、50%、56%）和杜鹃（HSB：80°、61%、55%）

的 HSB 数值分析，上层主要色彩对比鲜明，中层色相相近，形成景观单元间色彩元素交替且重复，产生交替、渐变的色彩效果；西段主要以银杏（HSB：70°、62%、71%）、樱花（HSB：345°、28%、66%）、桂花（HSB：91°、45%、56%）以及紫叶李（HSB：14°、22%、55%）为乔木层，灌木层为小叶女贞（HSB：92°、50%、56%）、杜鹃（HSB：80°、61%、55%）和紫叶小檗（HSB：349°、23%、64%）的 HSB 数据分析，上层色彩丰富，但由银杏和桂花以绿色贯穿全段，中层紫叶小檗与小叶女贞、杜鹃交替变化，虽然形成景观单元间连续、交替和渐变的色彩效果，但整体视觉效果较凌乱。

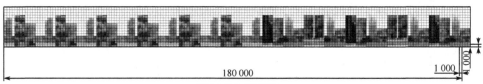

林城东路色彩序列图

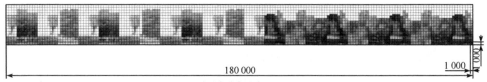

黔灵山路色彩序列图

图 6-65　车行视角色彩序列图

图中数值单位为 mm

表 6-61　车行视角主要植物色彩特征

道路名称	主要植物色彩属性（HSB 值）				标准段搭配色彩面积占比/%				标准段各层主要植物	节奏秩序	序列次数
林城东路		150-24-35		70-62-71	雪松：28		银杏：14		乔木层：桂花、银杏、雪松	连续型交替型渐变型	54
		91-45-56		108-37-35	桂花：4		侧柏：7		灌木层：小叶女贞、八角金盘		
		14-22-55		92-50-56	紫叶李：5.5		小叶女贞：3		乔木层：桂花、雪松		
		98-47-58		14-59-73	八角金盘：6		红叶石楠：7		灌木层：小叶女贞、红叶石楠		
		61-57-64			羽衣甘蓝：5.5						
黔灵山路		150-24-35		70-62-71	雪松：12		银杏：4		乔木层：樱花、雪松灌木层：小叶女贞、杜鹃	连续型交替型渐变型	54
		91-45-56		345-28-66	桂花：5.5		樱花：21		灌木层：小叶女贞、十大功劳		
		14-22-55		80-61-55	紫叶李：4		杜鹃：4		乔木层：桂花、樱花、紫叶李		
		86-50-55		92-50-56	木槿：2.5		小叶女贞：3				
		349-23-64		95-31-58	紫叶小檗：4		十大功劳：3				

道路空间中色彩序列变化因观赏视点沿着同一路径移动，不同视角下（即人、车行视角下），移动速度和植物配置不同，观赏色彩呈现的节奏和韵律、出现频次、起伏变化不同，产生的色彩序列效果不同。人行视角下，可观赏频次低，植物景观观赏性强，色彩空间丰富；而车行视角下，可观赏频次高，观赏时多以色块体现，强调色彩构图，空间上连续性、交替性更强。

五、道路绿地不同植物群落色彩构成特征

1. 不同群落美景度

在植物群落垂直结构的分布中，乔木+灌木、乔木+灌木+地被、乔木-地被、灌木+灌木 4 种组合配置模式在观山湖区和老城区一环中都有所应用且有一定占比，故从中随机选取了 32 个景观单元样带，为探究不同季节植物景观的观赏特性，对 32 个景观单元样带 4 个季节的照片进行评价，共选择 128 张照片作为评价对象（见附录 3 中带*号的种类），评价方法与上一小节相同。

从表 6-62 可以看出，对比不同植物组合类型的 SBE 平均值可得出，乔木+地被组合＞乔木+灌木+地被组合＞乔木+灌木组合＞灌木+灌木组合，乔木+灌木植物组合美景度均值约为灌木+灌木组合的 4 倍，而乔木+灌木+地被组合和乔木+地被植物组合美景度均值约为灌木+灌木组合的 5.5 倍，其植物配置模式都是双层和复层结构配置，层次多样，植物景观效果丰富，而灌木层为单层结构，层次相对单一。在贵阳市道路植物中，大众认为好的是乔木+地被植物组合模式，其次是乔木+灌木+地被组合，再次是乔木+灌木组合，灌木+灌木组合是最不受喜欢的植物组合模式。

表 6-62　贵阳市道路不同植物配置模式的 SBE 值

植物组合类型	样带数/个	美景度最大值/分	美景度最小值/分	美景度平均值/分
乔木+灌木	10	84.27	−35.45	23.68
乔木+灌木+地被	15	92.25	−19.67	32.18
乔木+地被	4	70.89	−17.25	32.32
灌木+灌木	3	17.70	−5.74	5.91

由表 6-63 可知，贵阳市道路季相景观中 SBE 均值大小排序为：春季（46.04分）＞秋季（28.75 分）＞夏季（27.87 分）＞冬季（5.64 分），春季景观 SBE 值约为夏、秋景观的 1.6 倍，约是冬季景观的 8 倍，说明春季道路植物景观整体效果较好。从植物组合类型美景度均值可以看出，春、秋季中乔木+灌木+地被组合植物配置美景度值高，平均值分别为 50.57 分、35.56 分；而夏、冬季中美景度值高的为乔木+地被组合配置，平均值分别为 37.16 分、15.62 分。春、秋季美景度

值比夏、冬季高，主要是因为春、秋季植物季相变化明显，植物层次结构丰富，整体景观效果突出。

表 6-63　不同季节不同植物配置模式的 SBE 值

季节	植物组合类型	美景度最大值/分	美景度最小值/分	配置模式美景度平均值/分	美景度平均值/分
春季 （3~5 月）	乔木+灌木	84.27	18.85	49.72	46.04
	乔木+灌木+地被	92.18	11.44	50.57	
	乔木+地被	70.89	14.58	44.54	
	灌木+灌木	17.70	6.13	13.18	
夏季 （6~8 月）	乔木+灌木	55.75	−20.59	24.16	27.87
	乔木+灌木+地被	55.39	−7.54	32.28	
	乔木+地被	58.92	8.19	37.16	
	灌木+灌木	13.04	−5.74	5.82	
秋季 （9~11 月）	乔木+灌木	60.19	−32.95	25.69	28.75
	乔木+灌木+地被	92.25	−18.06	35.56	
	乔木+地被	50.53	12.84	31.97	
	灌木+灌木	5.15	−2.61	0.63	
冬季 （12 月至翌年 2 月）	乔木+灌木	23.49	−35.45	−4.84	5.64
	乔木+灌木+地被	55.84	−19.67	10.29	
	乔木+地被	36.22	−17.25	15.62	
	灌木+灌木	12.49	−3.23	4.01	

2. 色彩构成特征

基于美景度评价结果，选取乔木+灌木组合、乔木+灌木+地被组合、乔木+地被组合、灌木+灌木组合景观美景度值较好与美景度值较差的典型植物群落，总结分析其景观特点及配置模式。

（1）乔木+灌木组合类型

图 6-66 中，景观单元 C-69 为乔木+灌木组合类型，SBE 值为 84.27 分，在乔木+灌木配置模式美景度值中最高。其为春季景观，上层为栾树和银杏，中下层由小叶女贞和金钟花组成。群落层次分明，以落叶树种为主，整体布局比较集中。如表 6-64 所示，量化所涉及的色彩数量为 5 种，呈绿、黄色系，形成邻近色调和类型，色相相对柔和。图 6-67 中，景观单元 D-87 的 SBE 值为−35.45 分，在乔木+灌木组合类型美景度值中最低。其为冬季景观，仅由小叶女贞和紫薇 2 种植物组成。如表 6-65 所示，量化的色彩数量为 2 种，以绿色系为主调，枝干为灰褐色，与之形成对比色调和类型。由于冬季紫薇落叶，只展现其枝干色彩，整体色彩丰富度较差。

图 6-66 景观单元 C-69

表 6-64 景观单元 C-69 植物景观配置色彩

编号	内容	值/色块				
1	配置模式	乔木+灌木组合				
2	季节	春季				
3	植物名称	栾树	银杏	小叶女贞	金钟花	
4	色彩表现	叶色	叶色	叶色	叶色	花色
5	色彩属性（HSB 值）	103-33-62	90-60-49	77-62-45	110-35-50/71-70-80	
6	色彩种类数量/种	5				
7	色彩面积占比	17：16：11：9：1				
8	色彩调和类型	邻近色				

图 6-67 景观单元 D-87

表 6-65　景观单元 D-87 植物景观配置色彩

编号	内容	值/色块	
1	配置模式	乔木+灌木组合	
2	季节	冬季	
3	植物名称	小叶女贞	紫薇
4	色彩表现	叶色	枝干色
5	色彩属性（HSB 值）	90-37-51	28-13-40
6	色彩种类数量/种	2	
7	色彩面积占比	4∶1	
8	色彩调和类型	对比色	

（2）乔木+灌木+地被组合类型

图 6-68 中，景观单元 Q-33 为乔木+灌木+地被组合类型，SBE 值为 92.25 分，在乔木+灌木+地被配置模式美景度值中最高，为秋季景观。上层为紫叶李、银杏和桂花，中下层由杜鹃、海桐、狗牙根组成。群落层次分明，植物种类较丰富，彩叶植物提升色彩丰富性，整体布局比较集中。如表 6-66 所示，量化的色彩数量为 6 种，呈紫、绿、黄色系，形成邻近色和类似色调和类型。图 6-69 中，景观单元 D-65 的 SBE 值为–19.67 分，在乔木+灌木+地被组合类型美景度值中最低，为冬季景观，仅由桃树、金丝桃和麦冬 3 种植物组成，以落叶树种为主。如表 6-67 所示，景观配置的色彩数量为 3 种，呈黄、绿色系，形成类似色调和类型。由于冬季桃树和金丝桃均落叶，桃树展现其枝干色彩，整体色彩丰富度较差，色彩明度较暗。

图 6-68　景观单元 Q-33

表 6-66　景观单元 Q-33 植物景观配置色彩

编号	内容	值/色块					
1	配置模式	乔木+灌木+地被组合					
2	季节	秋季					
3	植物名称	紫叶李	银杏	桂花	杜鹃	海桐	狗牙根
4	色彩表现	叶色	叶色	叶色	叶色	叶色	叶色
5	色彩属性（HSB 值）	349-14-44	48-64-96	84-39-43	75-52-49	133-30-38	75-33-58
6	色彩种类数量/种	6					
7	色彩面积占比	8：7：5：1：2：4					
8	色彩调和类型	邻近色、类似色					

图 6-69　景观单元 D-65

表 6-67　景观单元 D-65 植物景观配置色彩

编号	内容	值/色块		
1	配置模式	乔木+灌木+地被组合		
2	季节	冬季		
3	植物名称	桃树	金丝桃	麦冬
4	色彩表现	枝干色	叶色	叶色
5	色彩属性（HSB 值）	58-31-40	49-29-43	88-38-49
6	色彩种类数量/种	3		
7	色彩面积占比	3：5：2		
8	色彩调和类型	类似色		

（3）乔木+地被组合类型

图 6-70 中，景观单元 C-74 为乔木-地被组合类型，SBE 值为 70.89 分，在乔木+地被配置模式美景度值中最高。其为春季景观，上层以悬铃木和香樟为主，下层为麦冬。群落层次分明，整体布局比较集中。如表 6-68 所示，景观配置中的色彩数量为 5 种，呈绿色系，形成邻近色调和类型。图 6-71 中，景观单元 D-55 的 SBE 值为–17.25 分，在乔木+地被配置模式美景度值中最低。其为冬季景观，仅由杨树、香樟、麦冬、狗牙根等植物组成。如表 6-69 所示，所涉及的色彩数量为 4 种，呈绿色系，形成邻近色调和类型。由于冬季杨树被砍掉，整体景观效果不佳，只展现其枝干色彩，观赏性较差。

图 6-70　景观单元 C-74

表 6-68　景观单元 C-74 植物景观配置色彩

编号	内容	值/色块		
1	配置模式	乔木+地被组合		
2	季节	春季		
3	植物名称	悬铃木	香樟	麦冬
4	色彩表现	叶色　枝干色	叶色　枝干色	叶色
5	色彩属性（HSB 值）	96-74-60/87-17-46	104-63-35/102-14-28	104-48-31
6	色彩种类数量/种	5		
7	色彩面积占比	7：3：5：2：1		
8	色彩调和类型	邻近色		

图 6-71　景观单元 D-55

表 6-69　景观单元 **D-55** 植物景观配置色彩

编号	内容	值/色块			
1	配置模式	乔木+地被组合			
2	季节	冬季			
3	植物名称	香樟	杨树	狗牙根	麦冬
4	色彩表现	叶色	枝干色	叶色	叶色
5	色彩属性（HSB 值）	100-38-47	57-19-43	79-44-52	96-27-39
6	色彩种类数量/种	4			
7	色彩面积占比	5：3：2：1			
8	色彩调和类型	邻近色			

（4）灌木+灌木组合类型

图 6-72 中，景观单元 C-40 为灌木+灌木组合类型，SBE 值为 17.70 分，在灌木层配置模式美景度值中最高。其为春季景观，以红叶石楠搭配山茶为主，整体布局比较集中。由于春季红叶石楠抽芽为红色，为春色叶树种，所展现出的色彩丰富、明艳动人。如表 6-70 所示，整体景观构成的色彩数量为 2 种，呈红、绿色系，形成对比色调和类型。图 6-73 中，景观单元 X-86 的 SBE 值为–5.74 分，在灌木层配置模式美景度值中最低。其为夏季景观，仅由杜鹃与山茶组成。如表 6-71 所示，色彩数量为 2 种，呈绿色系，形成邻近色调和类型。由于杜鹃和山茶分别在春、冬季开花，两者夏季观其叶呈绿色，色调比较单一，整体景观效果不佳，色彩丰富度不够。

图 6-72　景观单元 C-40

表 6-70　景观单元 **C-40** 植物景观配置色彩

编号	内容	值/色块	
1	配置模式	灌木+灌木组合	
2	季节	春季	
3	植物名称	红叶石楠	山茶
4	色彩表现	叶色	叶色
5	色彩属性（HSB 值）	7-57-74	95-43-44
6	色彩种类数量/种	2	
7	色彩面积占比	7∶1	
8	色彩调和类型	对比色	

图 6-73　景观单元 X-86

表 6-71　景观单元 X-86 植物景观配置色彩

编号	内容	值/色块	
1	配置模式	灌木+灌木组合	
2	季节	夏季	
3	植物名称	杜鹃	山茶
4	色彩表现	叶色	叶色
5	色彩属性（HSB 值）	120-27-44	155-30-35
6	色彩种类数量/种	2	
7	色彩面积占比	3∶2	
8	色彩调和类型	邻近色	

第七节　小　结

通过调查贵阳市常用园林单体植物的季相色彩变化，并补充调查常年异色叶彩叶单体植物的色彩变化，以及植物群落色彩变化，不同于以往定性的色彩描述语言，通过定量的色彩数值对常用园林植物的叶色、花色属性变化以及常年异色叶的色彩属性变化进行了深入分析，并根据色彩贡献值筛选出贵阳市常用园林植物在不同季节中表现优质的观赏植物。同时使用美景度评价法对公园和道路绿地植物群落色彩景观进行了评价研究，对优质植物群落的色彩特征进行量化提取。

按照色彩 3 个属性值（色相、饱和度、明度）将叶色和花色的色彩数据分别分成色相、饱和度、明度 3 组数据，总结植物色彩属性之间的变化关系。叶色色相全年主要分布于黄绿色系，花色色相全年主要分布于橙黄色、蓝色、靛青（H-18）、品红、微品红、紫红色、品红 7 个色相等级中；叶色和花色的饱和度每个等级均有分布；明度则全年主要分布在中微明度以上。整体色相变化分为 3 个主要时间段：春季色相值随时间变化逐渐变大，夏秋两季色相值随时间变化保持稳定，冬季色相值随时间变化先升高后降低。饱和度方面：在整个植物生长周期内逐渐减小，冬季时保持相对稳定。明度变化方面：春季明度逐渐减小，夏秋两季在中明度水平波动，在 11 月时明度出现短暂上升趋势，冬季时明度逐渐上升。

54 种常年异色叶植物整体统计显示，暖色系的植物种类居多，黄色系和红色系就有 37 种植物，细分共有红、橙、黄、蓝、紫 5 个色系，除重复外共

33 个典型色，中性色和冷色系植物偏少，大多出现在地被及草本植物中；常色叶植物叶色明度为 5%～70%，黄色系明度差值最大，蓝色系的差值最小，饱和度为 15%～80%，紫色系饱和度差值最大，蓝色系差值小；斑色叶植物叶色明度为 20%～74%，饱和度为 25%～93%，黄色系植物差值较大，整体来看，常年异色叶植物色彩明度和饱和度范围较大，多数植物为中、高明度和饱和度。

在 6 类不同空间类型群落的总体色系频数占比中，平地空间型（GF、GJ、GL）的群落整体上呈现的彩色系更加多样；而水岸湿地空间（WR、WY）的总色系频数占比都较小且彩叶、彩花色系频数占比也居于末位，以基本叶色表现为主；在彩叶、彩花色系频数占比上，区域空间型植物群落（GF）的占比最大，为 23.73%，原因是空间越开敞，群落景观所包含的色彩数量越多。在基本叶色系中，6 个空间类型群落在叶色上的表现都以绿及黄绿色系为主，其中硬质水岸空间型植物群落（WY）及坡地边界空间型植物群落（MB）在这 2 个色系的频数占比上最为突出，而软质水岸型植物群落（WR）在棕色系上的占比最大，在彩叶、彩花色系中，整体上 6 个空间类型群落的表现占比排序为：紫色系>红色系>黄色系>橙色系>粉红色系>白色系>蓝色系，其中区域空间型植物群落（GF）景观在紫色系的表现上最为突出。

利用美景度评价法对公园植物组合色彩进行评价，获得受公众认可的季相景观排序为春季>秋季>夏季>冬季。植物组合类型受公众认可的景观排序为乔木+灌木+地被>乔木+灌木>灌木+地被>乔木+地被。分析其优质群落景观色彩构成，得到四季受公众喜爱的植物组合色彩特征，春季植物组合色彩种类适宜在 2～6 种，观赏植物色彩主要为暖色系，主色彩分布类型为集中型，色彩调和类型为对比色调和；夏季植物组合色彩种类适宜在 2～7 种，观赏植物色彩主要为冷色系，色彩调和类型主要为冷色调和；秋季植物组合色彩种类适宜在 3～5 种，色彩调和类型主要为类似色调和；冬季植物组合色彩种类适宜在 2～5 种，色彩调和类型主要为对比色调和，植物群落色彩色系搭配主要有单一色系应用、多色系应用（包括类似色、邻近色、对比色和多种色彩应用）和白色系应用。通过美景度评价法对观山湖区和老城区道路绿地中乔木-灌木、乔木-灌木-地被、乔木-地被、灌木+灌木 4 种配置模式的四季色彩景观进行评价以及对不同植物群落色彩构成特征进行分析，春、秋季中乔木-灌木-地被层植物配置美景度值高，而夏、冬季中美景度值高的为乔木-灌木组合配置。通过总结优势道路绿地植物色彩景观配置模式，在植物的配置上注意高低层次、多元色彩的搭配和季相变化等，并协调好树形组合、空间层次的关系，使道路绿化有层次、有变化，丰富道路景观的同时发挥好道路绿地的隔离防护功能。此外，交叉口以及交通岛等处的园林小品、节假日标语等均应由专业人员施工构建，形成统一完美的城市道路景观。由于人们在道路上经常处于运动状态，进行道路绿化设计时，在考虑静态视觉艺术的同时，也要充分考虑动态视觉艺术，注意把握好道路植物景观的节奏与韵律。

主要参考文献

白晓霞. 2019. 基于 AHP 法的榆林市绿地植物色彩应用评价[J]. 湖北农业科学, 58(17): 85-88.

陈丽飞, 李雪滢, 陈翠红, 孟缘. 2019. 长春市高校植物秋季色彩调查与 NCS 量化研究[J]. 西北林学院学报, 34(4): 246-254, 272.

代维. 2007. 园林植物色彩应用研究[D]. 北京: 北京林业大学.

哈拉尔德·布拉尔姆. 2003. 色彩的魔力[M]. 合肥: 安徽人民出版社.

韩君伟. 2018. 步行街道景观视觉评价研究[D]. 成都: 西南交通大学.

卡罗琳·博伊塞特. 2002. 园艺设计大全[M]. 刘德江, 徐勇, 译. 广州: 广东科技出版社.

凯文·林奇. 2001. 城市意象[M]. 北京: 华夏出版社.

李霞, 安雪, 金紫霖, 潘会堂, 张启翔. 2010. 植物色彩对人生理和心理影响的研究进展[J]. 湖北农业科学, 49(7): 1730-1733.

廖宇. 2007. 城市色彩景观规划设计初探[J]. 山西建筑, 33(23): 33-34.

林敏捷. 2007. 彩色植物在园林造景中的应用[J]. 福建热作科技, 32(1): 38-40.

刘毅娟. 2014. 苏州古典园林色彩体系的研究[D]. 北京: 北京林业大学.

马冰倩, 徐程扬, 崔义. 2018. 八达岭秋季景观整体色彩组成对美景度的影响[J]. 西北林学院学报, 33(6): 258-264.

彭丽军. 2012. 北京常见彩叶树种叶色特征值与景观配置模式研究[D]. 北京: 北京林业大学.

彭尼·斯威夫特. 2000. 庭园风格与设计[M]. 梁瑞清, 赵君, 译. 贵州: 贵州科技出版社.

钱长江, 赵建华, 张华海, 周正梅. 2012. 贵阳市彩叶植物种类及应用现状调查研究[J]. 安徽农业科学, 40(15): 8622-8624.

申世广, 李灿柳, 苏露. 2021. 基于视觉感知的植物色彩景观研究进展[J]. 世界林业研究, 34(1): 1-6.

谭明. 2018. 景园色彩构成量化研究[D]. 南京: 东南大学.

唐小清, 崔煜文, 陈红锋. 2017. 多色彩调和在广州生态景观林带中的应用研究[J]. 中国园林, 33(4): 6.

田荣. 2017. 园林植物配置中的植物色彩元素与表现[J]. 现代园艺, (24): 131.

王思琦. 2013. 杭州太子湾公园园林植物色彩及其应用研究[D]. 杭州: 浙江农林大学.

王晓博. 2008. 哈尔滨木本植物叶片色彩构成属性及信息系统建立[D]. 哈尔滨: 东北林业大学.

王晓俊. 2005. 风景园林设计[M]. 江苏: 江苏科学技术出版社.

吴薇. 2006. 当代中国城市中的色彩问题分析与规划[J]. 南方建筑, (5): 6-8.

谢晨. 2018. 基于园艺疗法的植物色彩疗法探究[J]. 艺术科技, 31(11): 233, 251.

杨磊, 王秀荣, 李宇其, 杨杰, 韩沙. 2021. 贵阳市观山湖公园植物群落景观色彩定量分析[J]. 西南林业大学学报(自然科学), 41(4): 152-161.

杨敏娣, 李湛东, 秦仲. 2012. 几种植物色彩采集方法的比较研究[J]. 湖南农业科学, (9): 119-122.

杨婷. 2019. 基于景观适宜性的山地公园植物景观评价及营建策略研究[D]. 贵阳: 贵州大学.

尹思谨. 2004. 城市色彩景观规划设计[M]. 南京: 东南大学出版社.

赵秋月, 刘健, 余坤勇, 艾婧文, 上官莎逸, 项佳, 林月彬. 2018. 基于SBE法和植物组合色彩量化分析的公园植物配置研究[J]. 西北林学院学报, 33(5): 245-251.

郑瑶. 2014. 重庆市秋季常见园林植物色彩定量研究[D]. 重庆: 西南大学.

Leszczynski N A. 2003. 植物景观设计[M]. 卓丽环, 译. 北京: 中国林业出版社.

Gruffydd B. 1994. Tree form, size and colour[M]. Abingdon: Taylor and Francis.

第七章 城市公园和道路绿地植物景观评价

第一节 引 言

植物景观主要是由于自然界的植被、植物群落、植物个体所表达的形象，通过人们的感官传到大脑皮层，产生的一种实在的美的感受和联想（苏雪痕，1994）。而随着人类社会的不断发展、人们精神需求层次的不断提升，现代植物景观设计不再是植物品种的大量堆积，也不再限于植物形体、姿态、花果、色彩等个体美，而是要追求植物形成的空间尺度、反映具有地域景观特征的植物群落和整体景观效果（朱建宁和马会岭，2004；李雄，2006）。同样植物景观评价也从简单探讨景观带给人的视觉感受发展到运用多学科理论和方法对植物的综合绿化效益和园林植物的配置进行评价（张哲和潘会堂，2011）。其中景观适宜性评价是通过对景观组成、功效、结构、动态等方面进行综合性分析，最终提出并比较不同景观方案的优劣（傅伯杰等，2001）；而层次分析法（AHP）是一种主观赋权评价方法，通过引入熵值法对层次分析法确定的权重进行修正，并结合灰色关联度分析法，根据因素间发展趋势的相似或相异程度可衡量因素间的关联程度（张冬生，2016；林立等，2018；林卓等，2019）。

贵州省固有"地无三里平"的说法，是典型的山地省，如今省会贵阳已打造出"千园之城"的新名片，并在城区规划形成"两环八横四纵"的快速路网系统和"三条环路十六条射线"的骨架性主干道系统，其中不乏有许多山地公园和城市道路的景观建设。但国内外针对山地公园和城市道路植物景观多从定性层面分析，少有从定量角度同时总结现有山地公园和城市道路植物景观存在的问题。本章以贵阳3个山地公园和28条城市道路为例，通过主成分分析法对其中的72个山地公园样地进行景观适宜性评价，同时基于AHP-灰色关联度分析法对114个城市道路样地进行景观质量评价，使评价指标体系简单有效，更准确地评价研究对象的相对地位，增加评价结果的客观性，并结合评价结果，以期更客观地指导山地公园和城市道路植物景观评价与营建工作。

第二节 国内外研究概况

人们对植物景观的认识和应用是随着社会的发展而不断加深的。国外关于景观的研究有记载的可追溯到 1757 年埃德蒙·伯克（Edmund Burke）对景观美学的哲学研究，在他的《人与自然》一书中首次提出了利用分析手段来描述风景。在 19 世纪以前，西方国家对植物造景的追求以视觉欣赏为主。风景的价值在美国 1858 年首建中央公园时得到重视，并且这种重视在建造加利福尼亚州中部的约塞米蒂国家公园及其他国家公园建设中得到加强（郑岩，2007）。20 世纪 60 年代，美国颁布了《荒野法案》《荒野与风景河流法案》，从国家层面上确认了景观的价值（杨洋等，2018）。随后英国、法国等也相继推出了一系列环境和景观资源保护的法案或评价体系。这些法规、法案的出台标志着自然景观资源和其他有经济价值的自然资源一样受法律保护，但由于景观资源的价值衡量缺乏标准，也就催生了景观评价的研究（杨洋，2016）。最开始的景观评价工作主要从美学角度考虑其价值，强调景观之间的相对价值。2001 年，丹尼尔（Daniel）将景观视觉效果定义为"风景美"，通过对西黄松近景进行美景度评价，建立了实际森林管理影响因子与美景度的线性模型。美国土地管理局则将其等同于"风景质量"（scenic quality）。随后逐渐有学者应用此类方法进行研究，通过研究公园内树种种植密度（Schroeder，1986），以及利用计算机视频成像技术（Schroeder and Orland，1994）甚至调查道路使用者的感受（Akbar et al.，2003）等方法分析影响植物景观美景度的因素。经过几十年的理论研究和实践的积累，景观评价研究逐渐形成了专家学派、心理物理学派、认知学派和经验学派四大学派（王竞红，2008）。

专家学派的指导思想认为凡是符合形式美原则的风景都具有较高的风景质量。因此，风景评价工作都应由少数训练有素的专业人员来完成，用 4 个基本元素来分析风景，即线条、形体、色彩和质地。丹尼尔等又将专家学派细分为形式美学派和生态学派，强调诸如多样性、统一性等形式美原则在决定风景质量分级时的主导作用，同时把生态学原则作为风景质量评价的标准。运用范围上可直接为土地规划、景观管理及有关法令的制定和实施提供依据。心理物理学派则是把风景与风景审美的关系理解为刺激-反应的关系，把心理物理学的信号检测方法应用到风景评价中，通过分析公众对风景的审美态度得到一个反映风景质量的量表，然后将该量表与各风景成分之间建立起数学关系。心理物理学派兼具应用生物物理方法和人类感知法的优点，因而在城市绿地中得到广泛的应用。认知学派的主要思想是把景观作为人的生存空间、认识空间来评价。强调景观对人的认识及情感反应上的意义；试图用人的进化过程及功能需要去解释人对景观的审美过程。由于其只停留在抽象的维量分析上，意味着它只是一种理论分析途径，只有把这些抽象的维量同具体成分相联系，才能使认知学派具有实用价值。经验学派把景观的价值建立在人同景观相互影响的经验之中，用历史的观点，以人及其活动为主体来分析景观的价值及其产生的背景，而对客观景观本身并不注重。其技术方法多采用记录文字、描述、调查等手段，缺乏实用价值。不过该学派强调人的作用的思想，为加强风景美育提供了理论依据。

在这些学派理论和思想的影响下，景观评价也逐渐形成了一些较为固定的操作方法和模式，被公认的有六大模式，分别为形式美模式、生态学模式、认知模式、经验模式、心理物理模式、心理模式。在不同学派、评价模式的指导下，逐渐发展出不同的评价方法，如层次分析法（AHP）、美景度评价法（SBE）、审美评判测量法（BIB-LCJ）、语义分析法（SD）、人体生理心理指标测试法（PPI）等。

我国在 20 世纪 80 年代在国家层面出现涉及景观资源使用、管理的办法，即国务院于 1985 年颁布的《风景名胜区管理暂行条例》。1992 年首次出台了《中华人民共和国城市绿化管理条例》，又于 1994 年颁布了《中华人民共和国自然保护区条例》等法规，自此开启了对景观资源的保护。随后，国家又颁布了一系列的行业评价标准，促使景观的规划设计和评价更加科学与规范。但由于当时的植物景观评价研究与国外尚存在一定的差距，国内对植物景观评价理论的研究基本是在研究和借鉴了四大学派的理论基础上，从对森林风景林景观评价的研究开始的。比较有代表性的是陆兆苏对南京紫金山风景林进行了质量评价，并从理论上探讨了森林美感与森林美本质的异同、森林的美学特性和美学功能等（陆兆苏等，1985）；还有冯纪忠、朱观海、甘伟林等老一辈专家对景观的美学及景观的保护、建设、管理进行了探讨（杨洋等，2018）。在国外景观评价理论的引进与创新上，俞孔坚（1987）对景观的起源发展、国外景观评价的学派及其理论基础和特点进行了梳理；刘滨谊也对各派理论进行了深入研究，利用多种专业科学的现代理论，把各派理论与方法的优点综合在一起，编构成"风景元素周期表"的框架系列。在国内景观评价的实践上，越来越多的专业人员将美景度评价法、审美评判测量法、语义分析法、人体生理心理指标测试法和层次分析法等这些理论方法与我国的国情相结合，并运用到实际的评价案例中（郑洲翔等，2007；李春媛，2009；孙明等，2010；矫明阳，2013；刘超，2015）。张哲和潘会堂（2011）、李光耀等（2012）、何昕和王立（2015）等更进一步分析了这 5 种方法的评价特点及其在各类绿地植物景观评价中的适用性。

总体来说，不难发现我国学者对植物景观评价已有颇深的研究，评价方法与技术相对成熟，目前国内对植物景观评价的研究多从多指标的综合评价进行分析。但在评价方法上，上述方法工作量较大且主观性较强，而在其他领域应用较多的多指标综合评价方法中的主成分分析法、聚类分析法、因子分析法等在公园植物景观评价中少有涉足，这类方法含义明确，具有较强的客观性，且计算简便。随着国内外评价理论研究的深入及拓展，以及评价技术手段的更新，越来越多的学者对评价技术手段进行新的尝试与探索，如美景度评价法与层次分析法结合、灰色统计法与层次分析法结合、英国的景观特征评估法与层次分析法结合、模糊德尔菲法等，通过综合不同方法的优点，能弥补单一方法的不足，使评价结果更客观、准确和具有实际指导意义。

第三节 贵阳市城市公园绿地植物景观适宜性评价

一、评价对象及方法

1. 评价对象

以贵阳市调查的 3 个山地公园（黔灵山公园、花溪公园、登高云山森林公园）的 72 个典型植物景观作为评价对象（见附录 4），根据群落植被类型不同，将研究中的植物景观分为 4 个类型群落结构：Ⅰ. 乔-灌-草型，Ⅱ. 乔-草型，Ⅲ. 灌-草型，Ⅳ. 草坪疏林型植物群落（表 7-1），其中样地 1~24 位于黔灵山公园，样地 25~48 位于花溪公园，样地 49~72 位于登高云山森林公园。通过分类发现平地植物群落类型丰富，包括乔-灌-草、灌-草、乔-草、草坪疏林 4 个类型；水岸湿地多为乔-灌-草型群落；山地多为乔-灌-草，有部分乔-草类型群落。

表 7-1 山地公园植物群落景观评价对象表

样地编号	配置模式	植被类型	位置
1	香樟+女贞+枫香树+朴树+梧桐+灯台树-山茶+白箣-金星蕨+鸢尾+冷水花	Ⅰ	山地
2	红枫+桂花-杜鹃+红花檵木+红叶石楠+洒金桃叶珊瑚+八角金盘+龟甲冬青+小叶女贞+大花六道木-毛蕨+打碗花+艾+筋骨草+薄荷+黄鹤菜+沿阶草+麦冬+银边草	Ⅰ	平地
3	紫薇+红枫+紫叶李-杜鹃+红花檵木+山茶+海桐+火棘-车前草+鸢尾+牛至+蟛蜞菊+老鹤草+酢浆草+沿阶草	Ⅰ	平地
4	八角金盘+小叶女贞+洒金桃叶珊瑚+桂花+含笑+迎春花-吉祥草+酢浆草+艾麻+繁缕+假蒟	Ⅲ	平地
5	喜树+榉树+朴树+女贞-牛膝+求米草+蛇莓+鱼眼草+冷水花+贯众+凤尾蕨	Ⅱ	山地
6	紫薇+木莲+紫叶李-木槿+红花檵木+洒金桃叶珊瑚+八角金盘-地毯草+天胡荽+冷水花+车前草+鸢尾+繁缕+箭叶凤尾蕨+贯众+莲子草+鱼眼草+车轴草	Ⅰ	平地
7	紫薇+水杉+桂花-红叶石楠+蚊母树-过路黄+黑麦草+小蓬草+艾+车前草+沿阶草+牛膝+芒+鱼眼草+大果鳞毛蕨	Ⅰ	水岸湿地
8	樱花-牛筋草+薄荷+白车轴草+车前草+艾+天胡荽+节节草+过路黄	Ⅱ	平地
9	垂柳+樱花-海桐+红花檵木+木槿+绣球花+杜鹃+野蔷薇-苤草+菖蒲+吉祥草+白车轴草+艾+牛膝+鱼眼草+美人蕉	Ⅰ	水岸湿地
10	马尾松+朴树+女贞+大叶榕-木槿+八角金盘+迎春花-鸢尾+鳞盖蕨+凤尾蕨+冷水花+绞股蓝+贯众+风轮菜+牛至+酢浆草+荨麻+龙牙草	Ⅰ	山地
11	桃+紫叶李+桂花-木槿+八角金盘-天胡荽+车前草+地毯草+黄鹤菜+求米草+冷水花+艾麻+过路黄+鸢尾+绞股蓝+蜘蛛抱蛋+小蓬草	Ⅰ	水岸湿地

续表

样地编号	配置模式	植被类型	位置
12	水杉+梓树-地毯草+白车轴草+风轮菜	IV	平地
13	雪松+圆柏-马蹄莲+地毯草+车前草+白车轴草+荩草	IV	平地
14	水杉+樱花+复羽叶栾树-地毯草	IV	平地
15	悬铃木+云南樟+香樟+深山含笑+枫香树-八角金盘-荨麻	I	山地
16	马尾松+亮叶桦+女贞+山莓+辽东楤木+盐麸木+白叶莓-大果鳞毛蕨+沿阶草+乌蔹莓+牛膝+鸢尾+求米草+小蓬草+酢浆草+天名精	I	山地
17	马尾松+朴树+构树+杉木-鞘柄木-大果鳞毛蕨+沿阶草+牛膝+凤尾蕨+求米草+牛筋草+贯众	I	山地
18	滇鼠刺+女贞+朴树+槲树+柞木-野扇花+来江藤+火棘+铁仔+野蔷薇+卫矛+鼠李-黄鹌菜+狗尾草+沿阶草+毛蕨	I	山地
19	梧桐+女贞+滇鼠刺-箭叶凤尾蕨+荩草+沿阶草+吉祥草+蕺菜+牛膝+求米草+黄鹌菜+贯众+毛蕨	II	山地
20	女贞+侧柏-毛蕨+牛膝+求米草+鸢尾+吉祥草+沿阶草	II	山地
21	朴树+女贞+香樟-鳞盖蕨+沿阶草+吉祥草+冷水花+荨麻+鸢尾+接骨草	II	山地
22	马尾松-火棘-千里光+求米草+牛筋草+葎草+黄鹌菜+蒲公英+牛膝	I	山地
23	金边黄杨+红花檵木+红叶石楠+卫矛+杜鹃+龟甲冬青+洒金桃叶珊瑚+花叶蔓长春花-萱草+酢浆草+荨麻+沿阶草+鹅肠菜+艾+吉祥草	III	平地
24	杨梅-白车轴草+地毯草+车前草+鹅肠菜	II	平地
25	银杏+桂花-狗牙根	II	平地
26	楝+构树+朴树+女贞+楸树-夹竹桃+迎春花-白车轴草	I	水岸湿地
27	女贞+槐树+楝+刺楸+贵州石楠-棕竹-肾蕨+白酒草+贯众+小蓬草	I	山地
28	侧柏+梓树+樱花-红花檵木+红叶石楠+卫矛+紫玉兰-阔叶麦冬	I	平地
29	女贞+梓树+垂柳-鸢尾	II	水岸湿地
30	香樟-苣荬菜+一年蓬+酢浆草+山桃草+紫花地丁	IV	平地
31	雪松-黑麦草+一年蓬+八宝+小蓬草+酢浆草	IV	平地
32	樱花+香樟-沿阶草+繁缕+万年青+酢浆草	II	平地
33	云南樟-肾蕨+酢浆草	II	平地
34	朴树+女贞+榆树-野扇花-肾蕨+仙茅	I	山地
35	朴树+香樟+侧柏+野桐+毛栗+贵州石楠-蜡梅+野扇花+棕竹-仙茅+贯众	I	山地
36	朴树+黄连木+女贞+枇杷-蜡梅+山血丹+野蔷薇+野扇花+白箬-早熟禾+吉祥草+沿阶草	I	山地
37	贵州石楠+女贞+朴树+棕竹+野扇花+铁仔+臭牡丹+白箬-吉祥草+紫菀+沿阶草+贯众	I	山地
38	朴树+贵州石楠+臭椿+侧柏-白箬+胡颓子+蜡梅+野扇花-仙茅+贯众	I	山地

续表

样地编号	配置模式	植被类型	位置
39	罗汉松+榔榆+龙爪槐-红花檵木+南天竹-牛膝菊+一年蓬+苦苣菜+附地菜+龙葵+荨麻+小蓬草	I	平地
40	樱花+垂丝海棠+鸡爪槭-棕竹+卫矛+龟甲冬青-沿阶草+狗牙根+地毯草+荩草	I	平地
41	槐树+女贞-肾蕨+鹅肠菜+藜菜	II	山地
42	黄皮+朴树+女贞-蜡梅+野桐+野扇花-仙茅+吉祥草+沿阶草+狗尾草	I	山地
43	柞木+黄连木+野桐+女贞+枇杷+朴树+粗糠柴-构棘+蜡梅-仙茅+苦苣菜+贯众	I	山地
44	垂柳-白车轴草+菖蒲+薄荷	II	水岸湿地
45	卫矛+紫荆+紫玉兰-肾蕨+贯众+鸢尾	III	平地
46	桂花+黑麦草	IV	平地
47	锦带花+紫玉兰-蜘蛛抱蛋+繁缕+沿阶草	III	平地
48	碧桃-紫荆-黑麦草	I	平地
49	黄檀+柿树+元宝槭-小叶女贞+齿叶冬青+龟甲冬青+金边黄杨+桂花+山茶+银叶金合欢-地毯草+丝兰-肾形草+沿阶草+狼尾草	I	平地
50	合欢+深山含笑+柿树+罗浮槭+柑橘+红豆杉+桂花-红叶石楠-地毯草+节节草+花叶芦竹+黑麦草+剑麻	I	水岸湿地
51	黄槿+栀子+红叶石楠+杜鹃-地毯草+沿阶草	III	平地
52	银杏+鸡爪槭+梅花-红叶石楠+桂花+卫矛+杜鹃+龟甲冬青-沿阶草+百子莲+筋骨草+地毯草+白茅+艾+莲子草+松果菊	I	平地
53	鸡爪槭+银杏+圆柏+深山含笑+梅花-杜鹃+绣线菊+小叶女贞+卫矛+醉鱼草+红叶石楠-狗牙根+美人蕉+酢浆草	I	水岸湿地
54	垂丝海棠-狗牙根	IV	平地
55	桂花+榉树-牛筋草+狗牙根+酢浆草	IV	平地
56	银杏-紫薇+红叶石楠-牛筋草+狗牙根+蒲苇	I	平地
57	木槿+海桐+杜鹃+金森女贞+红叶石楠+红花檵木-狗牙根+牛筋草	III	平地
58	龟甲冬青+红叶石楠+金边黄杨+棕榈+小叶女贞+雀舌黄杨+绣线菊+绣球花+毒距花-美人蕉+假龙头花+萱草+菖蒲+百子莲+地毯草	III	平地
59	红枫+杨梅-朱蕉+绣线菊+红叶石楠+金森女贞+棕竹-灯芯草+风车草+美人蕉+地毯草+白车轴草+酢浆草+牛膝+蓴草+铁苋菜	I	水岸湿地
60	红枫+马尾松+垂丝海棠-紫荆-狗牙根	IV	平地
61	华山松+鸡爪槭+马尾松-光叶子花+南天竹+栀子-狗牙根	I	平地
62	马尾松+杜仲+栗-毛蕨+求米草+酢浆草	II	山地
63	马尾松+栗+香樟+樱花+华南桦-大果鳞毛蕨+青绿薹草+姬蕨+求米草	II	山地
64	马尾松+亮叶桦-金丝梅+萱草+天师栗+鼠尾草+沿阶草	I	山地
65	马尾松+栗+栎树+女贞+杨桐-棕竹-牛膝+沿阶草+野茼蒿+一年蓬+双盖蕨+小蓬草	I	山地

续表

样地编号	配置模式	植被类型	位置
66	马尾松+栗+南烛+栎树-山茶-野菊蒿+沿阶草+求米草+姬蕨+大果鳞毛蕨+芒萁+扇叶铁线蕨	I	山地
67	马尾松-狗脊+大果鳞毛蕨+牛膝+姬蕨	II	山地
68	栎树+马尾松+杨梅+栗+杉木-姬蕨+小蓬草+沿阶草+求米草+龙葵+牛膝+野菊蒿	II	山地
69	桂花-绣球花-马鞭草+狗牙根+沿阶草	I	山地
70	黄栌+榉树+玉簪+萱草+蓝羊茅+牛筋草+狗牙根	II	平地
71	马尾松-杜鹃+栀子+绣球花-沿阶草+牛至	I	山地
72	马尾松-狗牙根+鸢尾	II	平地

注：+代表同为乔木或者灌木；-代表乔木和灌木的连接

2. 评价方法

苏为华（2012）系统地分析了多指标的综合评价技术中应用最多的评价方法，前五位分别是聚类分析法、因子分析法、主成分分析法、层次分析法、模糊评价法。其中主成分分析法（principal component analysis，PCA）最早由皮尔逊（Pearson）于 1901 年发明，是在保证数据信息丢失最小的情况下通过降维处理将原来较多的指标转换成能反映研究现象的几个较少的综合指标（王鹏等，2015）。主成分分析法能避免评价指标之间的相互影响，使评价指标体系简单有效，更准确地评价研究对象的相对地位，增加评价结果的客观性，作为一种较为实用的多指标综合评价方法被广泛应用在各个领域（王莺等，2014；段飞和胡镜清，2017；杨益星，2018）。本研究运用 SPSS 软件及 R 语言，将每个指标数据标准化处理后进行主成分分析，计算 72 个植物景观单元的景观适宜性综合得分及排名。具体计算过程如下。

求出标准化数据指标的矩阵。设山地公园植物景观适宜性评价指标个数为 n，样地个数为 m，数据矩阵为 $\boldsymbol{X}$，x_{ij} 表示第 i 个样地的第 j 个数值，则

$$\boldsymbol{X} = \begin{vmatrix} x_{11} & \cdots & x_{1n} \\ \vdots & \ddots & \vdots \\ x_{m1} & \cdots & x_{mn} \end{vmatrix} \tag{7-1}$$

求相关系数矩阵：

$$\boldsymbol{r}_{ij} = \frac{\sum\limits_{k=1}^{n} \left| (x_{ki} - \overline{x_i}) \right| \left| (x_{ki} - \overline{x_j}) \right|}{\sqrt{\sum\limits_{k=1}^{n}(x_{kj} - \overline{x_i})^2 \sum\limits_{k=1}^{n}(x_{ki} - \overline{x_j})^2}} \tag{7-2}$$

式中，r_{ij} 为标准化数据的第 i 个指标与第 j 个指标间的相关系数，可得相关系数矩阵 $\pmb{R}$。

求相关系数矩阵的特征值和特征向量，以及特征值对应的方差贡献率和累计贡献率。取累计方差贡献率大于 75% 的前 q 个主成分综合原始数据信息，记录其方差贡献率为 $\pmb{C}$：

$$C = (c_1, c_2, \cdots, c_q) \tag{7-3}$$

取对应的 q 个特征向量，将其标准化为 $\pmb{A}$：

$$A = \left[e_f - \min(e_f) \right] / \left[\max(e_f) - \min(e_f) \right] \tag{7-4}$$

式中，e 是特征向量，$f \in [1, q]$。

各指标对总体的贡献率为 $\pmb{P}$：

$$P = C \times A^Q / \sum_{i=1}^{q} C_i = (p_1, p_2, \cdots, p_n) \tag{7-5}$$

式中，p_n 为第 n 个指标对总体的贡献率；A^Q 表示取对应的 q 个特征向量，将其标准化后的值；C 为前 q 个主成分综合原始数据信息的方差贡献率。

对 $\pmb{P}$ 做归一化得 $\pmb{W}$：

$$W = p_j / \sum_{1}^{n} p_j = (w_1, w_2, \cdots, w_n) \tag{7-6}$$

式中，p_j 为第 j 个指标对总体的贡献率。

选用综合评价模型计算山地公园植物景观适宜性指数 Y，指数越大说明适宜性越强，反之则越不适宜。

$$Y = \sum_{i=1}^{n} w_i x_i \tag{7-7}$$

式中，w_i 为第 i 个指标的权重。

二、评价体系的构建

1. 构建原则

要制定一套科学、合理并具有可操作性的山地公园植物景观适宜性评价指标体系，必须遵循以下基本原则。

（1）系统性与科学性

植物景观评价指标体系要在具有科学性的基础上，能够准确地反映山地公园植物景观的本质内涵，提出尽可能真实的、完整的、概括性的、能反映山地公园植物景观特征和价值的指标。

（2）代表性与综合性

要求选取能最大程度地体现山地公园植物景观具有的生态、景观和社会等多重价值属性的指标，并且能够比较全面、客观、系统地反映与测量被评价植物景观的整体特征与状况。

（3）动态性与可操作性

要求指标体系的建立必须考虑到山地公园植物景观的动态过程，不但能评价现状，还要考虑到未来发展趋势。同时，山地公园植物景观指标应简单明了、含义准确，相对比较容易获取和定量分析，可操作性强。

（4）地域性与适用性

贵阳是典型的山地城市，喀斯特地貌上分布着众多特色植物，要求选取的指标能体现地域特色。同时采用的评价指标应便于一般植物景观评价工作者使用，便于掌握和划分等级，并且评价结果真正能为山地公园植物景观营建提供科学依据。

2. 构建方法

（1）内容分析法

内容分析法是近年来应用较为广泛的一种文献研究法，是针对其内容进行客观、系统地分析。内容分析法是在定性量化分析的基础上进行的，它以定性的问题作假设，利用定量的相关分析方法对研究对象进行数据化处理，其最终结果是从统计数据中得出定性结论（朱亮和孟宪学，2013）。其中，定量性是指将文献中需要的内容分级为特定项目，统计各项目中某些元素出现的频率，并描述其明显的特征（王曰芬，2007）。最后，将内容分析的结果用图表或数字的方式呈现出来。通过采用内容分析法对文献中公园植物景观评价体系的内容进行分析，统计各指标出现的频率。如果某些指标在公园植物景观评价研究中反复出现，则这些指标为公园植物景观评价的共性指标，也是该领域的研究热点。通过统计分析可初步得到山地公园植物景观适宜性评价指标。

首先，利用中国知网（CNKI）数据库获取公园植物景观评价研究的相关文献。设定知网文献检索主题词为"公园植物景观"，通过选取检索得到的文献全文中包含"评价体系建立"内容的文章，检索时间为2008～2018年，共获得103篇文献。剔除没有建立公园植物景观评价体系内容的文献后，最终选取65篇相关文献进行内容分析。然后，通过研究相关文献中公园植物景观指标体系的内容，利用Excel

软件统计文献中植物景观评价体系准则层中的关键词与指标层中的每个指标在准则层中出现的频率。将词义相同和相近的指标合并，以避免重复、变形、分散的指标影响分析结果。最终从 65 篇文献中提取了 116 个指标。通过分析文献中的指标体系内容，计算每个指标出现的总频率，选取词频大于 3 次的高频指标进行分析，从而得到山地公园植物景观适宜性评价指标统计表（表 7-2）。

表 7-2　山地公园植物景观适宜性评价指标统计表

序号	指标	频率/次
1	植物物种多样性	61
2	植物景观层次的丰富度	53
3	植物观赏特性多样性	49
4	乡土植物丰富度	40
5	植物景观时序多样性	36
6	植物配置与整体环境的协调性	34
7	植物景观的可达性	33
8	植物生活型的多样性	31
9	景观意境及文化内涵	27
10	植物景观的可停留度	26
11	色彩与季相	25
12	绿视率	22
13	植物景观空间多样性	22
14	植物景观与硬质景观和谐程度	18
15	植物生长健康状况	16
16	抗干扰性	15
17	植物景观色彩多样性	15
18	物种适应性	14
19	植物景观的稳定性	12
20	标志性	12
21	植物与生境的和谐性	12
22	休闲游憩	12
23	营造的人性空间	10
24	植物配置的合理程度	9
25	郁闭度	9
26	植物艺术性构图	8
27	空间序列	7
28	保健功能	7
29	安全性	6
30	枯落物	5

续表

序号	指标	频率/次
31	舒适感	5
32	养护管理程度	4
33	植物种类丰富度	4
34	植物与植物的协调共生性	4

　　山地公园植物景观评价体系多以生态层次、景观层次和社会层次作为准则层来评价山地公园植物景观适宜性。通过分析其中每个指标分别出现在 3 个准则层中次数的多少，其中同属于 2 个或 3 个准则层的指标被划分到出现次数最多的准则层中，剔除出现次数较少的，直到保留每个准则层的指标数不超过 9 个（专家认为普通人能正确辨别的物体数目为 5~9 个）（陈衍泰等，2004）。研究初步得到山地公园植物景观适宜性评价指标（表 7-3）。

表 7-3　山地公园植物景观适宜性评价指标（最初指标）

准则层	指标层	频率/次
生态适宜	植物物种多样性	53
	乡土植物丰富度	38
	植物生活型的多样性	25
	植物生长健康状况	14
	物种适应性	14
	植物景观的稳定性	12
	植物与生境的和谐性	7
	郁闭度	7
景观适宜	植物景观层次的丰富度	47
	植物观赏特性多样性	41
	植物景观时序多样性	28
	色彩与季相	25
	绿视率	22
	植物配置与整体环境的协调性	21
	植物景观空间多样性	14
	植物景观色彩多样性	13
	植物景观与硬质景观和谐程度	10
社会适宜	植物景观的可达性	26
	植物景观的可停留度	26
	景观意境及文化内涵	20
	标志性	12

续表

准则层	指标层	频率/次
社会适宜	休闲游憩	12
	营造的人性空间	10
	抗干扰性	9
	保健功能	7
	安全性	6

（2）德尔菲法

德尔菲法，也称专家调查法，通过让专家对预测问题进行评估并给出意见之后进行归纳统计，再次征求意见直至意见一致为止。本研究通过邀请植物学、生态学、风景园林学等不同学科的专家，将上述初步得到的山地公园植物景观适宜性评价指标（表7-3）发放给各位专家，专家结合山地公园植物景观的特点，增加了野趣程度、对植物景观的喜爱程度两个指标后按"极为重要5分、较重要4分、重要3分、一般2分、不重要1分"进行打分。如果指标平均得分低于3.5分，则该指标不参与下一轮德尔菲法分析，经多轮评选后，最终确定了3个准则层、15个指标层的山地公园植物景观适宜性评价体系（表7-4）。

表7-4　山地公园植物景观适宜性评价体系

目标层（A）	准则层（B）	指标层（C）	指标性质（D）
山地公园植物景观适宜性评价体系（A）	生态适宜（B1）	植物物种多样性（C1）	定量
		乡土植物丰富度（C2）	定量
		植物生活型的多样性（C3）	定量
		植物生长健康状况（C4）	定性
		郁闭度（C5）	定量
	景观适宜（B2）	植物景观层次的丰富度（C6）	定性
		植物观赏特性多样性（C7）	定量
		植物景观时序多样性（C8）	定量
		绿视率（C9）	定量
		植物景观色彩多样性（C10）	定量
	社会适宜（B3）	植物景观的可达性（C11）	定性
		植物景观的可停留度（C12）	定性
		标志性（C13）	定性
		对植物景观的喜爱程度（C14）	定性
		野趣程度（C15）	定性

表 7-4 中第一层为目标层，是对山地公园植物景观适宜性进行综合评价，第二层选择生态适宜、景观适宜、社会适宜作为准则层。第三层为指标层，由定量指标与定性指标组成，共 15 个。其中定性指标通过邀请 10 位长期从事园林专业的专家、10 位从事园林工作的专业人员、30 位园林专业的学生进行评分。

3. 评分标准

为了方便得出各植物景观单元的景观适宜性综合得分值，除了定量指标外，将定性指标进行统一的量化评分，制定山地公园植物景观 15 个评价指标的评分标准（表 7-5）。

表 7-5　评分标准

指标层	评分标准
植物物种多样性	利用 Simpson 指数进行计算
乡土植物丰富度	群落乡土植物占群落物种总数的比例
植物生活型的多样性	利用 Simpson 指数进行计算
植物生长健康状况	15 分：树冠饱满，叶色正常，无病虫害，无死枝，树冠缺损小于 5% 10 分：叶色基本正常，树冠缺损 26%～50% 5 分：叶色不正常，树冠缺损 51%～75%
郁闭度	15 分：群落内植物分布密集，郁闭度大于 0.6 10 分：群落植物疏密一般，郁闭度 0.3～0.6 5 分：群落植物稀疏，郁闭度小于 0.3
植物景观层次的丰富度	15 分：具有乔木、小乔木、灌木、草本各层，各层中植物多样而丰富，高低错落有致，自然生动 10 分：群落层次缺失一层，为 3 个层次，但层次分明 5 分：群落层次缺失两层，仅有 2 个层次
植物观赏特性多样性	利用 Simpson 指数进行计算
植物景观时序多样性	利用 Simpson 指数进行计算
绿视率	15 分：绿色在人的视野中达 50%以上 10 分：绿色在人的视野中为 25%～50% 5 分：绿色在人的视野中为 25%以下
植物景观色彩多样性	利用 Simpson 指数进行计算
植物景观的可达性	15 分：有通畅的多条游步道，可从各个方向进入绿地环境，或绿地植物密度较低，方便进入 10 分：1 或 2 条游步道，可以从单一方向进入绿地环境，或绿地植物生长较密，进入较为困难 5 分：到达绿地的游步道不通畅或曲折过度，地被植物生长过旺，无法涉足
植物景观的可停留度	15 分：绿地有优美的景致，吸引游人驻足游览或进行休憩活动 10 分：绿地具有吸引游人驻足的活动空间，但此类空间甚少或人气一般 5 分：绿地缺乏吸引游人停留活动的吸引力，绿地往往成为"路过型绿地"
标志性	15 分：植物景观在形态、色彩等方面有较高的独特性，能够起到较好的标志作用 10 分：植物景观在形态、色彩等方面有一定的独特性，能够起到一定的标志作用 5 分：植物景观在形态、色彩等方面没有独特性，不能够起到标志作用

指标层	评分标准
对植物景观的喜爱程度	15 分：对植物景观好感或兴趣程度极高 10 分：对植物景观好感或兴趣程度一般 5 分：对植物景观好感或兴趣程度很低
野趣程度	15 分：能较好地体现回归自然、山地风光、山野情趣 10 分：能一定程度地体现回归自然、山地风光、山野情趣 5 分：不能体现回归自然、山地风光、山野情趣

三、主成分特征分析

1. KMO 检验及 Bartlett's 球状检验

将 15 个评价指标标准化处理后利用 SPSS 软件及 R 语言进行主成分分析，通过 KMO（Kaiser-Meyer-Olkin）检验，得到 KMO 值=0.776＞0.7，说明适合进行主成分分析，对其进行 Bartlett's 球状检验后发现 Sig.=0.000＜0.05，说明指标间有相关关系，可用于主成分分析（表 7-6）。

表 7-6　KMO 检验和 Bartlett's 球状检验

KMO 检验和 Bartlett's 球状检验		
取样足够度的 KMO 度量		0.776
Bartlett's 球状检验	近似卡方	808.931
	df	105
	Sig.	0.000

2. 特征值与贡献率

主成分的贡献率越大，说明其所表示的起始变量的内容越多。由表 7-7 可知，第 1 个主成分的特征值是 4.547，解释了总方差的 30.313%；第 2 个主成分的特征值为 4.119，解释了总方差的 27.460%；第 3 个主成分的特征是为 1.746，解释了总方差的 11.642%；第 4 个主成分的特征值为 0.950，解释了总方差的 6.330%。前 4 个主成分累计贡献率达到 75.745%，大于 75%，基本可以反映原指标的大部分信息，因此用 4 个主成分来代替原来的 15 个起始变量。

表 7-7　特征值与贡献率

主成分	特征值	贡献率/%	累计贡献率/%
1	4.547	30.313	30.313
2	4.119	27.460	57.773
3	1.746	11.642	69.415

续表

主成分	特征值	贡献率/%	累计贡献率/%
4	0.950	6.330	75.745
5	0.793	5.287	81.032
6	0.719	4.793	85.825
7	0.535	3.568	89.393
8	0.460	3.064	92.457
9	0.286	1.909	94.366
10	0.259	1.727	96.093
11	0.201	1.343	97.436
12	0.141	0.942	98.378
13	0.117	0.782	99.160
14	0.077	0.515	99.675
15	0.049	0.325	100.000

3. 主成分解释

表 7-8 为成分矩阵，代表评价指标与主成分之间的相关性。由表 7-8 可知，植物景观的可停留度、标志性和对植物景观的喜爱程度 3 个指标在主成分 1 中作用明显，而这几个指标又同属于社会属性，说明主成分 1 主要反映了社会适宜层次的信息，表示社会适宜在山地公园植物景观营建中尤为重要。主成分 2 中植物观赏特性多样性、植物景观时序多样性、植物景观色彩多样性、植物物种多样性、植物生活型的多样性指标影响明显，且多属于景观层面，说明主成分 2 主要反映景观适宜层次的信息。主成分 3 中乡土植物丰富度、郁闭度影响等较为显著，都属于生态适宜层次的指标，说明主成分 3 主要反映了生态适宜层次的信息。主成分 1、2、3 表明山地公园植物景观在注重生态适宜、景观适宜的同时更需要以人为本，满足游客与居民的需求。主成分 4 中绿视率占据绝对影响地位，说明由于山地公园地形地貌的特殊性，植物景观更加注重立体的视觉效果。

表 7-8　成分矩阵

指标	1	2	3	4
植物物种多样性	−0.028	0.782	−0.193	0.094
乡土植物丰富度	−0.145	0.359	0.558	−0.227
植物生活型的多样性	−0.272	0.793	−0.051	0.106
植物生长健康状况	0.782	0.189	0.342	0.120
郁闭度	−0.314	0.399	0.539	−0.134
植物景观层次的丰富度	0.722	0.427	0.033	0.065

续表

指标	1	2	3	4
植物观赏特性多样性	−0.178	0.834	−0.202	0.054
植物景观时序多样性	0.088	0.716	−0.325	0.139
绿视率	0.325	−0.129	0.300	0.849
植物景观色彩多样性	−0.104	0.773	−0.482	−0.026
植物景观的可达性	0.595	−0.333	−0.404	0.036
植物景观的可停留度	0.931	−0.042	−0.162	−0.128
标志性	0.921	0.06	−0.046	−0.239
对植物景观的喜爱程度	0.943	0.151	0.037	−0.130
野趣程度	0.323	0.641	0.570	−0.076

四、公园植物景观适宜性评价结果分析

1. 公园植物景观适宜性综合得分及排名

根据 15 个指标特征值的特征向量、标准化数据以及综合评价模型，计算出 72 个植物景观单元的景观适宜性综合得分及排名（表 7-9）。如果综合得分为正，说明该植物景观在适宜范围之内，且得分越高，说明该植物景观单元的景观适宜性越好，反之得分越低说明植物景观单元的景观适宜性越差（杨科，2010）。由表 7-9 可知，72 个样地中景观适宜性最好的为样地 58，其次是样地 52，第 3 为样地 53，综合得分分别为：1.342、1.214、1.181，都属于登高云山森林公园的植物群落。景观适宜性最差的 3 个样地分别为样地 47、样地 26、样地 51，综合得分分别为−1.234、−1.624、−2.197，其中有 2 个群落位于花溪公园，1 个群落位于登高云山森林公园。

表 7-9　山地公园植物景观适宜性综合得分及排名

排名	样地	综合得分	植被类型	位置
1	样地 58	1.342	III	平地
2	样地 52	1.214	I	平地
3	样地 53	1.181	I	水岸湿地
4	样地 2	1.061	I	平地
5	样地 10	0.816	I	山地
6	样地 49	0.762	I	平地
7	样地 33	0.657	II	平地
8	样地 39	0.575	I	平地
9	样地 7	0.523	I	水岸湿地

续表

排名	样地	综合得分	植被类型	位置
10	样地 71	0.478	I	山地
11	样地 57	0.458	III	平地
12	样地 37	0.456	I	山地
13	样地 38	0.433	I	山地
14	样地 12	0.430	IV	平地
15	样地 35	0.411	I	山地
16	样地 6	0.405	I	平地
17	样地 9	0.35	I	水岸湿地
18	样地 18	0.311	I	山地
19	样地 29	0.302	II	水岸湿地
20	样地 50	0.292	I	水岸湿地
21	样地 5	0.237	II	山地
22	样地 40	0.228	I	平地
23	样地 3	0.213	I	平地
24	样地 36	0.211	I	山地
25	样地 1	0.191	I	山地
26	样地 27	0.190	I	山地
27	样地 32	0.183	II	平地
28	样地 28	0.149	I	平地
29	样地 23	0.138	III	平地
30	样地 42	0.125	I	山地
31	样地 68	0.120	II	山地
32	样地 43	0.072	I	山地
33	样地 16	0.065	I	山地
34	样地 21	0.048	II	山地
35	样地 61	0.047	I	平地
36	样地 30	0.046	IV	平地
37	样地 72	0.037	II	平地
38	样地 11	0.036	I	水岸湿地
39	样地 66	0.012	I	山地
40	样地 34	−0.042	I	山地
41	样地 17	−0.066	I	山地
42	样地 45	−0.073	III	平地
43	样地 63	−0.078	II	山地
44	样地 65	−0.087	I	山地

排名	样地	综合得分	植被类型	位置
45	样地 60	−0.091	IV	平地
46	样地 41	−0.094	II	山地
47	样地 4	−0.111	III	平地
48	样地 64	−0.117	I	山地
49	样地 15	−0.126	I	山地
50	样地 44	−0.196	II	水岸湿地
51	样地 70	−0.199	II	平地
52	样地 59	−0.265	I	水岸湿地
53	样地 31	−0.272	IV	平地
54	样地 69	−0.280	I	山地
55	样地 62	−0.288	II	山地
56	样地 67	−0.311	II	山地
57	样地 14	−0.322	IV	平地
58	样地 8	−0.335	II	平地
59	样地 20	−0.365	II	山地
60	样地 55	−0.368	IV	平地
61	样地 19	−0.389	II	山地
62	样地 25	−0.492	II	平地
63	样地 13	−0.494	IV	平地
64	样地 24	−0.498	II	平地
65	样地 56	−0.518	I	平地
66	样地 22	−0.672	I	山地
67	样地 46	−0.730	IV	平地
68	样地 48	−0.863	I	平地
69	样地 54	−1.008	IV	平地
70	样地 47	−1.234	III	平地
71	样地 26	−1.624	I	水岸湿地
72	样地 51	−2.197	III	平地

　　72 个样地在适宜范围内的植物群落有 39 个，占评价单元总数的 54.17%，其中平地有 17 个，山地有 16 个，水岸湿地有 6 个，分别占同类样地的 50%、55.17%、66.67%。不在适宜范围内的植物群落有 33 个，其中平地有 17 个，山地有 13 个，水岸湿地有 3 个，分别占同类样地的 50%、44.83%、33.33%（表 7-10）。这表明水岸湿地植物群落整体景观适宜性较好，山地与平地的植物群落整体适宜性还有待提高。此外，乔-灌-草类型植物群落的景观适宜性普遍比灌-草与草坪疏林结构的植物群落更好。植物景观单元实地观感与表 7-9 中所示的评价结果相吻合，说

明该评价模型的准确性。

表 7-10 山地公园 72 个样地情况分析

数量与比例	位置			植被类型			
	平地	山地	水岸湿地	乔-灌-草	乔-草	灌-草	草坪疏林
39 个适宜样地	17 个	16 个	6 个	27 个	7 个	3 个	2 个
占比/%	43.59	41.03	15.38	69.23	17.95	7.69	5.13
占同类样地比例/%	50.00	55.17	66.67	71.05	41.18	37.5	22.22
33 个较差样地	17 个	13 个	3 个	11 个	11 个	4 个	7 个
占比/%	51.52	39.39	9.09	33.33	33.33	12.12	21.21
占同类样地比例/%	50.00	44.83	33.33	28.95	58.82	62.5	77.78

2. 山地公园植物景观组成结构分析

（1）乔、灌木搭配

3 个山地公园调查评价的乔-灌-草类型植物景观单元共有 38 个，其中在适宜范围内的有 27 个，占乔-灌-草类型植物群落总数的 71.05%（表 7-10），说明山地公园乔-灌-草类型植物群落景观适宜性较好，丰富的层次结构更受到人们的喜爱。通过对乔-灌-草类型的景观单元的植物种类与数量进行统计分析可知，景观适宜性综合得分排名靠前的群落的乔、灌木种类比与乔、灌木数量比的变化趋势有一定的相似性，且乔、灌木种类比值与乔、灌木数量比值在 0～2 的植物群落景观适宜性较好（图 7-1），其中景观适宜性排名前三的样地 52、53、2 的乔、灌木的种类、数量的比值均小于 1，说明灌木的应用对植物群落的景

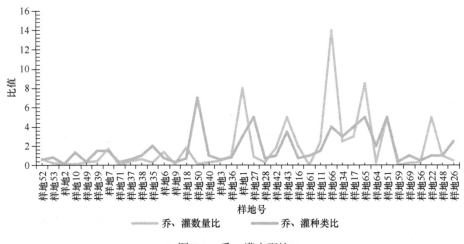

图 7-1 乔、灌木配比

观适宜性影响较为显著,合理的乔、灌、草搭配在山地公园植物景观营建中尤其重要。

（2）常绿、落叶搭配

从景观适宜性评价结果分析可知,3 个山地公园的常绿植物与落叶植物配比并没有规律,分布不均衡。全为常绿植物的群落和全为落叶植物的群落共 19 个,其中有 11 个样地全由常绿植物组成,有 8 个样地全由落叶植物组成。19 个植物景观单元中不在景观适宜范围内的样地有 15 个,占总数的78.95%。景观适宜性综合得分排名最后 10 名中有 8 个这样的群落,其中样地51 排名最后,群落全由常绿植物组成,景观适宜性较差。说明山地公园在营建植物景观时需要考虑常绿植物与落叶植物的适宜搭配,营造生活型多样、季相丰富的植物群落。

3. 不同山地公园植物群落景观适宜性分析

由表 7-11 可知,黔灵山公园在适宜范围内的植物景观有 14 个,占黔灵山公园样地总数的58.33%,不在适宜范围内的群落有 10 个,占 41.67%。花溪公园在适宜范围内的植物景观有 14 个,占花溪公园样地总数的58.33%,适宜性较差的群落有 10 个,占 41.67%。登高云山森林公园在适宜范围内的植物景观有 11 个,占公园样地总数的45.83%,不在适宜范围内的群落有 13 个,占 54.17%。通过综合比较发现,3 个山地公园植物景观适宜性高低顺序为黔灵山公园、花溪公园、登高云山森林公园。其中黔灵山公园整体植物景观质量较为均衡,登高云山森林公园植物景观质量落差较大,景观适宜性最好及最差的群落均分布在登高云山森林公园。

表 7-11　3 个公园整体概况

数量与比例	黔灵山公园	花溪公园	登高云山森林公园
适宜样地/个	14	14	11
占各自公园总样地比例/%	58.33	58.33	45.83
不适宜样地/个	10	10	13
占各自公园总样地比例/%	41.67	41.67	54.17

（1）黔灵山公园植物景观适宜性分析

黔灵山公园景观适宜性最好的 3 个样地分别为样地 2、样地 10、样地 7,整体排名较为靠前,都为乔-灌-草类型群落,层次丰富,形态多样。水岸湿地类型植物群落都在适宜范围内,物种丰富,植物搭配色彩多样,景观适宜性较好。景观适宜性最差的群落为样地22，分布在山地，物种单调，景观观赏效果较差。公园整体景观适宜性高低排序为水岸湿地、山地、平地植物群落（表7-12），平地与山地植物群落景观适宜性都有待提高。

（2）花溪公园植物景观适宜性分析

花溪公园景观适宜性最好的3个样地分别为样地33、样地39、样地37，其中有两个分布在平地。景观适宜范围内的样地有7个均分布在山地，占同类样地的77.78%，调查发现花溪公园山地植物景观物种丰富，地域特色明显，充分体现了喀斯特地貌特征及山地风光，野趣性强，受到人们喜爱。公园整体景观适宜性高低排序为山地、平地、水岸湿地植物群落（表7-12），需要提高水岸湿地及平地植物群落的景观质量。

（3）登高云山森林公园植物景观适宜性分析

登高云山森林公园景观适宜性最好的3个样地分别为样地58、样地52、样地53，整体排名前三，景观适宜性较好。不在适宜范围内的样地中有6个均分布在山地，占同类样地的66.67%，分析发现登高云山森林公园山地植物群落植物物种较为丰富，其中样地62、64、67全部应用乡土植物，植物物种生长健康，生态适宜层次得分较高，但在景观适宜和社会适宜层次得分很低，说明在营建或改造山地植物景观时，在保留良好的生态属性的同时，更需要提高其景观适宜性和社会适宜性。公园整体景观适宜性高低排序为水岸湿地、平地、山地植物群落（表7-12）。

表7-12　3个公园样地情况

数量与比例	黔灵山公园			花溪公园			登高云山森林公园		
	平地	山地	水岸湿地	平地	山地	水岸湿地	平地	山地	水岸湿地
适宜群落/个	5	6	3	6	7	1	6	3	2
占同类样地比例/%	50	54.55	100	50	77.78	33.33	50	33.33	66.67
不适宜群落/个	5	5	0	6	2	2	6	6	1
占同类样地比例/%	50	45.45	0	50	22.22	66.67	50	66.67	33.33

4. 典型植物群落实例对比分析

基于景观适宜性评价结果，选取平地、山地、水岸湿地景观适宜性较好与景观适宜性较差的典型植物群落，总结分析其景观特点及配置模式。

（1）平地植物景观

平地植物景观适宜性最好及最差的群落分别为样地58、样地51。样地58景观适宜性综合排名第1，图7-2为植物群落样地58的配置模式：龟甲冬青+红叶石楠+金边黄杨+柊树+小叶女贞+雀舌黄杨+绣线菊+绣球花+萼距花-美人蕉+假龙头花+萱草+菖蒲+百子莲+地毯草。该群落位于登高云山森林公园，植物配置采用灌-草搭配，植物群落各层植被组成丰富。空间开敞通透，色彩丰富，季相变化多样，常绿与落叶搭配形成了三季有花、花色丰富活泼的景观空间。

图 7-2　样地 58

图 7-3 为植物群落样地 51 的配置模式：黄槿+栀子+红叶石楠+杜鹃-地毯草+沿阶草。该群落位于登高云山森林公园，是灌-草型植被，景观适宜性较差，综合得分排名最后。样地中植物种类较少，全为常绿植物，生活型单调，季相变化单一，黄槿、栀子都为夏季观花植物，且植物搭配布局过于分散，不受人们喜爱，标志性不强。

图 7-3　样地 51

（2）山地植物景观

山地植物景观适宜性最好及最差的群落分别为样地 10、样地 22。样地 10 景观适宜性综合排名第 5，图 7-4 为植物群落样地 10 的配置模式：马尾松+朴树+女贞+大叶杨-木槿+八角金盘+迎春花-鸢尾+鳞盖蕨+凤尾蕨+冷水花+绞股蓝+贯众+风轮菜+牛至+酢浆草+荨麻+龙牙草。该群落位于黔灵山公园，植物配置采用乔-灌-草复层结构，植物种类繁多，草本资源多样，植物生长健康，生态适宜性较好。常绿与落叶植物交错搭配，景观效果较好且具有一定的野趣性，满足人们亲近自然的需求。

图 7-4　样地 10

图 7-5 为植物群落样地 22 的配置模式：马尾松-火棘-千里光+求米草+牛筋草+葎草+黄鹌菜+蒲公英+牛膝。该群落位于黔灵山公园，是乔-灌-草型植被，景观适宜性得分较低，排名 66，不在适宜范围内。样地中各层植被单调，乔木层、灌木层仅有一种植物，且全为常绿植物，四季观赏性较差。虽然具有一定的野趣性，但在景观适宜和社会适宜层次表现较差，各指标得分很低，游人不愿停留观赏。

（3）水岸湿地植物景观

水岸湿地植物景观适宜性最好及最差的群落分别为样地 53、样地 26。样地 53 景观适宜性综合排名第 3，图 7-6 为植物群落样地 53 的配置模式：鸡爪槭+银杏+圆柏+深山含笑+梅花-杜鹃+绣线菊+小叶女贞+卫矛+醉鱼草+红叶石楠-狗牙根+美人蕉+酢浆草。该群落位于登高云山森林公园，植物物种种类丰富，整体观

图 7-5　样地 22

图 7-6　样地 53

赏性较好，林冠线优美，乔-灌-草搭配，体现灵活自然的景观效果。常绿与落叶搭配，观赏特性多样。群落高低错落、疏密相间，与周围的环境和谐统一，视线通透，可供游人驻足赏景。

图 7-7 为植物群落样地 26 的配置模式：楝+构树+朴树+女贞+楸树-夹竹桃+迎春花-白车轴草。该群落位于花溪公园，是乔-灌-草型植被，排名倒数第 2，不在适宜范围内，景观适宜性较差。植物群落虽然物种不单调，但整体景观效果较差，植物布局过于集中紧凑，显得杂乱，遮挡视线。植物冠形与景观轮廓不清晰，

与整体环境协调性较差，不受人们喜爱。

图 7-7　样地 26

第四节　贵阳市城市道路绿地植物景观美学评价

一、评价对象及方法

1. 评价对象

以所调研的花溪区、观山湖区、南明区、云岩区 4 个中心城区的 28 条道路中的 114 个典型植物景观作为评价对象（见附录 5），依据道路绿带形式划分为（中央）分车绿带、行道树绿带、路侧绿带 3 种类型，且为确保样地涵盖所有景观单元，根据道路的宽度及实际景观单元现状，在道路中设立不同样方个数（表 7-13）。

表 7-13　贵阳市道路调查样地汇总表

道路名称	行政区	断面形式	样方标号/号			样方数/个
			（中央）分车绿带	行道树绿带	路侧绿带	
花溪大道南段	花溪区	两板三带	1~3	59、60	104	6
花溪大道北段	花溪区	两板三带	4~6	63		4
甲秀南路	花溪区	两板三带	7、8	64、65	106、107	6
兴筑路	观山湖区	两板三带	9、57	103	114	4
清溪路	花溪区	两板三带	10~12	67		4

续表

道路名称	行政区	断面形式	样方标号/号			样方数/个
			（中央）分车绿带	行道树绿带	路侧绿带	
明珠大道	花溪区	两板三带	13	68		2
黄河路	花溪区	两板三带	14、15	69		3
瑞金南路	南明区	两板三带	16、17	70、71		4
北京西路	云岩区	三板四带	18	72、73		3
宝山南路	南明区	三板四带	19	74		2
宝山北路	云岩区	三板四带	20	75		2
枣山路	云岩区	两板三带	21	76		2
延安东路	云岩区	两板三带	22	77		2
中华北路	南明区	一板两带		78、79		2
遵义路	南明区	两板三带	23~26	80、81		6
长岭南路	观山湖区	四板五带	27~31	82、83		7
长岭北路	观山湖区	两板三带	32~35	84、85		6
金朱东路	观山湖区	两板三带	36、37	86、87	109	5
金阳北路	观山湖区	两板三带	38、39	88	110、111	5
金阳南路	观山湖区	两板三带	40~42	89		4
观山西路	观山湖区	两板三带	43~45	90~92		6
观山东路	观山湖区	两板三带	46、47	93		3
林城西路	观山湖区	两板三带	48、49	94、95	112	5
林城东路	观山湖区	两板三带	50~52	96~99		7
石林西路	观山湖区	四板五带	53、54	100		3
石林东路	观山湖区	两板三带	55、56	101、102	113	5
贵筑路	花溪区	一板两带		58、66	108	3
花溪大道中段	花溪区	一板两带		61、62	105	3

2. 评价方法

灰色关联度分析法是根据因素间发展趋势的相似或相异程度，作为衡量因素间关联程度的一种方法。该方法比较研究对象的各影响因素之间的关联度，关联度值越接近1，说明相关性越好，越接近理想水平（司守奎和孙玺菁，2015）。而道路植物景观评价正是一种灰色系统，主要包括生活型比例、地带特色、季相变化等定量指标，构图形式、与周围环境协调性、植物景观可识别性等定性指标（邓聚龙，1990）。王宇等（2008）结合层次分析法构建评价体系并采用灰色关联度分析法对公路景观进行评价的结果显示：基于层次分析法的灰色关联度分析法能够客观、精确、动态地分析道路景观系统。

基于层次分析法的灰色关联度分析法的基本过程是：首先确定反映系统行为特征的参考数列和影响系统行为的比较数列；其次采用均值法对这两类待分析数列进行无量纲化处理；最后由层次分析法确定各指标的权重，用熵值法对权重进行修正，求灰色加权关联度（林立等，2018）。

二、评价体系的构建

1. 构建原则

与上文的贵阳市城市公园绿地植物景观适宜性评价一致，在此不再赘述。

2. 构建方法

采用内容分析法对文献中道路植物景观评价体系的内容进行分析，统计各指标出现的频率。首先，利用中国知网（CNKI）数据库获取道路植物景观评价研究的相关文献。设定检索主题词为道路植物景观及其全文包含评价体系，检索时间为 2009～2019 年，共获得 318 篇文献。剔除没有建立公园植物景观评价体系内容的文献后，最终选取 24 篇相关文献进行内容分析。然后通过研究相关文献中道路植物景观指标体系的内容，利用 Excel 软件统计文献中植物景观评价体系准则层中的关键词与指标层中的每个指标在准则层中出现的频率。将词义相同和相近的指标合并，以避免重复、变形、分散的指标影响分析结果。最终从 24 篇文献中筛选出词频大于等于 3 次的高频指标进行分析，从而得到道路植物景观评价指标统计表（表 7-14）。

表 7-14　2009～2019 年道路植物景观评价出现频次较高的因子

序号	指标名称	出现频次/次
1	植物丰度	18
2	植物生长健康状况	17
3	植物观赏时序	16
4	植物观赏特性	14
5	植物与整体环境的协调性	13
6	植物生活型结构	10
7	植物景观空间	9
8	绿化覆盖率	8
9	植物层次结构	7
10	乡土特色	7

续表

序号	指标名称	出现频次/次
11	植物与生境景观的和谐性	6
12	绿视率	4
13	引导性	4
14	水平结构	3
15	植物配置艺术性	3
16	畅通性	3
17	标志性	3
18	地域文脉表达水平	3

进而通过征询并综合 7 位园林专业专家和 3 位风景园林硕士以及 2 位园林从业人员意见，最终确立了贵阳市城市道路景观植物美学评价体系的各层指标，构建出城市道路植物景观美学评价体系（表 7-15）。

表 7-15 城市道路植物景观美学评价体系

目标层 A	准则层 B	指标层 C
城市道路植物景观美学评价（A）	生态美（B1）	生活型结构多样性（C1）
		植物丰度（C2）
		地带特性（C3）
		植物生长健康状况（C4）
	视觉美（B2）	绿视率（C5）
		构图形式（C6）
		植物空间层次丰富度（C7）
		观赏特性多样性（C8）
		景观时序多样性（C9）
		植物景观维护状况（C10）
		与整体环境协调性（C11）
	服务美（B3）	植物景观可识别性（C12）
		植物景观的交通引导性（C13）

3. 评分标准

建立的城市道路植物景观评价体系由 7 个定量及 6 个定性指标构成。定量与定性指标赋值方式不同，需统一进行量纲赋值后再进行比较，分值统一采用十分制（表 7-16）。其中定量指标的测定方式均可利用调研数据进行相应的公式计算；定性指标则主要通过问卷中的五级分类打分。

表7-16　评价指标赋值方式

评价指标	指标性质	赋值方法	赋值标准				
			2	4	6	8	10
生活型结构多样性	定量	Simpson 指数×10	—	—	—	—	—
植物丰度	定量	植物种类数量	2种以下	2~4 种	5~7 种	8~10 种	10 种以上
地带特性	定量	乡土植物占比	0~20%	20%~40%	40%~60%	60%~80%	80%~100%
植物生长健康状况	定性	问卷打分	极差	差	一般	好	很好
绿视率	定量	绿色占比	15%以下	15%~35%	35%~55%	55%~75%	75%以上
构图形式	定性	问卷打分	极差	差	一般	好	很好
植物空间层次丰富度	定量	植物空间层次	一层	两层	三层	四层	四层以上
观赏特性多样性	定量	Simpson 指数×10	—	—	—	—	—
景观时序多样性	定量	Simpson 指数×10	—	—	—	—	—
植物景观维护状况	定性	问卷打分	极差	差	一般	好	很好
与整体环境协调性	定性	问卷打分	极差	差	一般	好	很好
植物景观可识别性	定性	问卷打分	极差	差	一般	好	很好
植物景观的交通引导性	定性	问卷打分	极差	差	一般	好	很好

三、评价指标权重值分析

1. 判断矩阵的构建

判断矩阵的构建是为了进行评价因子两两比较，判断各层次中因子的相对重要性。判断矩阵的基础是专家意见表的数据，采用1~9标度法进行两两因子比较，数值1、3、5、7、9代表一个因子与另一个因子相比同等重要、稍微重要、明显重要、强烈重要、绝对重要。数值2、4、6、8则代表折中值，详见表7-17。

表7-17　判断矩阵标度表

重要性标度	含义
1	表示两个元素相比，两者同等重要
3	表示两个元素相比，前者比后者稍微重要
5	表示两个元素相比，前者比后者明显重要
7	表示两个元素相比，前者比后者强烈重要
9	表示两个元素相比，前者比后者绝对重要
2、4、6、8	表示上述相邻判断的中间值

只有通过一致性检验的判断矩阵，才能确保结果的科学性和可成立性。根据层次分析法相关理论，运用一致性检验公式 $CI=\lambda_{max}/n-1$，$CR=CI/RI$。其中度量判

断矩阵一致性指标 CI 与判断矩阵随机一致性指标 RI 之比 CR，CR≤0.1，代表判断矩阵满足一致性（表 7-18）。

表 7-18　随机一致性 RI 值

阶数	1	2	3	4	5	6	7	8	9
RI	0	0	0.58	0.9	1.12	1.24	1.32	1.41	1.45

2. 指标权重的计算及一致性检验

对贵阳市道路植物景观美学进行评价时，征询上述人员意见，最终收集了 12 位专业人员的有效意见，运用层次分析法确定了目标层（A）、准则层（B）、指标层（C）及各因子的权重值（表 7-19～表 7-22，图 7-8～图 7-11）。

表 7-19　判断矩阵 A-B 权重值及一致性检验结果

A	B1	B2	B3	权重（W_i）	一致性检验
B1	1	1.7068	3.0652	0.5217	
B2	0.5859	1	1.8963	0.3112	λ_{max}=3.0003 CR=0.0003<0.10
B3	0.3262	0.5273	1	0.1671	

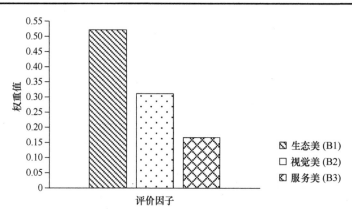

图 7-8　判断矩阵 A-B 权重值直方图

表 7-20　判断矩阵 B1-C 权重值及一致性检验结果

B1	C1	C2	C3	C4	权重（W_i）	致性检验
C1	1.0000	1.3068	0.9054	0.4329	0.1969	
C2	0.7653	1.0000	1.3001	0.4612	0.1916	λ_{max}=4.0347 CR=0.013<0.10
C3	1.1045	0.7692	1.0000	0.4261	0.1805	
C4	2.3102	2.1681	2.3467	1.0000	0.4310	

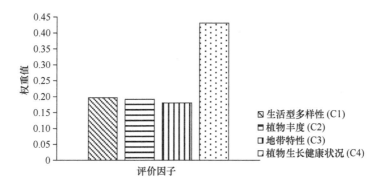

图 7-9　判断矩阵 B1-C 权重值直方图

表 7-21　判断矩阵 B2-C 权重值及一致性检验结果

B2	C5	C6	C7	C8	C9	C10	C11	权重（W_i）	一致性检验
C5	1	1.2191	0.5314	0.4623	0.4086	0.3704	0.3081	0.0692	
C6	0.8203	1	0.7057	0.7609	0.5025	0.3268	0.2199	0.0705	
C7	1.8819	1.4171	1	0.9341	0.8668	0.5814	0.4010	0.1155	$\lambda_{max}=7.0604$
C8	2.1629	1.3142	1.0705	1	0.687	0.6892	0.4597	0.1201	CR=0.0074<
C9	2.4473	1.99	1.1536	1.4557	1	0.6277	0.4308	0.1427	0.10
C10	2.6995	3.0604	1.7199	1.4509	1.5932	1	0.7203	0.2002	
C11	3.2458	4.5477	2.4937	2.1753	2.3213	1.3882	1	0.2817	

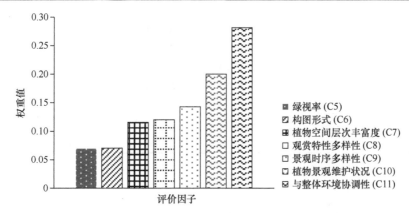

图 7-10　判断矩阵 B2-C 权重值直方图

表 7-22　判断矩阵 B3-C 权重值及一致性检验结果

B3	C12	C13	权重（W_i）	一致性检验
C12	1	0.7647	0.4333	$\lambda_{max}=2$
C13	1.3077	1	0.5667	CR=0.0000<0.10

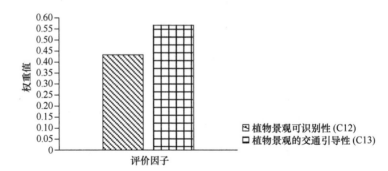

图 7-11　判断矩阵 B3-C 权重值直方图

通过一致性检验之后得到各指标权重，如表 7-23 所示。各评价因子的权重大小分布直观显示于图 7-12。

表 7-23　城市道路植物景观美学评价体系因子权重

目标层（A）	准则层（B）	权重值	指标层（C）	评价因子权重	总权重
	生态美（B1）	0.5217	生活型结构多样性（C1）	0.1969	0.1027
			植物丰度（C2）	0.1916	0.0999
			地带特性（C3）	0.1805	0.0942
			植物生长健康状况（C4）	0.4310	0.2248
城市道路植物景观美学评价（A）	视觉美（B2）	0.3112	绿视率（C5）	0.0692	0.0215
			构图形式（C6）	0.0705	0.0219
			植物空间层次丰富度（C7）	0.1155	0.0360
			观赏特性多样性（C8）	0.1201	0.0374
			景观时序多样性（C9）	0.1427	0.0444
			植物景观维护状况（C10）	0.2002	0.0623
			与整体环境协调性（C11）	0.2817	0.0877
	服务美（B3）	0.1671	植物景观可识别性（C12）	0.4333	0.0724
			植物景观的交通引导性（C13）	0.5667	0.0947

3. 指标权重的对比

从表 7-24 中可以看出，采用熵值法修正后权重与层次分析法权重基本一致，均认为生态美（B1，0.5066）＞视觉美（B2，0.3267）＞服务美（B3，0.1667）。说明城市道路植物景观以生态美为基础。生态美是园林植物及其植物景观的美的内涵中不可或缺的一种美。园林植物的生态美因植物种类、场地立地条件不同而不同，需要遵循植物的生物学习性以及生态学特性进行配置。在生态美（B1）的影响因子权重值排序中，植物生长健康状况（C4）的权重值达到了 B1-C 层总权重的 43.1%，说明植物生长健康状况是生态美表现的关键前提；其次是生活型结构多样性（C1）和植物丰度（C2），说明生活型结构和植物丰度在很大程度上影响着植物生态美的价值体现。在视觉美（B2）影响因子权重值排序中，与

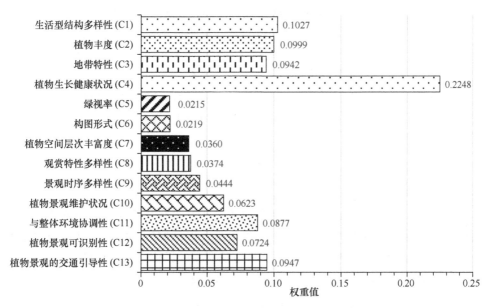

图 7-12 评价因子权重直方图

表 7-24 城市道路植物景观评价体系因子权重

指标层	v	排序	λ	排序
B1	0.5217	1	0.5066	1
B2	0.3112	2	0.3267	2
B3	0.1671	3	0.1667	3
C1	0.1027	2	0.1084	2
C2	0.0999	3	0.1033	3
C3	0.0942	5	0.0908	5
C4	0.2248	1	0.2041	1
C5	0.0215	13	0.0258	12
C6	0.0219	12	0.0229	13
C7	0.0360	11	0.0360	11
C8	0.0374	10	0.0377	10
C9	0.0444	9	0.0556	9
C10	0.0623	8	0.0656	8
C11	0.0877	6	0.0832	6
C12	0.0724	7	0.0722	7
C13	0.0947	4	0.0945	4

注：v 为层次分析法确定的权重（通过一致性检验），λ 为熵值法修正后的权重

整体环境协调性（C11）权重值最高，说明道路植物景观更加强调与整体环境的协调共生，（中央）分车绿带有引导行车驾驶员视线的作用；行道树绿带形成荫蔽空间，为行人提供游憩空间；路侧绿带减弱噪声、遮蔽与隔离不良景观等。另外，植物景观维护状况（C10）的权重值也较高，说明植物景观视觉美的维持需要定期对植物进行修剪、养护。服务美（B3）影响因子中权重值较高的是植物景观的交通引导性（C13），说明道路植物景观对行人和驾驶员有视线引导作用。可识别性在道路植物景观中也十分重要，这就尤其需要处理好区域景观与整体景观的关系，同一道路的绿化宜有统一的景观风格，而不同的道路和绿化形式应有所变化，配置出地方特色。

四、道路植物景观美学评价结果分析

利用层次分析法（AHP）和灰色关联度分析法进行景观评价，评价结果应用 Kendall's W 协和系数检验（表 7-25），结果为：W=0.967，渐进显著性为 0.003＜0.01，则在置信概率为 99% 的情况下，2 种方法所得的评价之间具有良好的一致性。研究得出基于这 2 种方法的 2 个组的结果（表 7-26）。

表 7-25　Kendall's W 协和系数检验统计表

	N	Kendall's W	卡方	df	渐进显著性
检验统计量	2	0.967	52.197	27	0.003

表 7-26　道路植物景观单元层次分析法与灰色关联度分析法评价结果比较

道路名称	AHP 值	标准分值	秩	灰色关联度	标准分值	秩	汇总得分	秩
中华北路	6.7564	2.0713	1	0.8921	2.215	1	4.2863	1
甲秀南路	6.6261	1.8288	2	0.8648	1.8289	2	3.6577	2
观山东路	6.4344	1.4725	3	0.8534	1.666	3	3.1385	3
长岭北路	6.3179	1.2558	4	0.8335	1.3848	4	2.6406	4
金阳南路	6.1681	0.9773	5	0.7935	0.8169	5	1.7942	5
遵义路	6.159	0.9603	6	0.7771	0.5849	7	1.5452	6
延安东路	6.055	0.767	7	0.7647	0.4099	10	1.1769	7
金阳北路	5.9787	0.6251	8	0.7709	0.4967	8	1.1218	8
瑞金南路	5.8943	0.4681	9	0.7663	0.4324	9	0.9005	9
宝山北路	5.6691	0.0495	13	0.7887	0.7497	6	0.7992	10
林城东路	5.8741	0.4307	10	0.7486	0.1811	12	0.6118	11
观山西路	5.7396	0.1805	11	0.7506	0.2089	11	0.3894	12
石林东路	5.7306	0.1638	12	0.7451	0.132	13	0.2958	13
北京西路	5.5268	−0.2152	17	0.7399	0.057	14	−0.1582	14
兴筑路	5.5314	−0.2067	16	0.737	0.0164	15	−0.1903	15

续表

道路名称	AHP 值	标准分值	秩	灰色关联度	标准分值	秩	汇总得分	秩
黄河路	5.643	0.0009	14	0.7164	−0.2754	17	−0.2745	16
花溪大道南段	5.5641	−0.1457	15	0.698	−0.537	20	−0.6827	17
宝山南路	5.3107	−0.617	22	0.7196	−0.2305	16	−0.8475	18
明珠大道	5.375	−0.4975	20	0.7057	−0.4279	19	−0.9254	19
长岭南路	5.4092	−0.4338	18	0.6842	−0.7314	22	−1.1652	20
林城西路	5.3417	−0.5593	21	0.6897	−0.6543	21	−1.2136	21
石林西路	5.3919	−0.466	19	0.6828	−0.7525	23	−1.2185	22
贵筑路	4.8416	−1.4893	26	0.7063	−0.4183	18	−1.9076	23
清溪路	5.1668	−0.8846	23	0.6579	−1.1042	24	−1.9888	24
金朱东路	5.0934	−1.021	24	0.6418	−1.3336	25	−2.3546	25
花溪大道中段	5.0557	−1.0911	25	0.6395	−1.3653	26	−2.4564	26
花溪大道北段	4.7421	−1.6742	27	0.6218	−1.6165	27	−3.2907	27
枣山路	4.5936	−1.9503	28	0.6135	−1.7337	28	−3.684	28

评分较高的道路（图 7-13）如下：中华北路（香樟+洒金桃叶珊瑚+棕竹+秋海棠+金鸡菊+玉簪+凤仙花+麦冬）；各因子得分大多都高于平均分值，其中地带特性表现突出，得益于郁郁葱葱的香樟与洒金桃叶珊瑚、玉簪、棕竹、麦冬的合理搭配，既表现植物强烈的色彩对比，又营建出丰富的植物空间层次，且景观维护到位，整体协调。

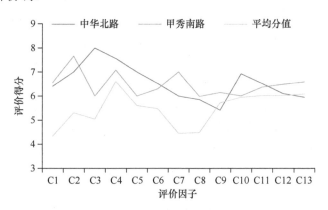

图 7-13　评分较高的道路植物评价因子分析

甲秀南路（马尾松+香樟+桂花+银杏+大叶杨+红叶石楠+金森女贞+大叶黄杨+水仙+鸢尾+白车轴草+紫竹梅+麦冬）；植物茂密，马尾松树体高耸、古朴，与香樟、银杏等常绿、落叶乔木、多种灌草搭配，枝叶形成对比，增加了景观层次变化和季相变化，充分展现贵州特色植被面貌。

评分较低的道路（图 7-14）如下：花溪大道北段（香樟+银杏+桂花+八角金盘+红叶石楠+金森女贞）；主要问题在于植物种类较少，采用常绿植物，导致观赏特性多样性（C8）与景观时序多样性（C9）评分低，色彩对比不明显，且景观维护较差。

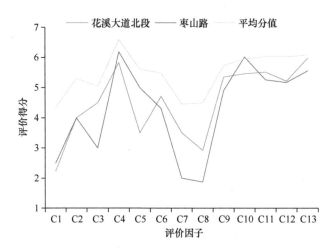

图 7-14　评分较低的道路植物评价因子分析

枣山路（二球悬铃木+龟甲冬青+紫娇花+大花六道木+麦冬）；主要问题在于比例尺度不协调，单一树种的高大乔木与低矮灌草导致植物垂直空间断层，进而评分较低。

根据植物景观带的 AHP 值和灰色关联度值的汇总得分，对 28 条道路进行系统聚类分析，得到景观质量分级结果（图 7-15），将 28 条道路分为 4 个等级。根据分级结果，对 28 条道路的最终汇总得分进行单因素方差（ANOVE）分析，计算出显著性概率 $P=0.00<0.05$，说明检验显著，所分等级合理，具有统计学意义。

结果显示，等级为良好和中等的道路占调查总数的 64.29%，由此可知，贵阳市城区道路植物景观质量整体水平中等偏良好，这与近年来有关学者对贵阳市道路评价的结论相符合（李薇，2009；安静等，2015），也侧面表明了本章所构建的评价体系相对合理。

第Ⅰ类（优秀），共 4 条景观带，分别为 3、13、14 和 27 号。处于汇总排名前四，植物种类丰富多样，其生活型结构多样性（C1）、植物丰度（C2）和植物空间层次丰富度（C7）、观赏特性多样性（C8）远高于平均水平（图 7-16）。植物结构采用乔、灌、草，体现了层次错落美，对优秀植物景观带进行物种丰富度及配置比例分析发现（表 7-27），其整体落叶乔木配比偏低，主要为银杏、樱花、紫叶李，叶片秋季转黄、花朵春季开放是色彩变化的主要来源，说明缺乏季相景观营造。

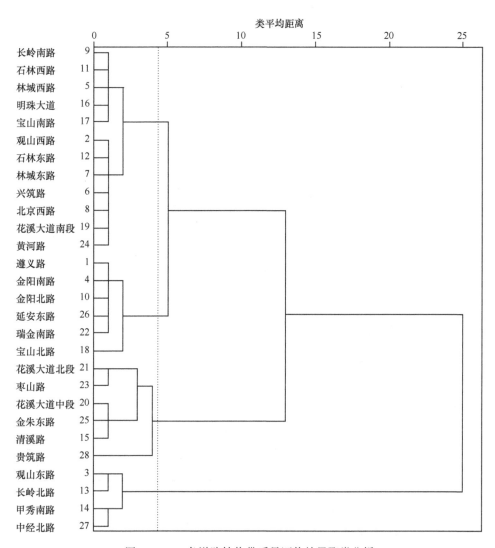

图 7-15　28 条道路植物带质量评价结果聚类分析

　　第Ⅱ类（良好），有 6 条景观带，分别为 1、4、10、18、22 和 26 号。种植形式采用乔、灌、草或乔、灌搭配，物种较为丰富，生长茂盛且景观维护质量好。配置了多种乡土植物，很好地展现了城市特色。对该类植物景观带统计后发现，植物配置如下：一种为乔、灌、草植物搭配，另外一种为乔、灌。乔、灌植物配置情况分两种：一种是 50m 景观带的植物物种比为常绿乔木：落叶乔木：灌木：草本=3：2：3：1，个体数量配置情况为草本植物覆盖下种植有 30 株灌木球、3 株落叶乔木和 10 株常绿乔木；另一种是 50m 景观带的物种比为常绿乔木：灌木=1：2，个体数量配置情况为无草本覆盖，种植有 6 株常绿乔木和 10 株灌木球。

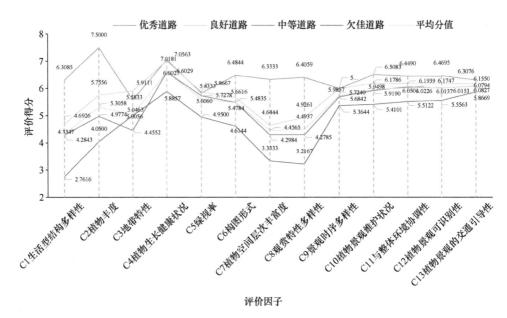

图 7-16　道路植物带质量分级结果评价指标走势

表 7-27　优秀植物景观带乔灌草比

排名	名称	常绿乔木：落叶乔木：灌：草	主要植物类别
1	中华北路	1：0：3：5	香樟、红叶石楠、洒金桃叶珊瑚、麦冬、秋海棠、金鸡菊、玉簪、凤仙花
2	甲秀南路	1：1.25：2：2.75	大叶杨、桂花、樱花、紫叶李、蜡梅、月季、南天竹、水仙、红花檵木
3	观山东路	2：2：3：1	樱花、桂花、银杏、紫叶李、蜡梅、雪松、南天竹、凤尾丝兰、海桐
4	长岭北路	2：1：5：7：1	雪松、桂花、木槿、银杏、凤尾竹、鸡爪槭、金森女贞、红花檵木

第Ⅲ类（中等），有 12 条景观带，分别为 2、5、6、7、8、9、11、12、16、17、19 和 24 号，植物配置形式多采用乔、灌或者乔、草，植物种类较少，植物丰度、地带特性、植物空间层次丰富度、观赏特性多样性均低于平均水平，其余指标持平（图 7-16）。

第Ⅳ类（欠佳），共 6 条景观带，分别为 15、20、21、23、25 和 28 号，仅地带特性指标高于平均水平。乡土植物主要应用于乔、灌类植物，但整体的植物景观营造方面表现欠佳。此类道路有 3 条为次干道，说明植物景观营造受一定的生境面积影响。

第五节　小　结

通过建立山地公园植物景观适宜性评价体系和道路绿地美景度评价体系，应用主成分分析法对贵阳市黔灵山公园、花溪公园、登高云山森林公园的 72 个样地进行景观适宜性评价。采用 AHP-灰色关联度分析法的主客观评价法，对贵阳城市道路植物进行景观质量评价，平衡了数据指标的客观差异和决策者的主观意志，使评价过程和结果更具客观性、合理性，并对评价结果进行 Kendall's W 协和系数一致性检验，得到以下结论。

（1）贵阳城市山地公园

72 个植物群落在适宜范围内的植物景观单元有 39 个，占评价单元总数的 54.17%。水岸湿地植物群落整体景观适宜性较好，山地与平地的植物群落整体适宜性还有待提高，且乔-灌-草类型植物群落的景观适宜性普遍比灌-草与草坪疏林结构的植物群落好。综合分析发现山地植物群落在生态适宜层面表现较好，因此在保留良好的生态属性的同时更需要提高其景观适宜性和社会适宜性。

山地公园调查评价的乔-灌-草类型植物景观单元共有 38 个，其中在适宜范围内的有 27 个，占乔-灌-草类型植物群落总数的 71.05%，乔、灌木种类比值与乔、灌木数量比值在 0～2 的植物群落景观适宜性较好。33 个适宜样地中常绿落叶种类比值≥1 的群落景观适宜性较好，有 29 个，占总数的 76.32%，全为常绿和全为落叶植物群落共 19 个，景观单元中不在景观适宜范围内的样地有 15 个，占总数的 78.95%。说明合理的乔、灌、草搭配，常绿植物与落叶植物适宜配置在山地公园植物景观营建中尤其重要。

"园地惟山林最胜，有高有凹，有曲有深，有峻而悬，有平而坦，自成天然之趣，不烦人事之工"（万安平等，2015）。通过调查与评价结果分析，提出山地公园植物景观营建策略：以景观多样性为原则构建植物群落，协调乔木与灌木、常绿与落叶植物配置比例，以乡土植物为主构建植物群落，以期指导山地公园植物景观的营建与管理工作。中国园林的精髓是本于自然，高于自然，山地公园富有变化的地形条件既限制了植物景观的设计，也造就了山地公园植物景观的特色，如何兼顾生态适宜、景观适宜及社会适宜 3 个层面，是在如今平地资源短缺的背景下园林从业者应该探索的课题。

（2）贵阳城市道路绿地

贵阳市城区植物景观美学等级中等偏良好的道路占总体的 64.29%，植物生长健康状况良好。乔木多以香樟、广玉兰和银杏为主，灌木以金森女贞、海桐、春鹃等常绿灌木为主，草本地被植物种类匮乏，以麦冬为主。道路植物春、夏季相景观丰富，春、夏两季季相植物占季相植物总种类数的 63%，秋、冬季相景观相对单一，可增加落叶树种或灌木配置，丰富道路景观效果；并提炼历史文化要素、融入黔中地域特色。此外，还要兼顾近期与长期树种规划的原则，速生树种与长寿树种相结合的原则，生态效益与经济效益相结合的原则，合理地进行道路绿地植物选择配置，获得既定的使用价值和观赏效果。

就指标而言，植物生长健康状况（C4）的权重值达到了 B1-C 层总权重的43.10%，生活型结构多样性（C1）和植物丰度（C2）、植物景观的交通引导性（C13）的权重值均在 0.09 以上，是反映植物景观带质量的关键指标；与整体环境协调性（C11）、植物景观维护状况（C10）、植物景观可识别性（C12）的权重值次之，其在道路植物景观评价中也是十分重要的指标。

主要参考文献

安静, 刘荣辉, 许崇强, 范泽熙, 李薇, 杨荣和. 2015. 基于 SBE 法的贵阳城市道路植物景观量化评价[J]. 福建林业科技, 42(3): 137-141.

陈衍泰, 陈国宏, 李美娟. 2004. 综合评价方法分类及研究进展[J]. 管理科学学报, 7(2): 69-79.

邓聚龙. 1990. 灰色系统理论教程[M]. 武汉: 华中理工大学出版社.

段飞, 胡镜清. 2017. 基于主成分分析法对冠心病痰湿证理化指标的权重研究[J]. 世界中药, 12(9): 1989-1992.

傅伯杰, 陈利顶, 马克明, 王仰麟, 等. 2001. 景观生态学原理及应用[M]. 北京: 科学出版社: 149-201.

何昕, 王立. 2015. 谈园林植物景观的定量化评价方法[J]. 山西建筑, 41(26): 200-201.

矫明阳, 高凤, 郝培尧, 董丽. 2013. 基于SD法的城市带状公园植物景观评价研究[J]. 西北林学院学报, 28(5): 185-190.

李春媛. 2009. 城郊森林公园游憩与游人身心健康关系的研究[D]. 北京: 北京林业大学.

李端杰, 王振东, 王红岩. 2004. 植物观赏特性与景观设计[J]. 工程建设与设计, (6): 54-57, 72.

李光耀, 程朝霞, 张涛. 2012. 园林植物景观评价研究进展[J]. 安徽农学通报(上半月刊), 18(7): 164-165.

李薇. 2009. 贵阳市道路绿化现状调查[J]. 贵州农业科学, 37(6): 187-189.

李雄. 2006. 园林植物景观的空间意象与结构解析研究[D]. 北京: 北京林业大学.

林立, 邓春亮, 张冬生, 范剑明, 陈新强. 2018 层次熵灰色关联法在植物观赏评价中的应用: 以野鸦椿为例[J]. 林业与环境科学, 34(1): 75-82.

林卓, 郑丽霞, 曹玉婷, 黄译锋. 2019. 福建省创新型城市建设综合评价: 基于AHP-熵权的灰色关联分析[J]. 科技管理研究, 39(19): 115-123.

刘滨谊. 1990. 风景景观工程体系化[M]. 北京: 中国建筑工业出版社: 48-54.

刘超. 2015. 基于 SBE 法的长沙洋湖湿地公园植物景观评价研究[D]. 长沙: 中南林业科技大学.

陆兆苏, 余国宝, 张治强, 吴敬立, 赵仁寿, 朱乃文, 任宝山. 1985. 紫金山风景林的动态及其经营对策[J]. 南京林业大学学报(自然科学版), 28(3): 1-12.

司守奎, 孙玺菁. 2015. 数学建模算法与应用[M]. 北京: 国防工业出版社.

苏为华. 2012. 我国多指标综合评价技术与应用研究的回顾与认识[J]. 统计研究, 29(8): 98-107.

苏雪痕. 1994. 植物造景[M]. 北京: 中国林业出版社.

孙明, 杜小玉, 杨炜茹. 2010. 北京市公园绿地植物景观评价模型及其应用[J]. 北京林业大学学报, 32(S1): 163-167.

万安平, 杨祖山, 庄戈. 2015. 山地公园规划与植物配置: 以青岛太平山公园为例[J]. 现代农业科技, 657(19): 199-200, 204.

王竞红. 2008. 园林植物景观评价体系的研究[D]. 哈尔滨: 东北林业大学.

王鹏, 况福民, 邓育武, 田亚平, 易锋. 2015. 基于主成分分析的衡阳市土地生态安全评价[J]. 经济地理, 35(1): 168-172.

王莺, 王静, 姚玉璧, 王劲松. 2014. 基于主成分分析的中国南方干旱脆弱性评价[J]. 生态环境学报, 23(12): 1897-1904.

王宇, 许鹏飞, 申冠鹏. 2008. 灰色关联法在公路景观评价中的应用初探[J]. 山西建筑, 34(14): 274-275.

王曰芬. 2007. 文献计量法与内容分析法的综合研究[D]. 南京: 南京理工大学.

杨科. 2010. 成都市综合公园植物群落景观研究[D]. 成都: 四川农业大学.

杨洋. 2016. 基于层次分析法的绿道景观评价模型的构建与应用[D]. 广州: 华南农业大学.

杨洋, 黄少伟, 唐洪辉. 2018. 景观评价研究进展[J]. 林业与环境科学, 34(1): 116-122.

杨益星. 2018. 基于主成分分析法的移动支付 APP 可用性优化设计研究[D]. 合肥: 合肥工业大学.

俞孔坚. 1987. 论景观概念及其研究的发展[J]. 北京林业大学学报, (4): 433-439.

张冬生. 2016. 基于层次分析法与熵技术法的野生刨花润楠观赏性评价[J]. 林业与环境科学, 32(1): 23-30.

张哲, 潘会堂. 2011. 园林植物景观评价研究进展[J]. 浙江农林大学学报, 28(6): 962-967.

郑岩. 2007. 哈尔滨城市公园植物群落特征及其景观评价[D]. 哈尔滨: 东北林业大学.

郑洲翔, 陈锡沐, 翁殊斐, 杨学成. 2007. 运用 BIB-LCJ 审美评判法评价棕榈科植物景观[J]. 亚热带植物科学, 36(1): 46-48, 62.

朱建宁, 马会岭. 2004. 立足自我、因地制宜, 营造地域性园林景观[J]. 风景园林, (55): 52-55.

朱亮, 孟宪学. 2013. 文献计量法与内容分析法比较研究[J]. 图书馆工作与研究, (6): 64-66.

Akbar K F, Hale W H G, Headley A D. 2003. Assessment of scenic beauty of the roadside vegetation in northern England[J]. Landscape and Urban Planning, 63(3): 139-144.

Daniel T C. 2001. Whither scenic beauty visual landscape quality assessment in the 21st century[J]. Landscape and Urban Planning, 54(1-4): 267-281.

Schroeder H W. 1986. Estimating park tree densities to maximize landscape esthetics[J]. Journal of Environmental Management, 23(4): 325-333.

Schroeder H W, Orland B. 1994. Viewer preference for spatial arrangement of park trees: an application of video-imaging technology[J]. Environmental Management, 18(1): 119-128.

附录二维码

附录 1　贵阳市城市公园绿地和道路绿地
植物名录

附录 2　贵阳市公园绿地植物色彩评价照片

附录 3　贵阳市城区道路植物色彩评价照片

附录 4　贵阳市山地公园调查与评价样地照片

附录 5　贵阳市道路调查与评价样地照片